CHIP

芯片 SIP封装与工程设计

System in Package and Engineering Design

毛忠宇 ◎编著

清華大學出版社
北 京

内容简介

侧重工程设计是本书最大的特点，全书在内容编排上深入浅出、图文并茂，先从封装基础知识开始，介绍了不同的封装的类型及其特点，再深入封装内部结构的讲解，接着介绍封装基板的知识及完整的制作过程；在读者理解这些知识的基础后，系统地介绍了最常见的Wire Bond及Flip Chip封装的完整工程案例设计过程，介绍了如何使用自动布线工具以方便电子工程师在封装评估阶段快速获得基板的层数及可布线性的信息；在这些基础上再介绍SIP等复杂前沿的堆叠封装设计，使读者能由浅入深地学习封装设计的完整过程。由于国内绝大多数SI工程师对封装内部的理解不够深入，在SI仿真时对封装的模型只限于应用，因而本书在封装设计完成后还介绍了一个完整的提取的WB封装电参数的过程，提取的模型可以直接应用到IBIS模型中，最后提供了两个作者自行开发的封装设计高效辅助免费工具。

本书非常适合作为学习封装工程设计的参考材料。

图书在版编目（CIP）数据

芯片SIP封装与工程设计/毛忠宇编著. —北京：清华大学出版社，2019.11（2023.3重印）
ISBN 978-7-302-54120-2

Ⅰ. ①芯… Ⅱ. ①毛… Ⅲ. ①集成电路－芯片－封装工艺－工程设计 Ⅳ. ①TN405

中国版本图书馆CIP数据核字（2019）第247757号

责任编辑：贾小红
封面设计：闰江文化
版式设计：文森时代
责任校对：马军令
责任印制：宋 林

出版发行：清华大学出版社
网　　址：http://www.tup.com.cn，http://www.wqbook.com
地　　址：北京清华大学学研大厦A座　　**邮　　编**：100084
社 总 机：010-83470000　　**邮　　购**：010-62786544
投稿与读者服务：010-62776969，c-service@tup.tsinghua.edu.cn
质 量 反 馈：010-62772015，zhiliang@tup.tsinghua.edu.cn
印 装 者：三河市龙大印装有限公司
经　　销：全国新华书店
开　　本：185mm×260mm　　**印　　张**：12.75　　**字　　数**：303千字
版　　次：2019年11月第1版　　**印　　次**：2023年3月第6次印刷
定　　价：89.80元

产品编号：084200-02

序

众所周知，芯片是工业界的粮食和命脉。中国芯片市场需求巨大，但供给严重不足。随着集成电路的高速发展，尤其是在5G和AI产业快速发展的当下，对高速高频电路设计和先进封装技术的要求越来越高，亟需大量芯片封测领域的专业人才和相应的学习书籍。

本书作者毛忠宇，朋友们都戏称他“毛教授”，虽然他不是学术界的大专家，但却是我国封装领域起步最早的一批高速SIP封装设计工程人员，长期致力于封装技术的一线研发工作，我有幸能为好友毛忠宇的专著《芯片SIP封装与工程设计》一书作序，甚感荣耀！

本书深入浅出，介绍了封装形式、材料工艺、SIP原理图版图设计、仿真分析等内容，从基本封装形式到3D先进封装设计，从EDA工具使用到工厂加工实现，覆盖芯片封装全流程，是一本不可多得的工程宝典。书中详细介绍了芯片封装从单芯片发展到SIP系统级封装，从2D向3D芯片堆叠集成发展历程，涵盖了多个跨领域学科的工程技术，还有丰富的实战案例供读者参考学习。

本书发布得非常及时，目前国内工程师经验不足，而业界参考书也不多，“毛教授”将自己多年的设计技术和工程经验总结分享出来，在我们半导体封测业界起到了非常好的引领示范作用。本书适读人群涵盖芯片设计人员、封装设计人员、封装工艺工程师、PCB系统设计人员，对初学者来说是非常全面的入门书籍，而SIP封装从业人员更能得到进一步提升。

再次感谢本书作者毛忠宇对促进芯片封测技术进步以及人才培养所做的贡献，相信此书将有利于我国整个半导体产业的技术水平的提高！预祝各位读者都能从书中受益，也欢迎大家多多交流，共同繁荣我国集成电路产业。

芯和科技（Xpeedic）　代文亮博士

2019年5月1日

于上海

前　　言

随着芯片在高速、高功率、高密信号引脚数、多种类接口等方面的需求增加，芯片项目的设计必定是一个与封装、PCB 紧密协同的过程。封装设计在芯片项目中的地位变得越来越重要，一个优秀的芯片封装设计必须要考虑到芯片产品的应用场景、高速信号的出线、散热的方式与路径、封装基板的层数、应用时所需 PCB 层数、封装的量化生产、综合成本等因素，只有把这些因素都考虑周全才能制订出一个高性价比的整体方案。

本书内容特点

本书最大的特点是在内容与结构上集合了作者多年来在封装与其上、下游领域的工程经验。以封装设计实际项目的交付流程与输出作为主线，并通过项目案例设计对用到的 EDA 功能进行详细说明，使读者在学习本书时，既能了解封装的概念、产品的设计，还能学会 EDA 封装设计软件的使用。

以实际封装项目工程设计作为整个流程的书籍目前在市面上为数不多，大部分关于芯片封装的书籍内容以工艺、材料、可靠性为主，还有一部分则是侧重于 EDA 软件的应用。

侧重工程设计是本书最大的特点，本书在编写时就考虑到先从实践出发，让读者按照规则流程设计出一个封装，对封装设计产生初步的感性认识，然后在此基础上再深入学习其他的理论知识及工艺材料知识，就会有一种豁然开朗的感觉。本书非常适合作为学习封装工程的参考教材。

在开始动笔前，作者已对本书的章节构成做了较长时间的构思，再结合作者此前已出版图书的经验，本书的内容编排、图片处理方面都有了极大的提高。

全书内容共分为 8 章，在内容编排上深入浅出、图文并茂，先从封装基础知识开始，介绍了不同封装的类型及其特点，再深入封装内部结构的讲解。本书介绍了封装基板知识及完整的制作过程，还介绍了最常见的 Wire Bond 及 Flip Chip 封装的完整工程案例设计过程，以及使用自动布线工具以方便电子工程师在封装评估阶段快速获得基板的层数及可布线性的信息。于此基础上再介绍 SIP 等复杂前沿的堆叠封装设计，使读者能由浅入深地学习封装设计的完整过程。由于国内绝大多数 SI 工程师对封装内部的理解不够深入，在 SI 仿真时对封装的模型只限于应用，因而本书在封装设计完成后还介绍了一个完整的 WB 封装提取电参数的过程，提取的模型可以直接应用到 IBIS 模型中。第 8 章提供了两个作者自行开发的封装设计高效辅助免费工具。

具体各章内容如下。

第 1 章：芯片封装

第 2 章：芯片封装基板

第 3 章：APD 使用简介

第 4 章：WB 封装项目设计

第 5 章：FC 封装项目设计

第 6 章：复杂 SIP 类封装设计

第 7 章：封装模型参数提取

第 8 章：封装设计高效辅助工具

本书约定

本书使用的芯片设计与封装软件 APD 及 Sigrity 为英文界面，软件中名词大小写不统一，书中统一为首字母大写，如 Wire Bond，其他名词同理，正文中不再赘述。

读者反馈

为使本书的内容尽可能详细及更具系统性，作者在编写过程中反复地修改、校验图片的准确性。但本书从构思到初稿完成时间较为仓促，同时还受到作者的知识及能力等方面的限制，书中难免会有错误及考虑不周的地方，恳请广大读者给予指正。如在阅读本书过程有疑问，可以扫描封底二维码查看作者联系方式提出疑问。

致谢

本书能及时完稿，非常感谢家人及朋友们各种形式的支持，书中有一小部分内容引用自互联网及《IC 封装基础与工程设计实例》一书，感谢一起为国内芯片封装设计行业而尽我们绵薄之力的前同事潘计划、袁正红，感谢钟章民、庄哲民、李方、王海三等人平时对我在 Cadence 软件问题上的详细回复。

毛忠宇

2019 年 03 月

于深圳

目　　录

第 1 章　芯 片 封 装

芯片封装，就是指把芯片上的引脚通过不同连接方式（焊线、焊球等）接引到外部连接处，以便与其他器件实现互连。芯片封装不仅起到安装、固定、密封、保护芯片及增强电性能和热性能等方面的作用，而且还通过芯片上的接点接到封装外壳的引脚上，这些引脚又通过印制电路板（Printed Circuit Board，PCB）上的互连线与其他器件相连接，从而实现内部芯片与外部电路的连接。芯片内部电路必须与外界隔离，以防止空气中的杂质腐蚀电路而造成电学性能下降。

1.1　芯片封装概述

在应用层面上，封装是芯片与 PCB 之间信息传递的桥梁，封装的设计要考虑材料、工艺，以及电学性能、热学性能和机械性能等方面，设计出一款高性价比的封装是一项极具挑战性的工作。

1.1.1　芯片封装发展趋势

20 世纪 60 至 70 年代，由于芯片规模不大、引脚数不多，那时主要使用晶体管外形（Transistor Outline，TO）封装。随着芯片规模扩大，DIP 便随之被开发出来，但芯片规模每年都在扩大，为适应日益增长的引脚需求，20 世纪 80 年代出现了表面组装技术（Surface Mounting Technology，SMT），此时便出现了塑料有引线芯片载体（Plastic Leaded Chip Carrier，PLCC）、SOP 等封装形式，再经多年发展出现了 QFP，此时的引脚间距已从 SOP 的 1.27mm 发展到了 QFP 的 0.3mm，使封装在同样的面积下可以容纳更多的引脚，但受到引脚框架加工精度等制造技术的限制，0.3mm 的引脚间距给后期 PCB 组装带来了很大的挑战，这时一种新的封装形式应运而生——球栅阵列（Ball Grid Array，BGA）封装。

BGA 封装使用基板代替传统封装的金属框架，最大特点是使芯片引出脚的 I/O 数大大增加。BGA 封装的出现解决了 QFP 面临的难题，但是随着 IC 规模的进一步扩大，引出引脚数的增加使 BGA 的尺寸进一步加大或焊球间距进一步缩小。焊球间距已从 1.27mm 逐步缩小至 0.6mm 及以下的更小尺寸来满足芯片引出脚的需求。

除了用于计算机及通信系统中的 BGA 封装越做越大外，消费类电子产品的 BGA 封装则朝着更小尺寸、更多功能、更轻、更薄、更快、更小时延及更高可靠性方向发展。因此在原 BGA 封装的基础上产生了各种新型 BGA 封装，如 FBGA 封装（Fine Pitch BGA）、CSP 封装（Chip Size/Scale Package）等。FBGA 封装、CSP 封装与 BGA 封装结构基本一样，只是焊球直径和球中心距缩小、封装厚度变薄，这样在相同封装尺寸下可容纳更多的 I/O 数，使组装密度进一步提高，因此说 FBGA 封装、CSP 封装是缩小了的 BGA 封装。随着手持设备的发展，还出现了其他形式的封装，如 SIP，SOP，PIP，POP，TSV 等。

综上所述，不同时期的主要封装发展情况如下：DIP 封装（20 世纪 70 年代）→SMT 工艺（20 世纪 80 年代，LCCC/PLCC/SOP/QFP）→BGA 封装（20 世纪 90 年代）→面向未来的工艺（MCM/SIP/WLCSP/TSV），如表 1.1 所示。

表 1.1　封装发展历程

封装类型	全　称	中文名称	盛行时期
DIP	Dual In-line Package	双列直插封装	20 世纪 80 年代以前
SOP	Small Out-line Package	小外形封装	20 世纪 80 年代
QFP	Quad Flat Package	四侧引脚扁平封装	1995～1997
TAB	Tape Automated Bonding	载带自动键合	1995～1997
COB	Chip on Board	板上芯片封装	1996～1998
CSP	Chip Scale Package	芯片尺寸封装	1998～2000
FC	Flip Chip	倒装芯片	1999～2001
MCM/CSP/SIP…	Multi -Chip Model	多芯片模组	2000～现在
WLCSP/ TSV…	Wafer Level Chip Scale Packaging	晶圆片级芯片封装	2000～现在

以图形方式展示芯片封装的发展趋势可以看出其发展特点：引脚数越来越多，引脚间距越来越小。从简单的几个引脚封装到双列直插（如 DIP），到表面两边表贴（如 SOJ）、四边表贴（如 QFP）、BGA，再到现在的 SIP 和 3D TSV/INTERPOSER 等，如图 1.1 所示。

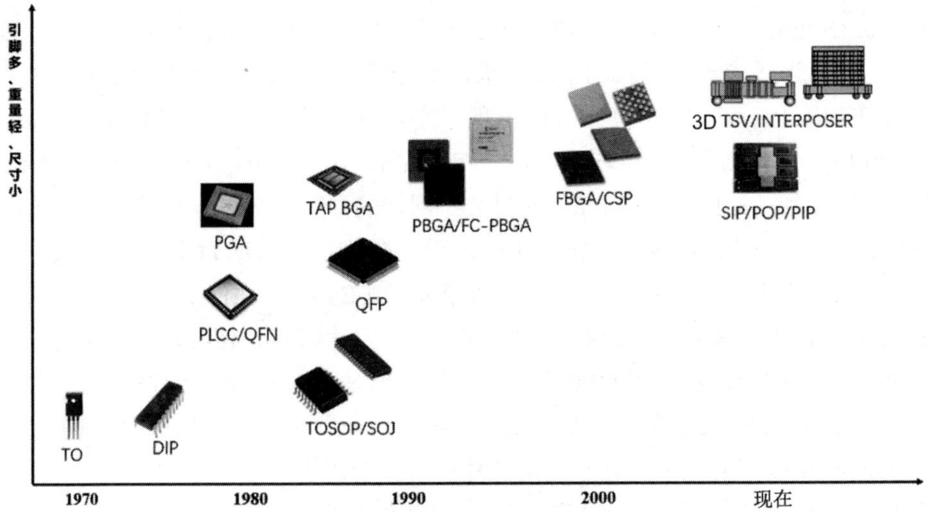

图 1.1　封装发展趋势

注：一些特殊用途的封装如微波、射频、光器件等不一定按这个趋势。

下面介绍最常用的芯片封装内部结构及其特点，其他后来出现的封装形式大多数是在这些类型的基础上经局部演变及优化而成的。

1.1.2　芯片连接技术

芯片的连接技术主要分为引线键合（Wire Bond，WB）技术及倒装芯片（Flip Chip，FC）技术两类，从成本及电性能等方面比较各有各的特点。后面会对这两种连接技术进行详细的描述。

WB 技术是将半导体芯片焊接引脚与电子封装外壳的引线或基板上焊盘用金属细丝连接起来的工艺技术。

倒装芯片球栅格阵列（Flip Chip Ball Grid Array，FC-BGA）是一种支持表面安装板的封装形式，采用可控塌陷芯片连接（Controlled Collapse Chip Connection）焊接，大幅度改善电学性能。FC 技术与传统的引线键合工艺相比具有许多明显的优点，包括优越的电学及热学性能、高引脚数和更小的封装尺寸等。

1.1.3　WB 技术

键合线（Bond wire）是半导体封装内部的芯片与基板或芯片之间的连接，它能确保芯片与封装外部电气连接、输入/输出畅通，是封装流程中重要的一步。WB 技术在诸多封装连接技术中占据主导地位，其应用比例非常高，这是因为它具备工艺简单、成本低廉等优点。随着半导体封装技术的发展，WB 技术在未来一段时间内仍将是封装连接的主流方式。

键合方式目前主要有 3 种，包括热压键合、超声波键合和热压超声波键合，它们的特点说明如下。

- 热压键合：引线在温度高于 250°C 的热压头的压力作用下发生形变，产生塑性变形，此时金属交界面处接近原子力的范围，金属的原子间相互扩散，形成牢固的焊接。
- 超声波键合：在压头的压力作用下，金属与被焊件之间产生超声波频率的弹性振动，破坏接触面上的氧化层并产生热量，从而使两个原本为固态的金属牢固键合。该过程既不需要外界加热，也不需要电流、焊剂，对被焊件的物理及化学特性无影响。
- 热压超声波键合：该键合工艺为热压键合与超声波键合的结合。在超声波键合的同时对加热板和劈刀进行加热，温度约为 150°C，加热可以促进金属间原始交界面的原子相互扩散并增强分子间的作用力。键合加热温度低、键合强度高等优点使得热压超声波键合成为主流键合方式。

热压超声波键合的拓展内容：在一定值的温度环境中，在劈刀压力作用下，加载超声振动，将引线的一端键合在芯片的焊盘上，另一端键合在基板、芯片、引线框架的引脚上，实现芯片电路与外部其他部件电路的电性连接。焊球键合方式操作方便，焊球结合牢固，占用面积大，同时键合的方向无定性，因此可以实现灵活的工艺选择性及高速度的焊接。

焊球形成的环境如图 1.2 所示，焊接球时有下压的力、振动摩擦、焊盘底部加热的作用。芯片焊盘下方有硅与二氧化硅，上方有铝及氧化铝，同时可能会产生水蒸气及杂质。

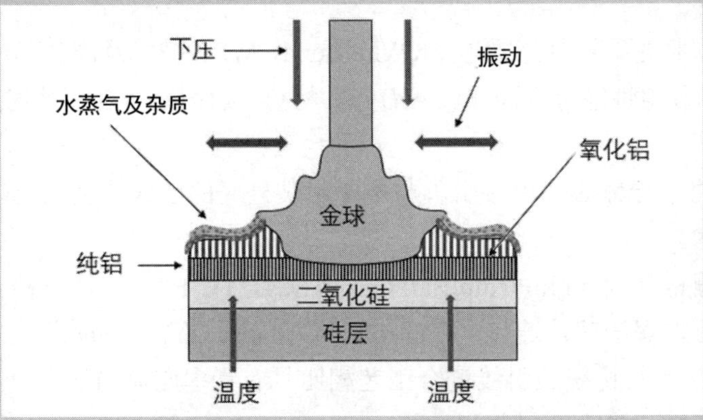

图 1.2 焊球形成环境

WB 技术常用的引线有金线、铝线及铜线。金线在 WB 技术中得到了广泛的应用，是因其具有耐腐蚀、韧性佳、电导率大、导热性能良好等优势。铝线常用楔形结合点（Wedge Bond）方式，因为铝线形成焊球非常困难，它主要应用于大间距的焊盘芯片、微波器件、光电器件。随着半导体微电子的发展，低成本、高可靠性、高工艺控制性的新材料也将日益增多。

WB 技术的完整过程如图 1.3 所示，其中包括焊球形成、焊接、线型产生、第二点压合、拉断金线、烧球等过程。WB 技术中点局部放大的实际效果如图 1.4 所示。

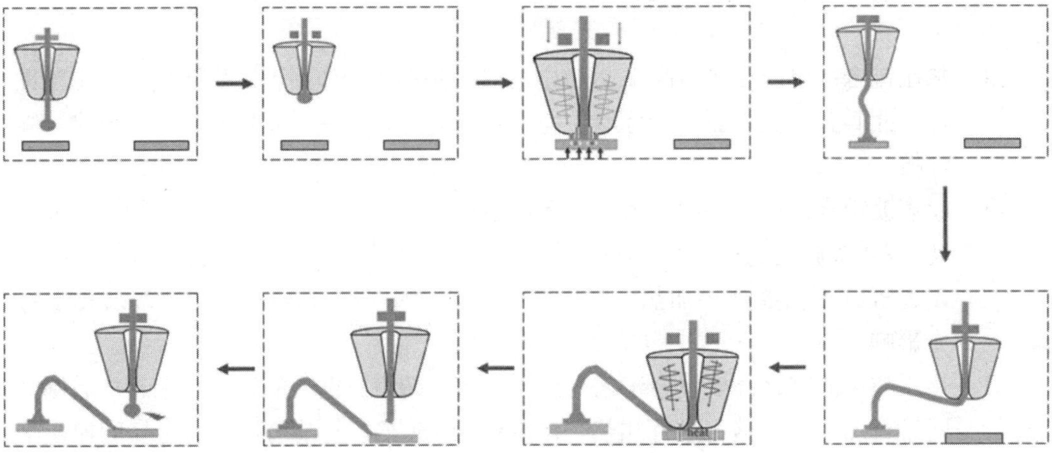

图 1.3 WB 技术完整过程

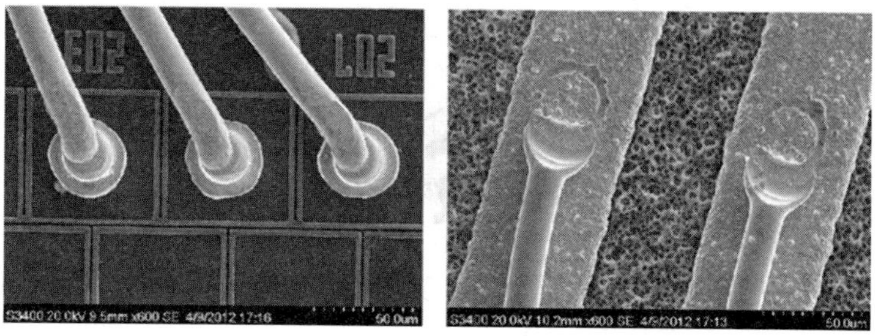

图 1.4　WB 技术中点的局部放大

Wire Bond 封装的截面如图 1.5 所示，从中可以观察到键合线（Bond Wire）的轮廓。

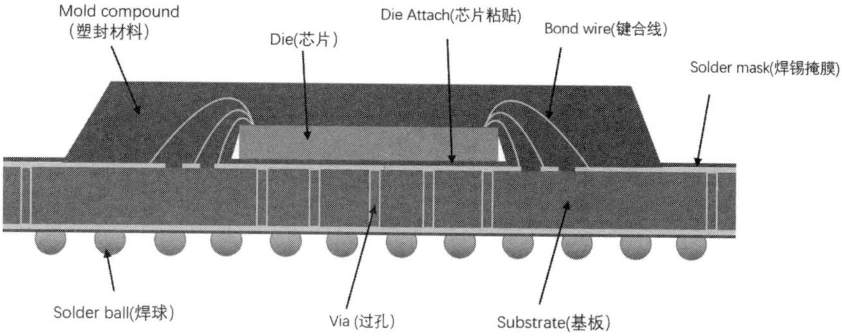

图 1.5　Wire Bond 封装截面

1.1.4　FC 技术

FC 技术就是通过芯片上的凸点直接将元器件向下连接到基板、载体或电路板上，如图 1.6 所示。而 1.1.3 节中提到的 WB 技术则是将芯片的面朝上。

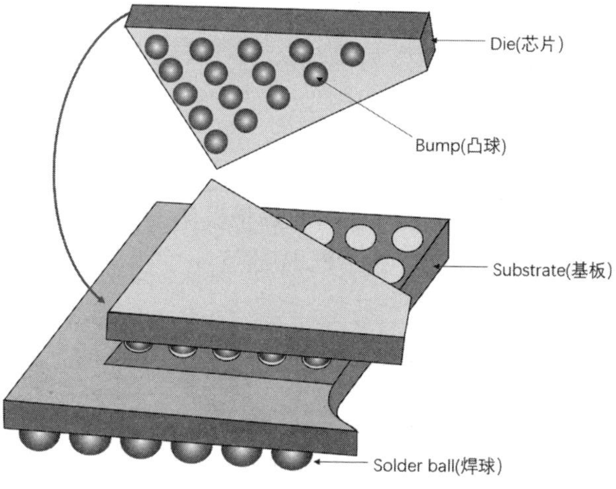

图 1.6　FC 技术示意图

在典型的 FC 封装中，芯片通过 3～5mil 厚的焊料凸点连接到芯片载体上，底部填充材料的作用是保护焊料凸点。

FC 技术主要用于半导体元件，其他元件如无源滤波器、探测天线、存储设备也开始使用 FC 技术。由于芯片直接通过凸点直接连接基板和载体上，因此，倒装芯片也可被称为 DCA（Direct Chip Attach）。

FC 技术与其他的技术相比，在尺寸、外观、可靠性等方面有明显的优势，因而广泛应用于大量信号引脚、体积集成度高的电子产品。

FC 封装主要有以下优点。

- 尺寸小：小的 IC 引脚图形（只有扁平封装的 5%）减小了高度和重量。
- I/O 数多：使用 FC 能增加 I/O 的数量。I/O 不像 WB 从四周引出而受到数量的限制，面阵列使得在更小的空间里可容纳更多的 I/O。
- 性能增强：短的互连减小了电感、电阻以及电容，使信号延迟减少，支持更高的频率，并且晶片背面较好的热通道提高了芯片的散热能力。
- 可靠性提高：大芯片的环氧填充确保了较高的可靠性。
- 成本低：凸点用量较大时的综合成本降低。

当然，FC 技术的使用对于设备及加工方面的要求更高。

- 操作时夹持裸晶片比较困难。
- 要求很高的组装精度。
- 使用底部填充需要一定的固化时间。
- 维修很困难或者不可能。
- 对基板的加工要求较高。

1.2　Leadframe 封装

1.2.1　TO 封装

TO 封装称为晶体管外形封装。这是早期的封装规格，部分常用的 TO 封装外形如图 1.7 所示，从图中可见这类封装通常使用背面的散热垫板作为漏极（D）直接焊接在 PCB 上，一方面可以输出大电流，另一方面可通过 PCB 散热。

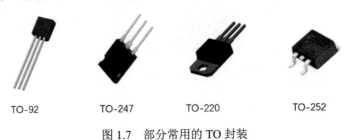

图 1.7　部分常用的 TO 封装

1.2.2　DIP

DIP 称为双列直插形式封装。绝大多数中小规模集成电路均采用这种封装形式，其引脚数一般不超过 100 个。如早期 CPU 就采用 DIP 封装的形式，使用时将其插入具有 DIP 结构的封装插座上。如图 1.8 所示为 DIP 外形与内部结构示意图。

DIP 有以下的一些特点。

- 适合在印刷电路板上穿孔焊接，操作方便。
- 封装面积与芯片面积之间的比值较大，故体积也较大。

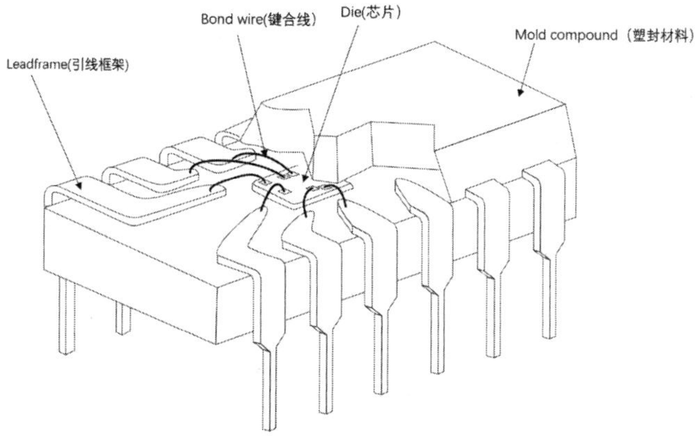

图 1.8　DIP 外形与内部结构示意图

DIP 封装主要有下面 3 种类型。

- PDIP（Plastic DIP）：塑料 DIP。
- CDIP（Ceramic DIP）：陶瓷 DIP。
- SPDIP（Shrink Plastic DIP）：缩小的塑料 DIP。

1.2.3　SOP

SOP 又称为 SOIC（Small Out-line Integrated Circuit）封装，是 DIP 的缩小形式，引线中心距为 1.27mm，材料有塑料和陶瓷两种。SOP 封装标准有 SOP-8，SOP-16，SOP-20，SOP-28 等，数字表示引脚数，业界往往会把 P 省略，称为 SO（Small Out-line）。SOP 外形与内部结构示意图如图 1.9 所示。

SOP 封装主要有下面 4 种类型。

- TSOP：薄小外形封装。
- VSOP：甚小外形封装。
- SSOP：缩小型 SOP。
- TSSOP：薄的缩小型 SOP。

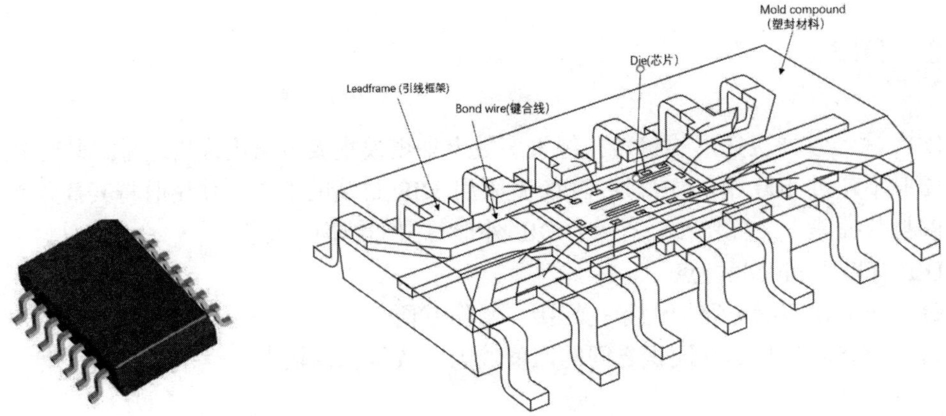

图 1.9 SOP 外形与内部结构示意图

1.2.4 SOJ

SOJ（Small Out-line J-lead Package）相当于把 SOP 封装的引脚向器件下方弯曲，使引线呈 J 形，如图 1.10 所示。

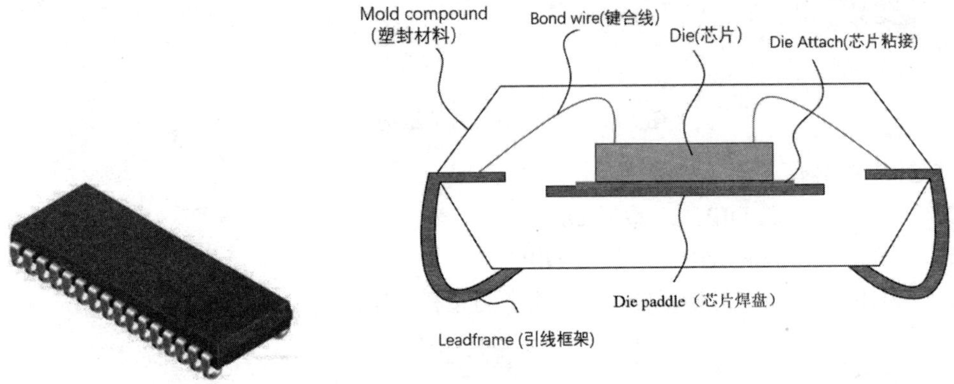

图 1.10 SOJ 外形与内部结构示意图

1.2.5 PLCC 封装

PLCC 称为塑料有引线芯片载体。其引线中心距为 1.27mm，引线呈 J 形，向器件下方弯曲，有矩形、方形两种。早期大部分计算机主板的 BIOS 都采用这种封装形式，外形示意图如图 1.11 所示。

PLCC 封装的特点如下。

- ❑ 组装面积小，引线强度高，不易变形。
- ❑ 多根引线保证了良好的共面性，使焊点得到更好的一致性。
- ❑ 因 J 形引线向下弯曲，检修相对不便。

图 1.11　PLCC 封装外形示意图

1.2.6　QFP

QFP 称为四侧引脚扁平封装，如图 1.12 所示。它是表面贴装型封装之一，引脚从四个侧面引出呈海鸥翼（L）型。按封装材料分为陶瓷、金属和塑料 3 种。当没有特别说明封装材料时，多数情况为塑料 QFP，塑料 QFP 是最普及的规模较大的多引脚集成电路封装。

QFP 的主要应用集中在早期的微处理器数字逻辑电路，音响信号处理等模拟大规模集成电路方面。引脚间距主要有 1.0mm，0.8mm，0.65mm，0.5mm，0.4mm，0.3mm 等规格，其中 0.65mm 规格中最多引脚数达到 304 个。

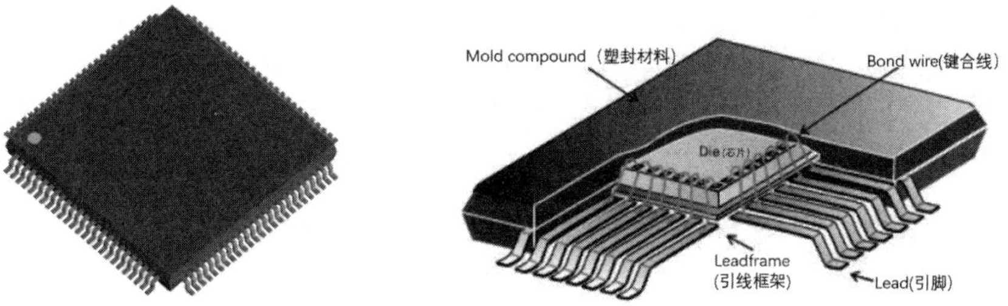

图 1.12　QFP 封装与内部结构示意图

QFP 封装主要分为下面 11 种。

- LQFP（Low-profile QFP）。
- TQFP（Thin QFP），器件厚度 1.0mm。
- DPH-QFP（Die Pad Heat Sink QFP）。
- DPH-LQFP（Die Pad Heat Sink Low-profile QFP）。
- DHS-QFP（Drop-in Heat Sink QFP）。
- EDHS-QFP（Exposed Drop-in Heat sink QFP），器件厚度 > 3.2 mm。
- E-Pad TQFP（Exposed-Pad TQFP）。
- VFPQFP（Very Fine Pitch QFP）。
- S2QFP（Spacer Stacked QFP）。
- Stacked E-PAD LQFP。
- MCM-LQFP（Multi-chip Module Low-profile QFP）。

1.2.7 QFN 封装

方形扁平无引线（Quad Flat No-lead，QFN）封装是一种无引脚封装（现在多称为 LCC），呈正方形或矩形，封装底部中央位置有一个大面积裸露焊盘，围绕大焊盘的封装外围四周为 I/O 引脚。由于 QFN 封装不像传统的 QFP 那样具有海鸥翼状引线，内部引脚与焊盘之间的导电路径短，自感系数以及封装体内引脚电阻很低，所以它能提供卓越的电学性能。此外，它还通过外露的引线框架焊盘提供了出色的散热性能，该焊盘作为散热通道用于释放封装内的热量，通常将散热焊盘直接焊接在 PCB 上，并在 PCB 中设计散热过孔来提升散热性能。

QFN 封装和 CSP 有些相似，它们的元件底部都没有焊球，与 PCB 的电气和机械连接是通过 PCB 焊盘上印刷焊膏经过回流焊形成焊点来实现。

以 32 引脚 QFN 封装与传统的 28 引脚 PLCC 封装相比较为例，面积（5mm×5mm）缩小了 84%，厚度（0.9mm）降低了 80%，重量（0.06g）减轻了 95%，IC 封装寄生参数的降低使性能提升了 50%，所以非常适合应用在手机、数码相机、PDA 以及其他便携电子设备的高密度印刷电路板上。

QFN 引脚数量一般为 14～100 个，材料有陶瓷和塑料两种。当芯片有 LCC 标记时基本上都是陶瓷 QFN，引脚间距为 1.27mm。塑料 QFN 是以环氧树脂与引线框架（Leadframe）或基板组成的一种低成本封装。引脚中心距除 1.27mm 外，还有 0.65mm 和 0.5mm 两种规格，这种封装也称为塑料 LCC 或 P-LCC。如图 1.13 所示为 QFN 的内部结构图，如图 1.14 所示则为俯视及底视图。

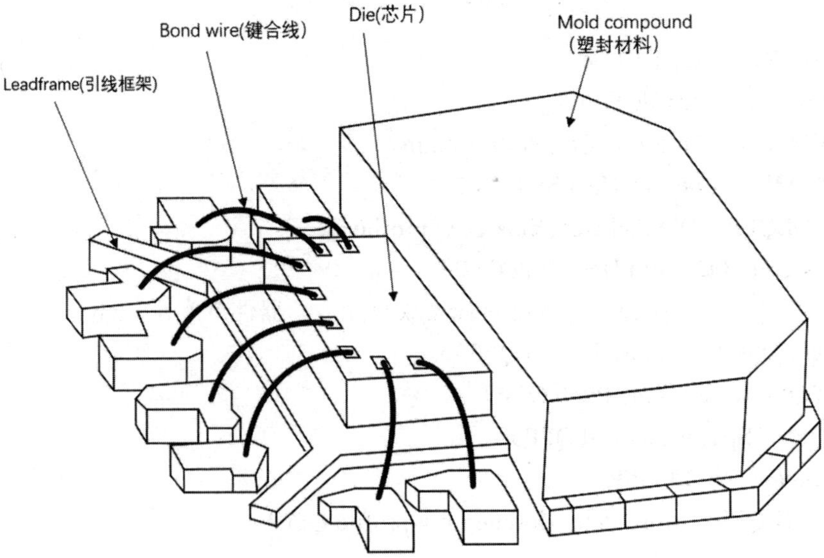

图 1.13 QFN 封装内部结构图

图 1.14　QFN 封装俯视及底视图

1.3　BGA 封装

BGA 封装称为球栅阵列封装。随着集成电路技术的发展，芯片的规模越来越大，要求从芯片引出的引脚数越来越多；芯片的接口速率越来越高，要求封装的电感越来越小。此时传统的 WB 封装方式实现起来比较困难，而 BGA 封装则成了首选。现在除了普通封装会使用 QFP 等方式外，大多数的多引脚数芯片（如通信网络芯片、图形显示芯片等）都使用 BGA 封装技术。

（1）BGA 封装的特点

- 能容纳更多引脚数，与相应的 QFP 封装相比引脚间距更大，提高了成品率。
- 采用 C4 工艺焊接，改善电学性能。
- 信号传输延迟小，适合更高频率的信号。
- 用共面焊接的组装使可靠性大大提高。

BGA 封装的外部差别不大，但实际内部的芯片连接方式却是千差万别，由此形成的 BGA 封装种类也很多。

（2）BGA 封装的种类

- PBGA（Plastic BGA）。
- LBGA（Low-profile BGA）。
- LTBGA（Low-profile Tape BGA）。
- TFBGA（Thin & Fine pitch BGA）。
- TFTBGA（Thin & Fine-pitch Tape BGA）。
- EDHSBGA（Exposed Drop-in Heat Sink BGA）。
- STFBGA（Stacked Thin & Fine-pitch BGA）。
- CDTBGA（Cavity Down Tape BGA）。

1.3.1　PGA 封装

PGA（Pin Grid Array）封装称为插针网格阵列封装，这种封装形式是在封装的外面有多个方阵形的插针，每个方阵形插针沿芯片的四周间隔一定距离排列。根据引脚的数量，可以围成 2～5 圈。安装时，将芯片插入专门的 PGA 插座，具体 PGA 封装的外形如图 1.15 所示。

PGA 封装材料基本上都是采用多层陶瓷基板，因而如没有特别说明材料名称，多数为陶瓷 PGA。

1.3.2　LGA 封装

LGA（Land Grid Array）封装称为焊盘阵列封装，即在基板底面制作焊盘阵列，以表面贴装的方式使用，如图 1.16 所示。LGA 重量轻、体积小、机械及热学性能优异，与 QFP 相比，LGA 封装能够以比较小的封装容纳更多的 I/O 引脚。另外，由于没有焊球，可使电感进一步减小，多应用于更高速数字电路，但由于插座制作复杂，成本相对较高。

图 1.15　PGA 封装外形示意图

图 1.16　LGA 封装示意图

1.3.3　TBGA 封装

TBGA（Tape Ball Grid Array）封装称为载带球栅阵列封装，基板为带状软质的 1 或 2 层电路板。TBGA 是 TAB 技术的延伸，图 1.17 所示为单层走线的 TBGA 封装结构截面图。

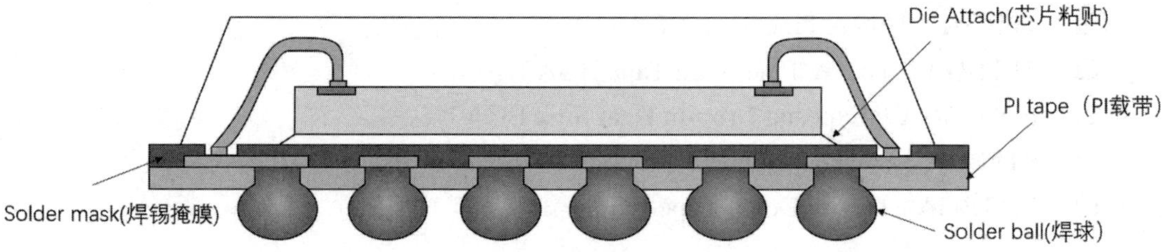

图 1.17　TBGA 封装结构截面图

通常 TBGA 封装的载体可以为铜或聚酰亚胺或铜的双金属载带，芯片与载体实现互连后，将芯片封装起来以起到保护作用。载体上的孔实现上下表面的导通，利用焊接技术连接表层焊盘再在底层开窗的焊盘上形成焊球阵列。焊球间距有 1.0mm、1.27mm、1.5mm 等，如图 1.18 所示为 TBGA 封装的载体截面结构示意图。

TBGA 封装由于具有优良的电性能及热性能，空腔向下，顶层是金属块使其热阻θ_{jc}较小，可使它承受的功耗在 6W 以上。适合于高速、功率较高及引脚数较多时的情形。

（1）TBGA 封装的优点

- ❑ 最经济的封装形式。
- ❑ 较好的热性能。
- ❑ 相对 Wire Bond 形式的封装有更好的电学性能。
- ❑ 与 QFP 相比则与 PCB 有更好的结合力。
- ❑ 支持更小的 Die Pad Pitch。

（2）TBGA 封装的缺点

- ❑ 对湿气敏感。
- ❑ 对热敏感。
- ❑ 不同材料的构成会对可靠性产生不利的影响。

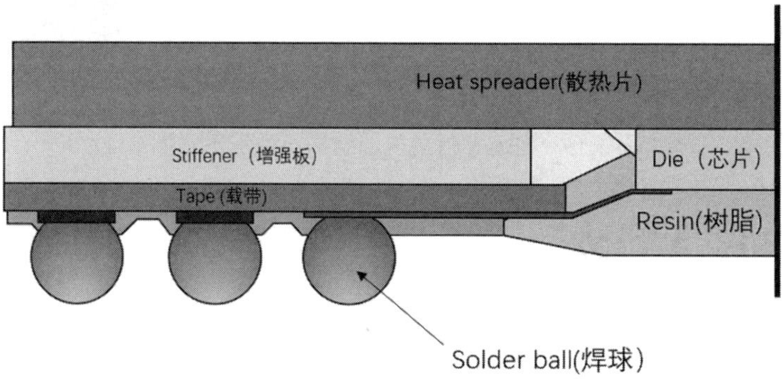

图 1.18　TBGA 封装的载体截面结构示意图

1.3.4　PBGA 封装

PBGA（Plastic Ball Grid Array）封装称为塑料焊球阵列封装。它采用 BT 树脂或玻璃布层作为基板，再以塑料环氧模塑混合物作为密封材料，焊球为共晶焊料 63Sn37Pb 或准共晶焊料 62Sn36Pb2Ag，根据需要也可以使用无铅焊料。有一些 PBGA 封装为腔体结构，分为腔体朝上和腔体朝下两种。这种带腔体（Cavity）的 PBGA 是为了增强其散热性能，称为热增强型 BGA，简称 EBGA，有的也称为腔体塑料焊球阵列（CPBGA）。

（1）PBGA 封装的优点

- ❑ 与 PCB 的热匹配性好。PBGA 结构中的 BT 树脂或玻璃布层压板的热膨胀系数（CTE）约为 14ppm/°C，FR-4 板 PCB 板的 CTE 约为 17ppm/°C，两种材料的 CTE 比较接近，因而热匹配性好。

- ❑ 加工时具自对准功能。在回流焊过程中可利用焊球的自对准作用，即熔融焊球的表面张力来达到焊球与焊盘的对准。
- ❑ 成本低。
- ❑ 电性能良好。

（2）PBGA 封装的缺点

- ❑ 对湿气敏感，不适用于对气密性要求和可靠性要求高的场合。

常用的 PBGA 封装内部结构图及外形与如图 1.19 所示，(a) 为内部结构图，(b) 为俯视及底视图。

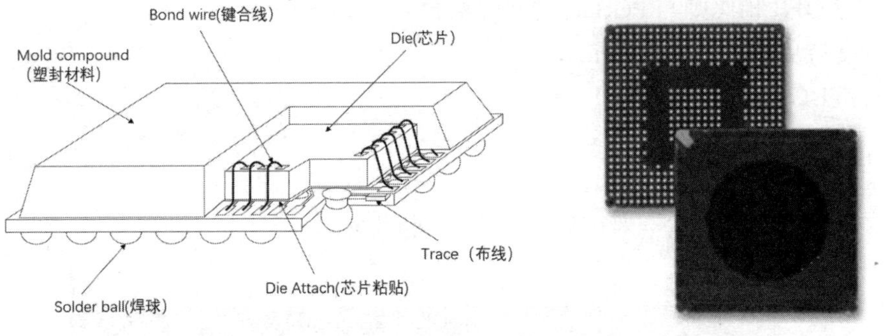

（a）　　（b）

图 1.19　PBGA 封装内部结构与外形示意图

1.3.5　CSP/ FBGA 封装

CSP 称为芯片尺寸封装，又称 FBGA（Fine Pitch BGA），是在 PBGA 封装的基础上进一步发展而来的。

随着便携电子产品小型化、轻量化需求的增加，出现了 CSP 封装，它进一步减小了芯片封装外形的尺寸，使得封装后的尺寸边长不大于芯片的 1.2 倍，封装面积不大于芯片的 1.4 倍。

（1）CSP 封装特点

- ❑ 满足同等封装面积下，芯片 I/O 引脚不断增加的需要。
- ❑ 芯片面积与封装面积之间的比值很小。
- ❑ 极大地缩短信号延迟。

CSP 封装适用于引脚数较少的 IC，如数字电视（DTV）、电子书（E-Book）、手机、蓝牙（Bluetooth）设备等便携电子产品。

（2）CSP 封装分类

- ❑ Lead Frame Type（引线框架型），代表厂商有富士通、日立、罗姆、高士达等。
- ❑ Rigid Interposer Type（硬质内插板型），代表厂商有摩托罗拉、索尼、东芝、松下等。

- ❑ Flexible Interposer Type（软质内插板型），最有名的是 Tessera 公司的 microBGA 封装。

（3）PBGA 与 FBGA 特性比较

两者的特性比较如表 1.2 所示。

表 1.2　PBGA 与 FBGA 特性比较

PBGA	FBGA
Strip 塑封，成本低，适用于引脚数多的场合	矩阵式塑封，成本低，体积小
基板可以使用多层，布线可以控制电学性能	基板可以使用多层，布线可以控制电学性能
尺寸可以达到 50mm×50mm 以上，Ball Pitch 可为 0.8mm，1.0mm，1.27mm，Ball 数可大于 1000	尺寸可以从 4mm×4mm 到 23mm×23mm，Ball pitch 可为 0.4mm，0.5mm，0.65mm，0.75mm，0.8mm，1.0mm
兼容 JEDEC 标准	兼容 JEDEC 标准

（4）PBGA 与 FBGA 应用场景比较

两者应用场景比较如表 1.3 所示。

表 1.3　PBGA 与 FBGA 应用场景比较

PBGA	FBGA
专用集成电路 ASIC	微处理器/控制器
DSP 和存储器	无线射频器件
数字器件	模拟器件
个人电脑芯片组	存储器
有电学性能及热学性能要求的场合	简单的 PLD

CSP/FBGA 实物外形和截面结构如图 1.20 所示。

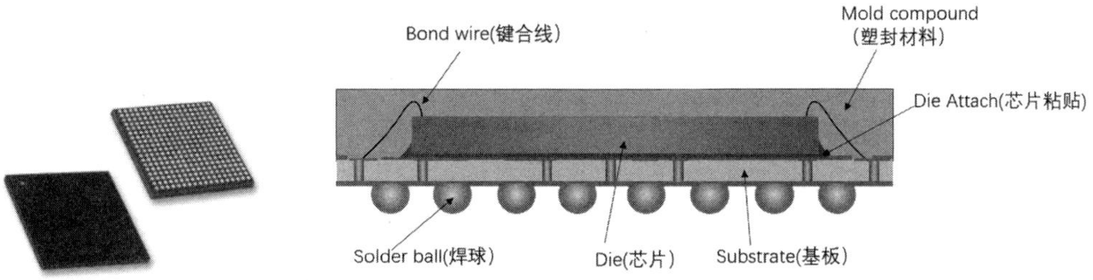

图 1.20　CSP/FBGA 封装外形及截面结构示意图

1.3.6　WLCSP

WLCSP 称为晶圆级芯片封装。与传统的单一芯片封装方式有很大区别的是，传统型封装是先切割再封测，封装后至少增加原芯片 20%的面积。而 WLCSP 技术是先在整片晶圆上进行封装和测试，然后才切割成一个个的 IC 颗粒，因此封装后的面积等同于芯片的原尺寸，WLCSP 示意图如图 1.21 所示。

图 1.21　WLCSP 示意图

CSP 技术融合了薄膜无源器件技术，不仅提供了节省成本的解决方案，而且兼容现存表贴组装流程，既能提供性能改进路线图，又能降低集成无源器件的尺寸。

WLCSP 是倒装芯片互连技术的一个形式，借助 WLCSP 技术，裸片的正面被倒置，并把焊球连接到 PCB，这些焊球的尺寸通常足够大，可省去倒装芯片互连所需的基板部分。

WLCSP 可分成两种结构类型：直接生长焊球和重分布层。

（1）直接生长焊球

直接生长焊球的 WLCSP 包含一个可选的聚酰亚胺的有机层，该层作为有源裸片表面的应力缓冲器。聚酰亚胺覆盖了除连接焊盘四周开窗区域之外的整个裸片面积，在该开窗区域之上溅射或电镀焊球下的金属层（UBM），UBM 是不同金属层的堆叠，包括扩散层、势垒层、润湿层和抗氧化层。焊球落在 UBM 之上，然后通过回流焊形成焊料焊球。直接生长焊球 WLCSP 的结构如图 1.22 所示。

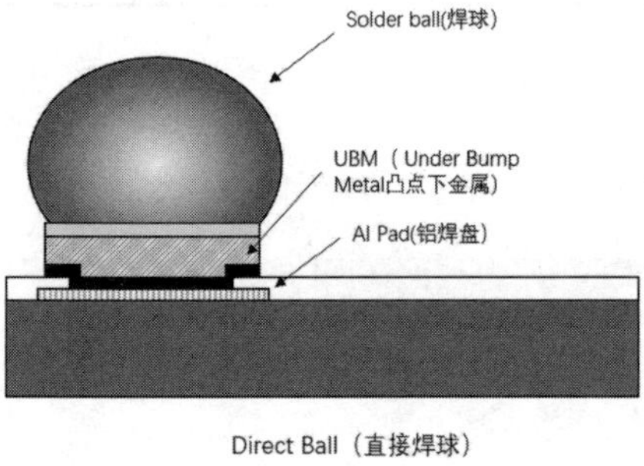

加工方式	材料
Re-passivattion(Dielectric Layer) 重钝化（介质层）	PI
	BCB
RDL（重分配层）	TiCu
	TiCuNi
UBM（凸点下金属层）	TiCu
	TiCuNiAu
Solder Ball（焊球）	SAC105
	SAC305

图 1.22　直接生长焊球 WLCSP 结构示意图

（2）重分布层（RDL）

RDL WLCSP 可以将本是 Bond Wire（邦定焊盘安排在四周）设计的芯片转换成 BGA 形式的 WLCSP，如图 1.23 所示。与直接生长焊球不同的是，这种 WLCSP 使用两层聚酰亚胺层，第一层聚酰亚胺层沉积在裸片上，并保持邦定焊盘处于开窗状态，RDL 通过溅射或电镀将分布在 PAD 外围的阵列转换为面阵列，结构与直接生长焊球类似。

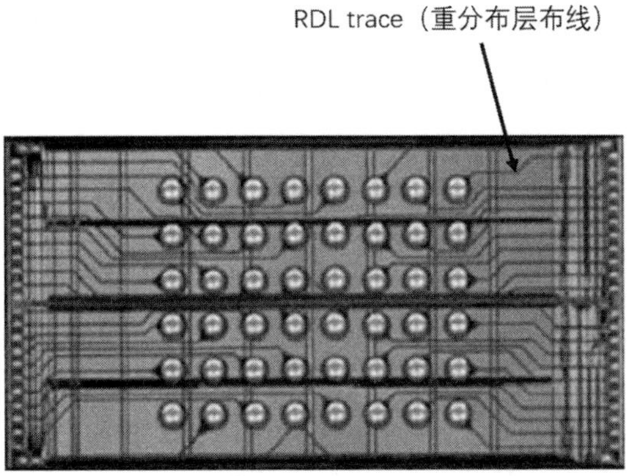

图 1.23　RDL WLCSP 布线示意图

从图 1.24 所示的截面中可见 RDL 包括第二个聚酰亚胺层、UBM 和焊球。

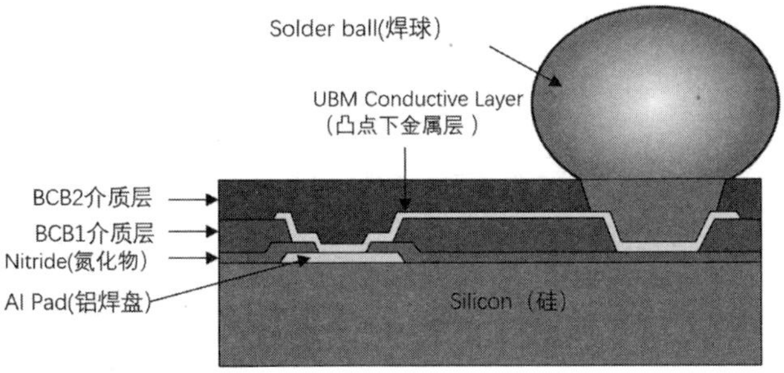

图 1.24　RDL 截面示意图

（3）WLCSP 的优点

- WLCSP 是芯片尺寸最小的封装方式。最大特点是可以有效地缩减封装体积，符合便携式产品轻薄短小的需求。
- 信号传输路径短、稳定性高。采用 WLCSP 时，由于电路布线的路径短，可有效增加数据传输的带宽并减少电流损耗，也能提升数据传输的稳定性。
- 散热性佳。由于 WLCSP 封装没有传统密封的塑料或陶瓷封装，芯片工作时的热量更能有效地分散，可以有效解决移动设备的散热问题。

1.3.7　FC-PBGA 封装

FC-PBGA（Flip-Chip Plastic Ball Grid Array）封装称为倒装塑料焊球阵列封装，封装中芯片使用 Bump 连接的方式，使用多层基板连接，有高接脚数，易控制高频噪声，高传输速度等优点。

业界现在开发的各种高速交换、接入芯片 I/O 速率都在 10Gbps 以上，由于引脚数量太大，基本都采用 FC-PBGA 封装，因此这类芯片的基板设计很具挑战性。

FC-PBGA 封装的尺寸可以做到 50mm×50mm 以上，引脚数 2500 以上，如图 1.25 所示是 FC-PBGA 封装的截面图。

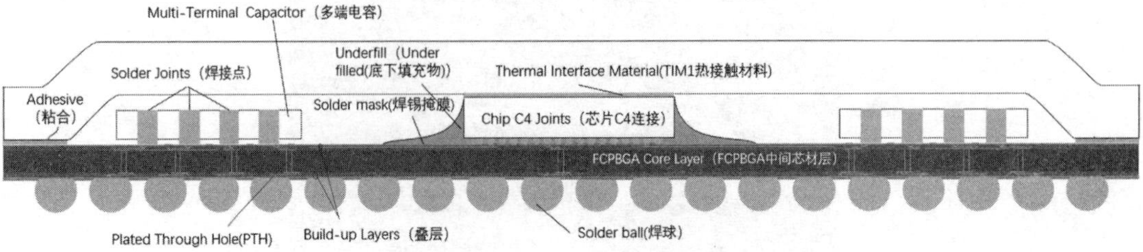

图 1.25　FC-PBGA 封装截面图

8 层埋盲孔的 FC-PBGA 封装基板截面如图 1.26 所示。

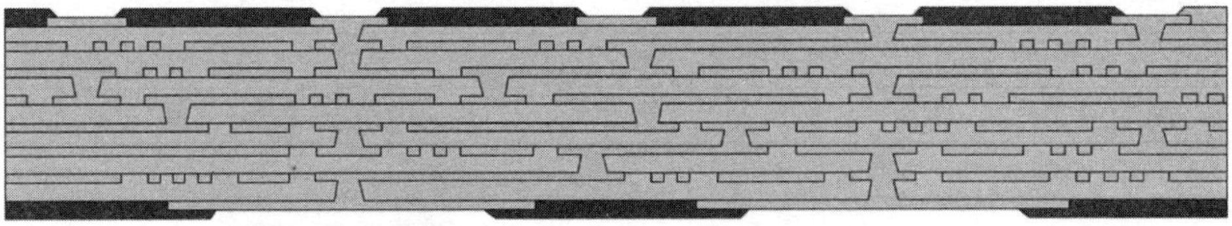

图 1.26　FC-PBGA 基板截面图

FC-PBGA 封装实物俯视及底视图如图 1.27 所示。

图 1.27　FC-PBGA 封装实物俯视及底视示意图

1.4　复杂结构封装

系统级封装（System In a Package，SIP）是综合运用现有的芯片资源及多种先进封装加工技术的优势，通过组合不同的芯片形成的系统结构封装。这种低成本系统集成的思路与方法，较好地解决了系统级芯片（System On Chip，SOC）中诸如工艺兼容、信号混合、电磁干扰（EMI）、芯片体积、开发成本、上市周期等的问题，在移动通信、蓝牙模块、网络设备、汽车电子、计算机及外设方面的应用非常广泛。

与之结构相似的封装还包括 MCM 封装，MCM 封装只是简单地将各芯片、元件连接起来，而 SIP 则是通过封装来完成系统目标。

随着技术及需求的发展，MCM 封装及 SIP 的界限越来越模糊，重叠定义也越来越多，下面分别说明 MCM 封装及 SIP 的特性后可以发现，它们有许多共同的特点。

1.4.1　MCM 封装

MCM 封装称为多芯片模组封装。可以理解为一种由两个或两个以上裸芯片和其他元器件组装在一个基板上的模块，然后进行封装，如图 1.28 所示。基板可以是 PCB、厚膜陶瓷、薄膜陶瓷或带有互连走线的硅片，整个 MCM 可以封装在基板上，基板也可以封装在封装体内。MCM 封装可以是一个包含了电子功能，便于安装在电路板上的标准化的封装，也可以是一个具备电子功能的模块。它们都可直接安装到电子系统中，如（PC、仪器、机械设备等）。

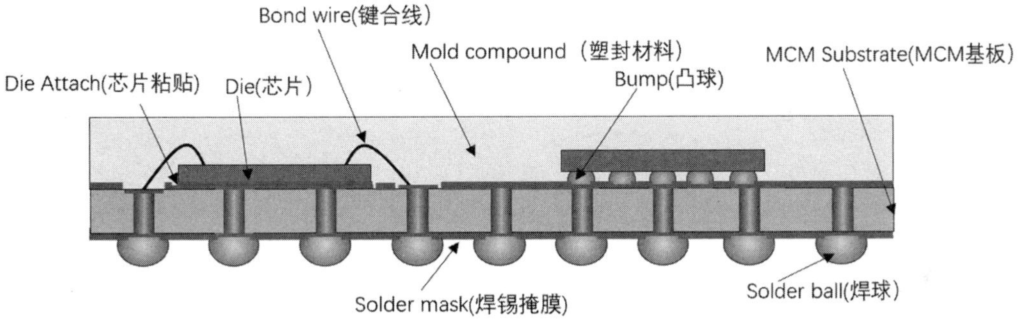

图 1.28　MCM 封装示意图

（1）按照工艺方法及基板使用材料的不同可分为 3 种基本类型

- MCM-L 是采用多层基板的 MCM。MCM-L 技术本来是高端且有高密度封装要求的 PCB 技术，适用于采用 WB 和 FC 技术的 MCM，不适用于有长期可靠性要求和使用环境温差大的场合。
- MCM-C 是采用多层陶瓷基板的 MCM。从模拟电路、数字电路、混合电路到微波器件，MCM-C 适用于所有的应用场景。多层陶瓷基板中低温共烧陶瓷基板使用最多，其布线的线宽和布线节距范围为 75～254μm。
- MCM-D 是采用薄膜技术的 MCM。MCM-D 的基板由淀积的多层介质、金属层和基材组成。MCM-D 的材料可以是硅、铝、氧化铝或氮化铝陶瓷，典型线宽为 25μm，线中心距为 50μm，层间通道范围为 10～50μm。低介电常数材料二氧化硅、聚酰亚胺或 BCB 常被用作介质来分隔金属层，介质层要求薄，金属互连要求细小，但仍需要适当的互连阻抗。如果选用硅做基板，在基板上可添加薄膜电阻和电容，甚至可以将存储器和模块的保护电路（ESD，EMC 防护）等做到基板上。

（2）MCM 具有如下的特点。

- 封装效率高，成本低。
- 芯片间距小，高密度组装，实现组件信号高速化。
- 提高了可靠性。
- 提高了电学性能。
- 工艺技术先进且成熟。

1.4.2 SIP

SIP 称为系统级封装技术，根据国际半导体路线组织（ITRS）的定义：SIP 是将多个具有不同功能的有源电子元件与可选无源器件，以及诸如 MEMS 或光学器件等其他器件组装到一起，实现一定功能的单个标准封装件，形成一个系统或子系统的封装技术。

SIP 其实是在 SOC 的基础上发展起来的一种新技术，它具备最优化的功能、价格、尺寸、较短的上市周期，还可以实现较高的芯片密度、集成较大值的无源元件，是最有效的芯片组合应用，具有显著的灵活性。当 SOC 封装的实现成本过高时，就可以选择成本更低的 SIP。

概括 SIP 的主要特点如下。

（1）SIP 的特点

- 可以把不同 IC 工艺集成在一起（如 Si，GaAs，InP 等）。
- 不同代工艺的 IC 可以一起封装。
- 集成有源与无源器件。
- 器件可以根据需要随时组合，实现功能多样性。
- 提高器件互连的电学性能。
- 基板中可以埋入有源或无源器件。
- 集成一个或多个 SOC。
- 开发周期短。
- 功耗更低。
- 性能更优良。
- 成本更低。
- 体积更小，重量更轻。

（2）SIP 应用领域

- 医疗电子。
- 汽车电子。
- 功率模块。
- 图像感应器。
- 移动终端。
- 全球定位系统。

较简单的 SIP 可以由几个芯片（Die）外加分立元件在基板上集成，如图 1.29 所示。当然还有其他的立体堆叠或各种复杂的组合。

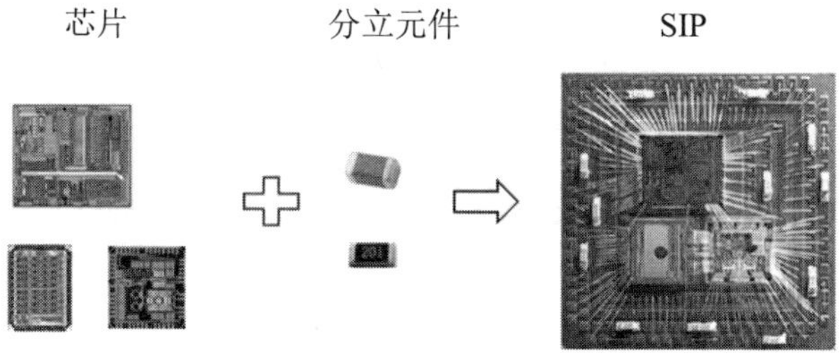

图 1.29　SIP 内部组合实物示意图

1.4.3　SOC 封装

SOC 称为系统级芯片，指在单一芯片中集成系统功能，将该芯片封装后就形成了一个系统级功能的器件。

SOC 封装有如下的一些特点。

（1）SOC 的优点

- ❑ 体积最小、性能更好，适合稳定且量大的产品。
- ❑ 产品生命周期长。

（2）SOC 的缺点

- ❑ 技术上把数字、模拟、RF、微波信号、MEMS 等集成在同一芯片上，就会存在工艺的兼容问题。
- ❑ 系统复杂，因此设计错误、产品延迟、良品率低和芯片制造反复等问题导致成本增加的风险很高。
- ❑ 上市时间长。

观察 SIP 与 SOC 的截面图，可以看出它们间的物理结构的区别较为明显，如图 1.30 所示为 SOC 结构截面图，如图 1.31 所示为 SIP 结构截面图。

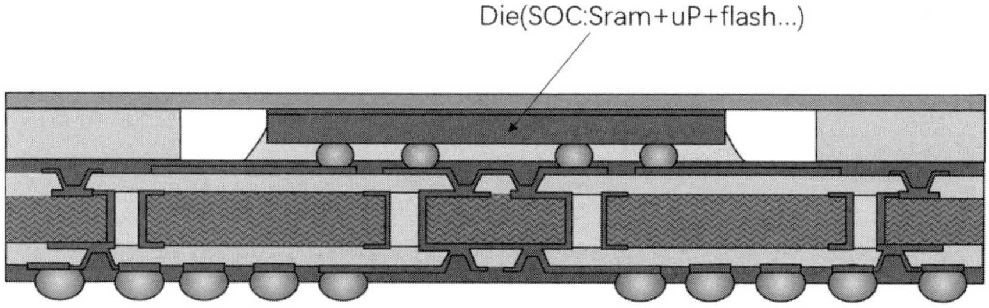

图 1.30　SOC 结构截面示意图

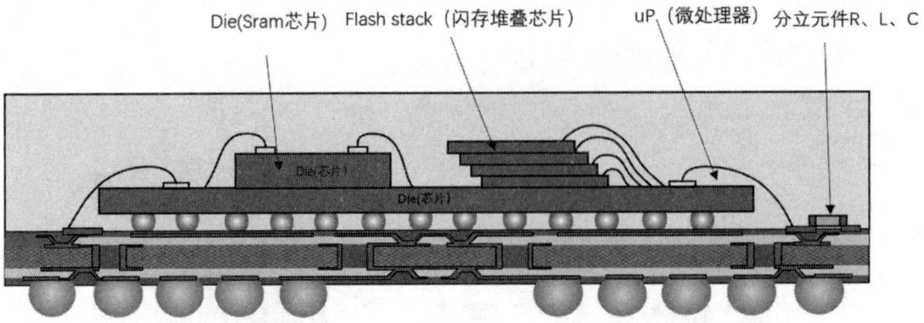

图 1.31　SIP 结构截面示意图

（3）MCM、SIP、SOC 之间的比较

SIP 是强调在一个封装中含有一个系统，该系统可以是一个全系统或一个子系统，在 IC 封装领域 SIP 是最高级的封装；SOC 则是一颗芯片集成了多个功能而成为一个系统；而 MCM 侧重在一个封装中堆叠多个芯片。

表 1.4 比较了 MCM、SIP、SOC 这 3 种封装的各种特点。

表 1.4　MCM、SIP、SOC 3 种封装特点比较

MCM	SIP	SOC
系统的多个功能集成在一个模块上	集成系统的各个芯片及无源器件	一个芯片就是一个系统
模块主要由芯片构成，用在数字系统方面较多	在基板上装配	受材料，IC 不同种工艺限制
	可集成各种工艺的元件，如值较大的分立元件、射频器件、光电元件	更高的密度
	更短的开发周期	更高速
	较低的开发成本	Die 尺寸较大
	性能更优良	较高的开发成本
	测试较复杂	开发周期长
	封装发展的方向	良品率较低
		IC 发展的方向

1.4.4　PIP

PIP（Package in Package）是堆叠封装的一种形式，即它把一个封装与另外的芯片或无源元件等封装在一起，结合成一个新的封装，如图 1.32 所示为 PIP 结构截面图，如图 1.33 所示为 PIP 实物截面图。

（1）PIP 的特点

- ❑ 外形高度较高。
- ❑ 可以采用标准的 SMT 电路板装配工艺。

- ❑ 单个器件的装配成本较低。

（2）PIP 的局限性

- ❑ 封装后不能 100% 测试整个封装，存在良品率问题。
- ❑ 事先需要确定封装结构，并向器件供应商了解或定做需封装的器件。

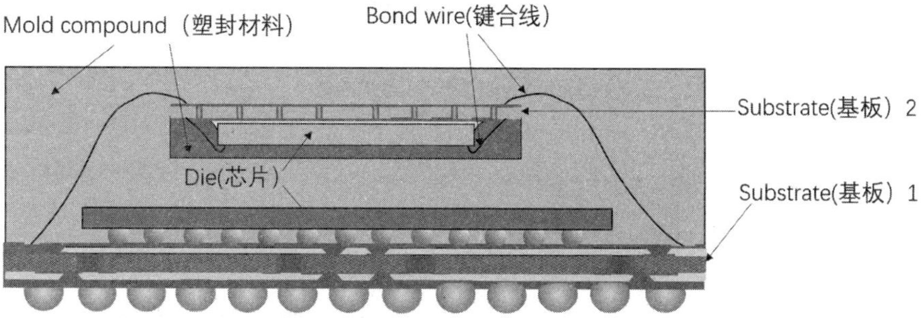

图 1.32　PIP 结构截面示意图

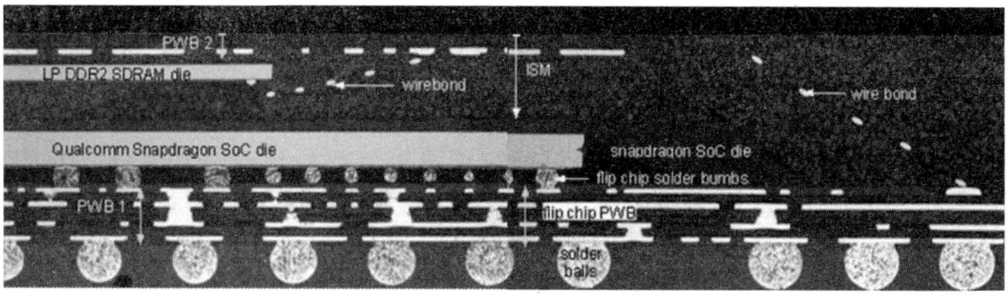

图 1.33　PIP 截面实物示意图

1.4.5　POP

POP（Package on Package）是堆叠封装的一种形式，即在底部元器件上面再放置元器件。POP 适用于堆叠复杂逻辑器件和存储器器件，它们要求更快的数字信号处理、更大的存储容量，如基带或多媒体处理器。在顶层封装中可堆叠高密度或组合存储器器件，如 DRAM 或闪存，根据市场上 RAM 的价格及供应量可以随时快速替换。

POP 封装可使设计人员在几周内将支持 POP 的内存封装和支持 POP 的逻辑芯片堆叠在一起，从而设计出一个新封装。POP 提高了良品率，简化了产品测试过程，缩短了产品上市时间并降低了效率成本。

POP 封装优点。

- ❑ 装配前各个组合的器件可以单独测试，良品率更高。
- ❑ 器件的组合可自由选择，方便产品的灵活设计和升级。
- ❑ 同一功能器件可以选择不同的供应商。

如图 1.34 所示为 POP 的实物示意图，如图 1.35 所示为内部结构截面示意图。

图 1.34　POP 实物示意图

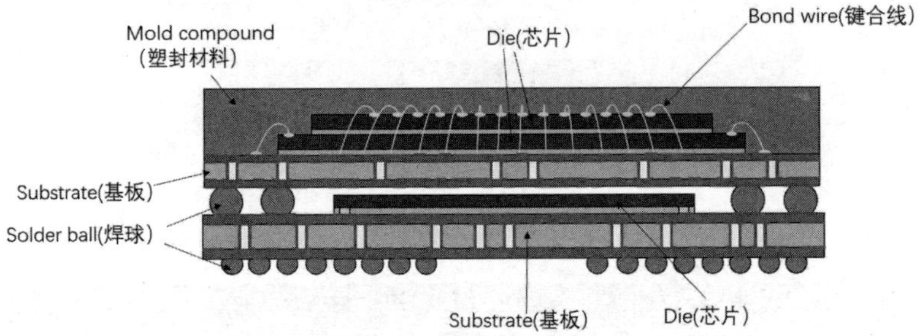

图 1.35　POP 内部结构截面示意图

折叠形式的 POP 是把不同的封装通过柔性电路板连接后再折叠起来的 POP，如图 1.36 所示。

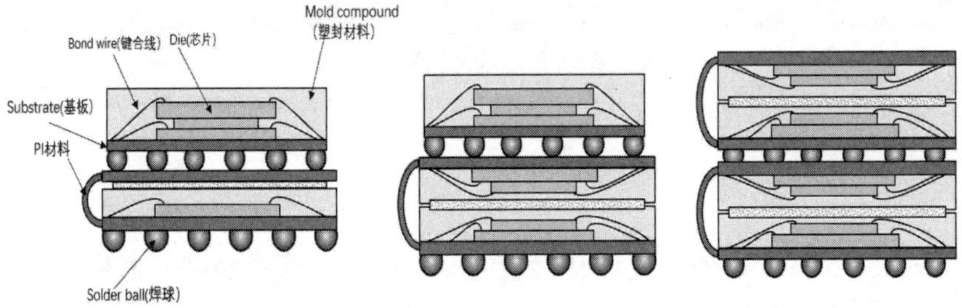

图 1.36　折叠形式 POP 示意图

表 1.5 比较了 PIP 形式与 POP 形式的优、缺点。

表 1.5　PIP 与 POP 比较

	PIP	POP
优点	属 IDM	属 OEM
	封装可以更小更薄	器件升级替换方便（如增加 RAM）
缺点	良品率受 KGD 影响	封装级的独立测试（KGD） 封装比 PIP 稍厚且体积稍大
	升级需要换 Die 及基板	顶层与底层需要协同设计
	完成后不能局部升级	
	良品率影响因素多，测试困难	

1.4.6　3D 封装

硅通孔（Through Silicon Via，TSV）技术是实现 Die 与 Die 间垂直互连的一门技术。由于 IC 工艺发展到一定程度，已无法满足摩尔定律[①]，而 3D TSV 封装的出现使该定律得以继续适用，一个内部有转接板（Interposer）的 3D 封装内部结构如图 1.37 所示。

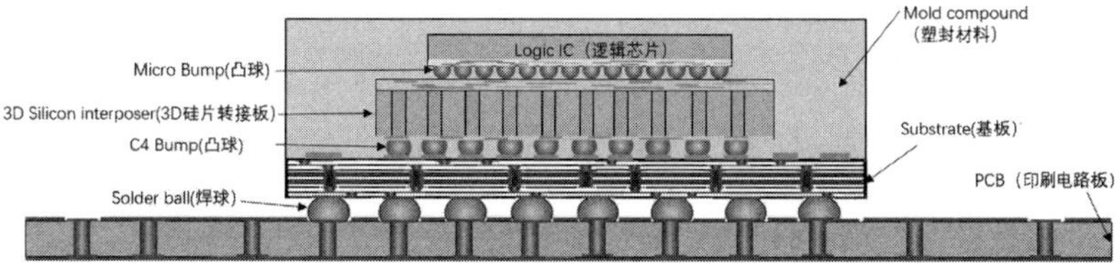

图 1.37　Interposer 3D 封装内部结构示意图

1.5　本 章 小 结

不能把封装简单理解成连接 Die 与引线框架或基板的一个小 PCB，因为封装会受到电学性能、密度、功耗、成本、工艺融合等多方面的因素的限制，封装是一个系统工程。一个好的封装设计师应具备如下的基本知识与技能：PCB Layout、三维电磁场仿真软件的应用、封装热仿真、应力仿真、基板加工流程、信号完整性仿真、电源完整性仿真、封装配流程、材料的知识，并需要考虑封装是否具备成熟加工条件、可否量产及成本是否等因素。

由于高端封装的成本会占用整个封装项目成本的较大比重，因此选择一款性价比较高的封装，避免各种参数的过设计是非常有意义的。能够用最普通的封装工艺达成用户的需求，才是好的封装设计师。

① 集成电路上可容纳的晶体管数目约隔 18 个月便会增加一倍，性能也将提升一倍。

第 2 章　芯片封装基板

基板是封装的重要组成部分，基板设计要考虑电性设计、选材、加工工艺等多种因素。本章将会从材料、加工过程等方面对基板进行详细的描述。

2.1　封 装 基 板

如图 2.1 所示为一个塑封的 BGA 封装，基板为图中虚线框所示的部分，是封装的重要组成部分，本节将会讲解基板材料、加工工艺等。

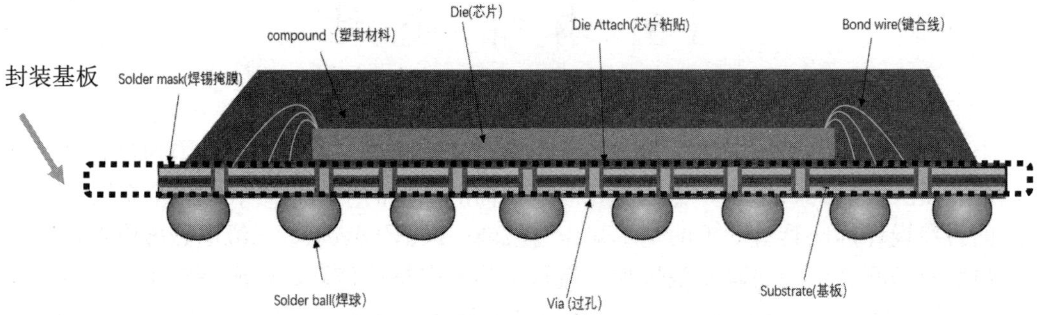

图 2.1　封装中的基板示意图

基板的层叠结构如图 2.2 所示。

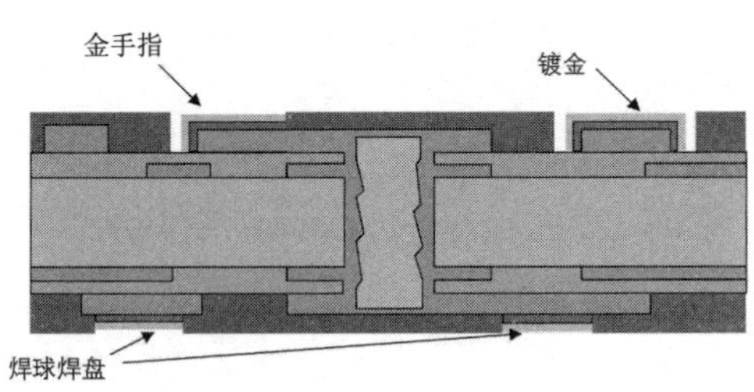

图 2.2　基板结构截面图

2.1.1　基板材料

基板通常需要满足如表 2.1 所示的需求，常用材料有 BT 树脂、陶瓷等。

表 2.1　基板的基本性能需求

性　　能	需　　求
机械性能	有足够高的机械强度，可作为支持结构件；加工性好，尺寸精度高，容易实现多层化；表面光滑，无翘曲、弯曲、微裂纹等
电学性能	绝缘电阻及绝缘击穿电压高；介电损耗小；在温度高、湿度大的条件下性能稳定，确保可靠性
热学性能	热导率高；热膨胀系数与相关材料（特别是与硅）匹配；耐热性好
其他性能	化学稳定性好；容易金属化，电路图形与之附着力强；无吸湿性；耐油，耐腐蚀；α 射线放出量小，无公害、无毒性；在使用温度范围内，晶体结构不变化；原材料资源丰富，技术成熟，制造容易，价格低

1. BT 树脂

封装基板根据不同的需求使用不同的材料，其中 BT 树脂是高密度互连（HDI）封装常用的重要基板材料之一，它是由氰酸酯树脂（CE）和双马来酰亚胺（BMI）在 170～240°C 下进行共聚反应所得到的树脂，此高聚物含有耐热的三嗪环结构。未固化及固化成型的树脂的特点分别如下。

（1）未固化（B 阶段）的 BT 树脂特点如下。

- 对人体安全：毒性低、皮肤刺激性低、积蓄性低。
- 具有很好的加工性。
  - 黏度低，便于对增强材料的浸润。
  - 可使用一般有机溶剂（醇类溶剂除外）。
  - 固化温度较低。
- 可通过多种树脂对特性进行调整。
- 可通过选择催化剂调整凝固速度。

（2）固化成型的 BT 树脂特点如下。

- 优异的耐热性 Tg：200～300°C，长期耐热温度：160～230°C。
- 低介电常数 ε=2.18～3.15(1MHz)，低介电损耗 $\tan\delta=115\times10^{-3}\sim310\times10^{-3}$(1MHz)。
- 耐金属离子迁移性好，吸湿后仍保持优良的绝缘性。
- 有优良的机械特性、耐药性、耐放射性、耐磨性以及尺寸稳定性。

2. 陶瓷

在对于温度及可靠性等方面有比较严格要求的情况下，封装会使用陶瓷作为基板。陶瓷基板的主要特点如下。

- 耐热性好。
- 热导率高。
- 热膨胀系数小。
- 尺寸稳定性高。

陶瓷主要的材料有氧化铝、莫来石、氮化铝、碳化硅、氧化铍等。

2.1.2 基板加工工艺

本小节将介绍几种基板常用的加工工艺。

1. 减成工艺介绍

减成工艺（Subtractive Process）法包括整板电镀（Panel Plating）、图形电镀（Pattern Plating）、混合电镀（Panel-Pattern Plating）。

减成工艺是最早出现的 PCB 工艺，也是应用较为成熟的制造工艺，一般采用光敏性抗蚀材料来完成图形转移，并利用该材料来保护不需蚀刻去除的区域，随后采用酸性或碱性蚀刻药水将未保护区域的铜层去除。

减成工艺最大的缺点在于，裸露铜层在往下蚀刻的过程中也向侧面蚀刻（即侧蚀）。由于侧蚀的存在，减成工艺在精细线路制作中的应用受到很大限制，当线宽小于 50μm/线距小于 2mil 时，减成工艺由于良品率过低无法使用。目前减成法主要用于生产普通 PCB，FPC，HDI 等电路板产品。

2. 减成工艺过程

使用减成工艺法生产一个 4 层的（1/2/1）基板，主要的制作过程如图 2.3 所示。

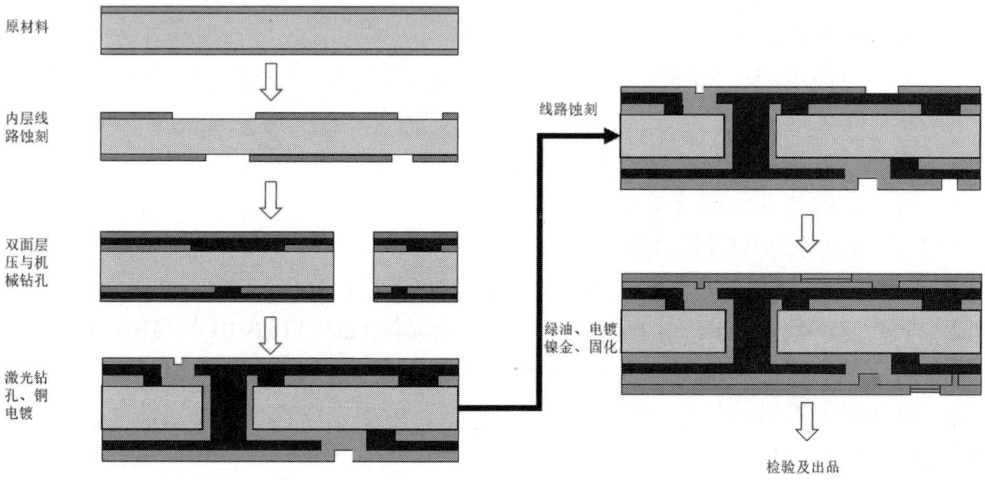

图 2.3　减成工艺过程示意图

3. 加成工艺介绍

加成工艺（Additive Process）法包括全加成（Full Additive）、半加成（Semi-Additive）、部分加成（Partial Additive），下面着重介绍全加成与半加成工艺。

（1）全加成工艺

全加成工艺采用含光敏催化剂的绝缘基板，在按线路图形曝光后，通过选择性化学镀铜得到导体图形。

全加成工艺比较适合制作精细线路，但是由于其对基材、化学镀铜均有特殊要求，与传统的 PCB 制造流程差别较大，量产有一定难度，成本较高。全加成工艺可用于生产 WB 或 FC 载板，其制程可达 12μm/12μm 的精度。

（2）半加成工艺

半加成工艺立足于克服减成与加成工艺在精细线路制作上各自存在的问题。半加成工艺在基板上进行化学镀铜并在其上形成抗蚀图形，经过电镀工艺将基板上图形加厚，去除抗蚀图形，然后再经过闪蚀将多余的铜层去除。被干膜保护没有进行电镀加厚的区域在闪蚀过程中被很快地除去，保留下来的部分形成线路。

半加成工艺的特点是图形形成主要靠电镀和闪蚀。在闪蚀过程中，由于蚀刻的化学镀铜层非常薄，因此蚀刻时间非常短，对线路侧向的蚀刻比较小。

半加成工艺与减成法相比，线路的宽度不会受到电镀铜厚的影响，比较容易控制，具有较高的解析度，制作精细线路的线宽和线距几乎一致，大幅度提高了良品率。半加成法是目前生产精细线路的主要方法，量产能力可达最小线宽为 14μm/线距为 14μm，最小孔径 55μm，被大量应用于 CSP 和 FC 基板等精细线路基板的制造。

把减成、全加成、半加成工艺的不同特点做比较，如表 2.2 所示。

表 2.2　减成、全加成、半加成工艺比较

加工工艺	特点	最小线宽/线距（μm）	主要应用
减成工艺	蚀刻过程中发生侧蚀，精细线路制作中良品率很低	50/50	普通 PCB，FPC，HDI 等
全加成工艺	适合制作精细电路，但成本较高且工艺不成熟，产量不大	12/12	WB，FC 载板
半加成工艺	线宽和线距几乎一致，大幅度提高良品率，是生产精细线路的主要方法	14/14	CSP，FC 载板等

4．加成工艺过程

使用加成工艺生产一个 4 层的（1/2/1）基板，其主要加工过程如图 2.4 所示。

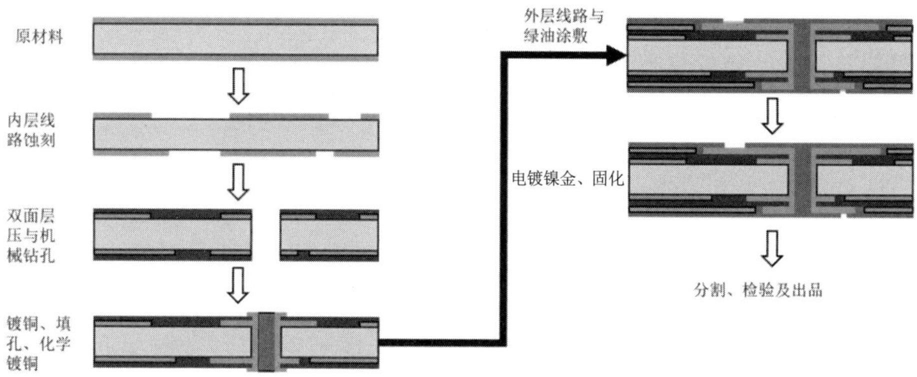

图 2.4　加成工艺过程示意图

2.1.3 基板表面处理

基板的表面处理主要方式有：化学镍金（Electroless Nickel Immersion Gold，ENIG）、化学镀镍自催化金（Electroless Nickel Auto-catalytic Gold，ENAG）、化学镀镍与自催化混合金（Electroless Nickel Immersion and Auto-catalytic Mixed Gold，ENXG）、化学镀镍化学镀钯浸金（Electroless Nickel Electroless Pd Immersion Gold，ENEPIG）、电镀金（Electrolytic Gold，EG）、有机保焊膜（Organic Solderability Preservative，OSP）、焊盘上锡（Solder on Pad，SOP）、沉锡（Immersion Tin，IT），具体在设计时根据产品的要求选用。

2.1.4 基板电镀

常用的电镀工艺有：

- 电镀（Electrolytic）工艺，如：EG、GPP（Gold Pattern Plating）、SG（Selective Gold）等。
- 化学镀（Electroless）工艺，如：ENIG、ENEPIG、DIG（Double Image Gold）等。

2.1.5 基板电镀线

基板电镀时分为电镀线及无电镀线两种方式。

- 电镀线（Plating Line），包括二次蚀刻（Etch-back）、无二次蚀刻（Non Etch-back）。
- 无电镀线（Buss less），基板设计必须从成本、可加工性、可靠性等方面进行综合考虑，最终结合封装工艺和基板加工工艺选出最优方案。

2.1.6 基板设计规则

封装设计涉及基板的生产及封装加工，因而在设计过程中需要了解并遵守对应的规则，以满足如下生产加工能力。

- 叠层结构能力（Layer Structure Capability）
- 走线/图形能力（Trace/Pattern Capability）
- 金手指间距能力（Finger Pitch Capability）
- 阻焊对齐加工能力（CF/SM Registration Capability）
- 钻孔能力（Drill Capability）
- 表面处理（Surface Treatment）
- 尺寸公差控制能力（Dimension Tolerance Capability）。

上面的 7 个能力中，其中叠层结构能力主要与工厂的常用材料有关，其他能力则主要与工厂所选择的工艺路线、设备加工精度以及工艺控制能力相关，这些都要在设计之前考察清楚。

2.1.7　基板设计规则样例

以下为某设计规则的样例，其中“符号”列代表了的设计中不同元素间的尺寸及大小等，如图 2.5 所示。这些规则在基板设计时可以在软件中设置实现自动检查。

通用设计（单位：μm）								
符号	描述		外层			外层		
			通用规则	特殊规则	风险规则	通用规则	特殊规则	风险规则
A	孔盘到孔盘间距		60	50	40	60	50	40
B	孔盘到布线或铜皮间距		60	50	40	60	50	40
C	基板边沿与孔盘间距		150	100		150		
D	基板边沿到线或铜皮间距		150	100		150		
E	布线到布线格点		参考布线设计规则			参考布线设计规则		
F	布线到布线间距							
G	布线底侧宽度							
H	过孔	基板厚度>360	200	150	100	200	150	100
		基板厚度≤360	200	100		200	100	
		基板厚度≤260	≥150	100		200	100	
J	过孔		H+150	H+130	H+100	H+150	H+130	H+100
无盘设计（单位:μm)(高密设计使用）								
K	孔到孔间距		/	/	/	200	170	130
L	孔到布线或铜皮间距		/	/	/	135	125	100
M	孔到孔盘间距		/	/	/	135	125	100
注意：在过孔边接有布线时，确保过孔必须有焊盘								

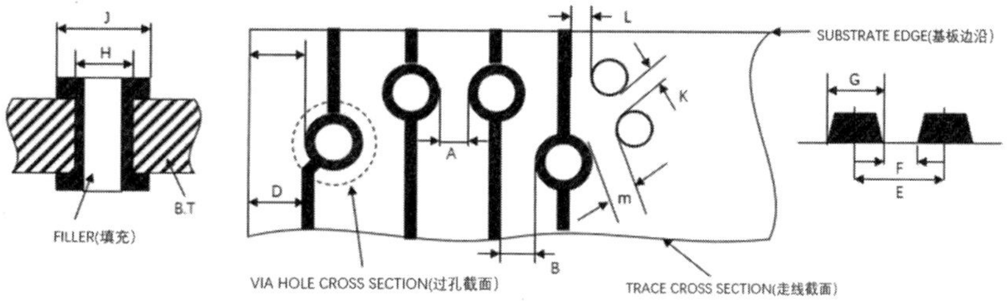

图 2.5　基板设计规则（Design Rule）样例

2.2　基板加工过程

2.2.1　层叠结构

设计基板前需要根据阻抗控制的情况等进行层叠的设计，图 2.6 为一个上（1/2/1）基板截面结构的样例，从图中可见其结构主要包含以下部分。

- ❑　叠层结构。由不同厚度的材料堆叠而成，由导电材料和非导电材料分层压合。

- 钻孔。用于连接不同层信号的孔，结构包含钻孔（Via Hole）、孔环（Via Land）、孔壁（Hole Wall）、钻孔封帽（Hole Cap）、塞孔油墨（Plugging Ink）。
- 表面处理（Surface Treatment）。EG、镍层厚度（Ni Thickness）、金层厚度（Au Thickness）等。

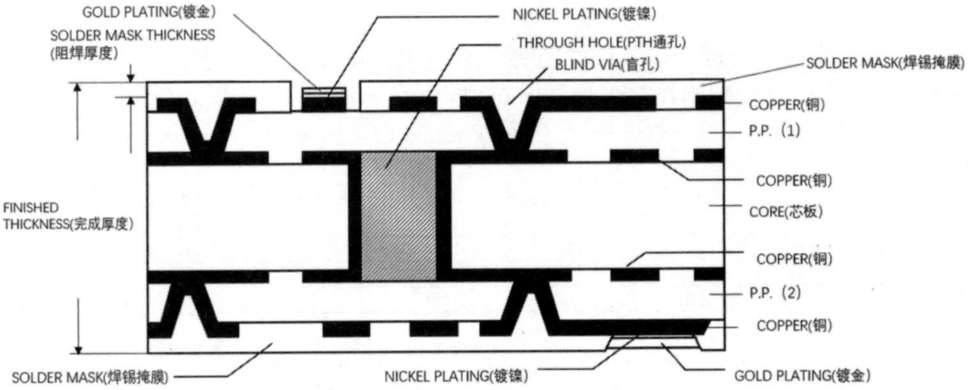

图 2.6 基板叠层截面图结构

2.2.2 基板加工详细流程

基板加工详细工序流程如图 2.7 所示，其中开料、压合、钻孔等属物理操作过程，而线路制作、镀铜、镀金等属化学过程。

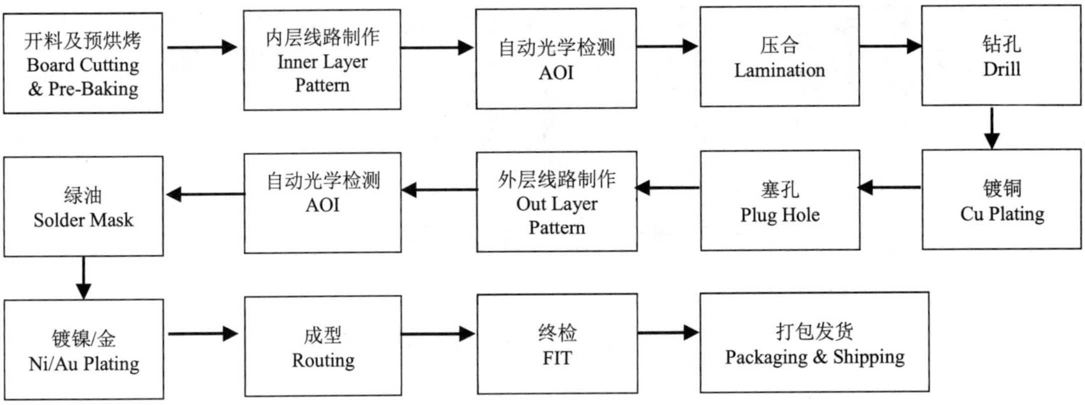

图 2.7 基板加工完整流程图

下面详细讲解每个步骤的技术点及加工细节。

1．开料及预烘烤

（1）开料

基板厂购买的原材料是尺寸较大的板材，需要裁切成一定的尺寸才可用于设备加工。

（2）预烘烤

其目的是消除基板的内应力，防止基板翘曲，达到稳定尺寸、减少基板的涨缩的效果。

2．内层线路制作

内层线路制作的主要过程如图 2.8 所示。

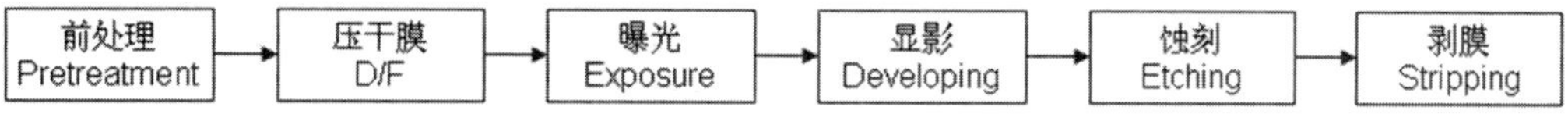

图 2.8　内层线路制作主要过程

（1）前处理

- ❑ 去除板面上的附着物，如污渍、油渍、氧化层等。
- ❑ 微蚀：使铜面粗化，增加与干膜之间的附着力，如图 2.9 所示为微蚀前后基板铜面微观对比。

$$Cu+H_2O_2 \rightarrow CuO+H_2O$$

$$CuO+H_2SO_4 \rightarrow CuSO_4+H_2O$$

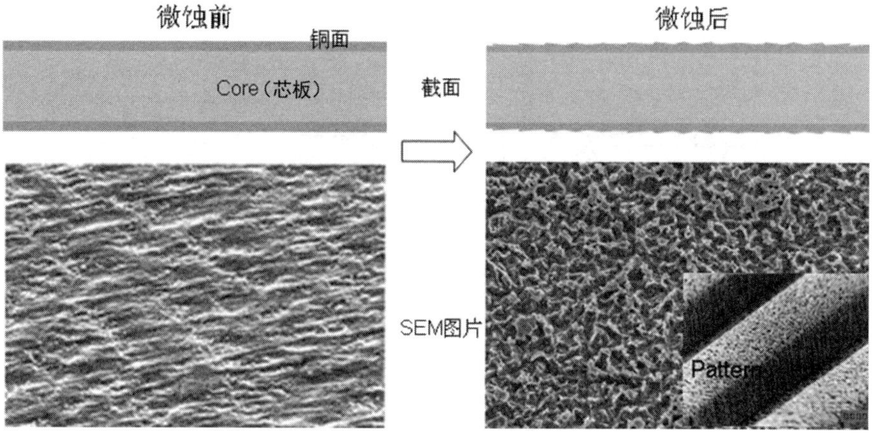

图 2.9　微蚀前后基板铜面微观对比

（2）压干膜

在铜面上压上一层感光膜，用于显影，如图 2.10 所示。当干膜受热后，具有流动性和可填充性，利用此性质将其以热压的方式贴附于板面上，干膜的结构如图 2.11 所示。

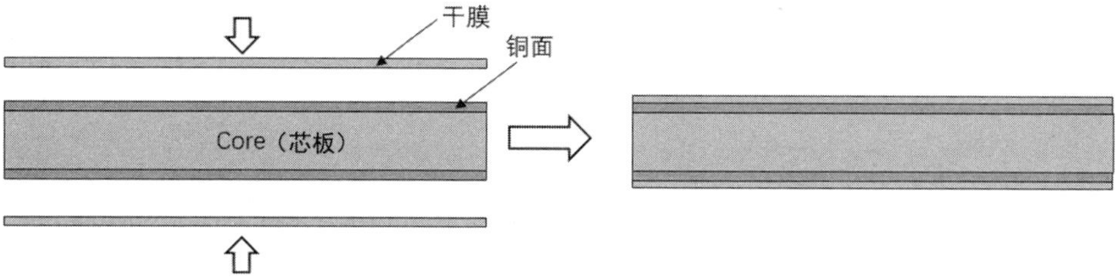

图 2.10　压干膜示意图

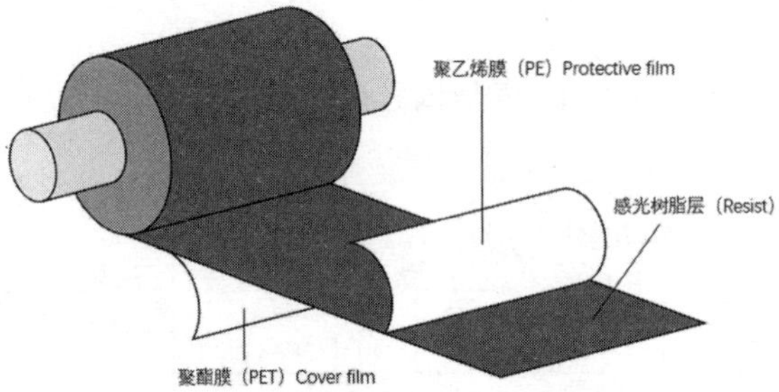

图 2.11　干膜结构示意图

（3）曝光

利用紫外光（UV）的能量，使感光膜中的光敏物质进行光聚合反应，从而使设计图形通过底片转移到干膜上。

- 将底片与板面贴附在一起，如图 2.12 所示。

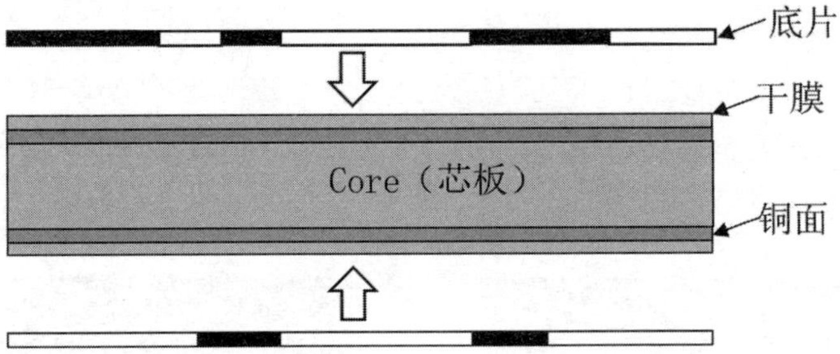

图 2.12　压底片示意图

- 进行 UV 曝光，如图 2.13 所示。

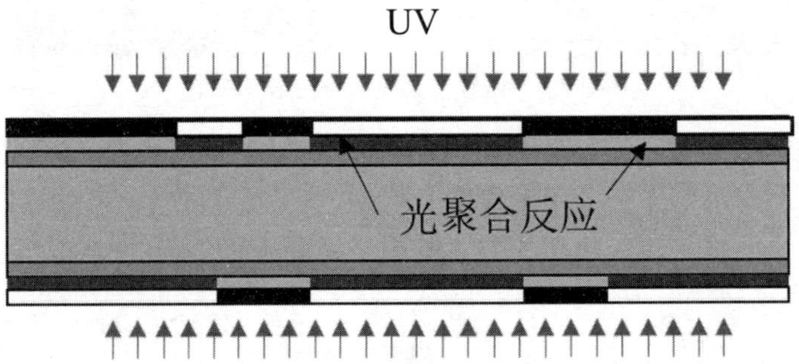

图 2.13　UV 曝光示意图

（4）显影（Developing）

经过曝光的干膜不与显影液反应，利用未曝光干膜与显影液的皂化反应将其去除，如图 2.14 所示。

$$R-COOH + Na_2CO_3 \xrightarrow{H_2O} R-COONa + 2NaHCO_3$$

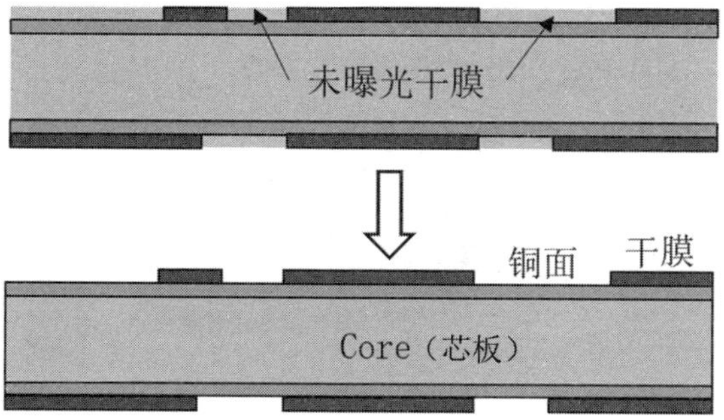

图 2.14　干膜显影示意图

（5）蚀刻（Etching）

通过蚀刻机将氯化铜溶液喷洒在板面上，利用溶液与铜的化学反应，对未被干膜保护的铜面进行蚀刻，从而形成线路，如图 2.15 所示。

- 蚀刻反应：$Cu+CuCl_2 \rightarrow 2CuCl$
- 生成的 CuCl 是不溶于水的，在有过量 Cl-存在的情况下，生成可溶性的配离子。
- 化合反应：$2CuCl + 4Cl^- \rightarrow 2[CuCl_3]^{2-}$

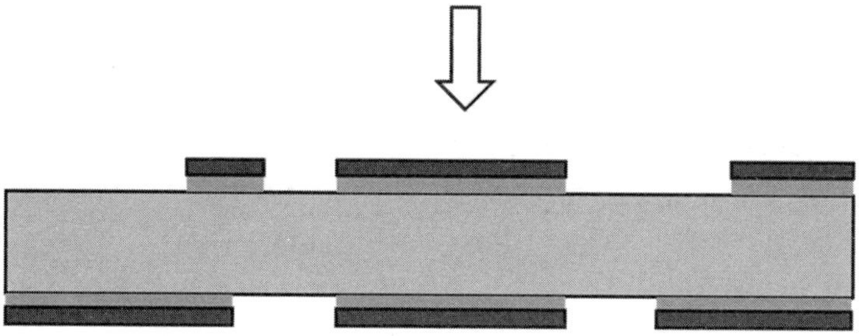

图 2.15　铜面蚀刻示意图

（6）剥膜（Stripping）

通过去膜机将 NaOH 或 KOH 喷洒在板面上，如图 2.16 所示，利用溶液与干膜之间的化学反应及物理应力将干膜去除，完成内层线路图形的制作。

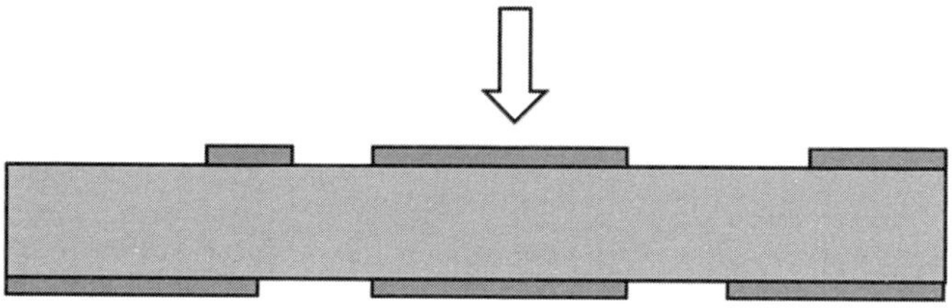

图 2.16　剥膜后基板示意图

3. 自动光学检测

自动光学检测（Automatic Optical Inspection，AOI），如图 2.17 所示，Genesis 系统将设计线路的 CAM 资料处理成检测用的资料，输入 AOI 系统。AOI 系统利用光学原理，对照蚀刻后线路与设计线路之间的差异，对存在短路（Short）、断路（Open）、线路缺口（Neck）、线路突出（Protrusion）等的不良品进行辨别。

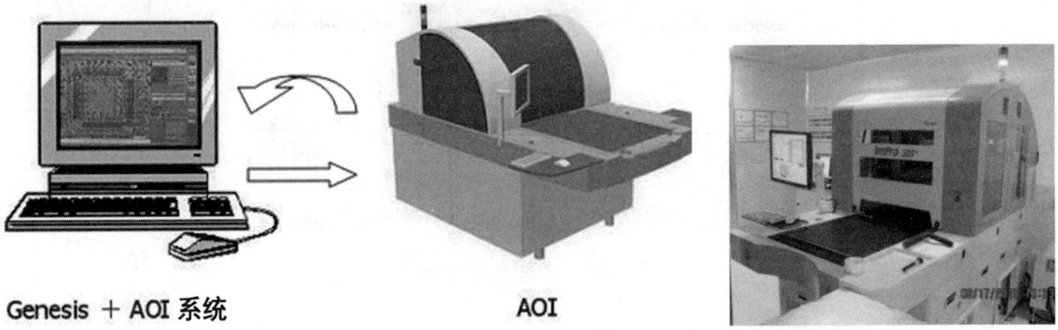

图 2.17　自动光学检测流程

4．压合

压合（Pressing）的主要过程如图 2.18 所示。

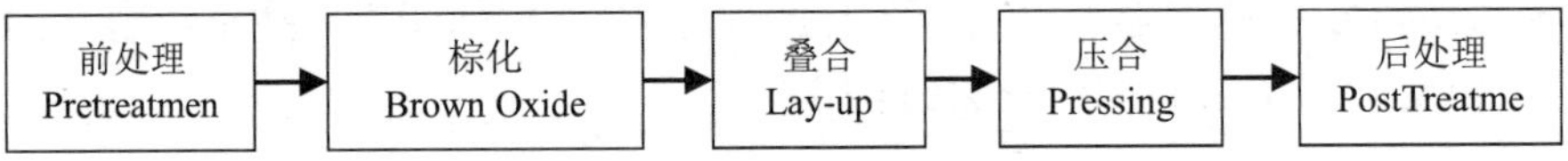

图 2.18　压合流程图

（1）前处理

前处理（Pretreatment）主要是为棕化做准备工作。

- 酸洗（Etch Cleaning）：利用硫酸与 CuO 的化学反应，对铜面氧化物进行清除。

$$CuO + H_2SO_4 \rightarrow CuSO_4 + H_2O$$

- 清洁（Cleaner）：利用清洁剂与油脂反应，将油脂水解成易溶于水的小分子物质。
- 预浸（Pre-dip）：使板面具有与棕化液相似的成分，防止水分破坏棕化液。

（2）棕化

棕化（Brown Oxide）的主要目的如下。

- 粗化铜面，增加与 PP 接触的表面积，改善与 PP 的附着性，防止分层。
- 增加铜面与流动树脂的浸润性。
- 使铜面钝化，阻挡压板过程中环氧树脂聚合硬化产生的胺类物质对铜面的作用。胺类物质与铜面反应会产生水蒸气，进而导致爆板。

原理：通过硫酸和双氧水对铜面进行微蚀，在微蚀的同时生成一层极薄的均匀一致的有机金属转化膜（Organo-metallic Conversion coating）。

这个过程简单描述如下：进入棕化液的铜面在 H_2O_2 和 H_2SO_4 作用下微蚀，使铜表面得到微观凹凸不平的表面形状，增大铜与树脂接触的表面积的同时，棕化液中的有机添加剂与铜表面反应生成一层有机金属转化膜，如图 2.19 所示，这层膜能有效地嵌入铜表面，在铜表面与树脂之间形成一层网格状转化层，增强内层铜与树脂结合力，提高基板的抗热冲击、抗分层能力。

$$H_2O_2 + H_2SO_4 + Cu + R \rightarrow CuSO_4 + 2H_2O + CuO_3R \text{（棕化）}$$

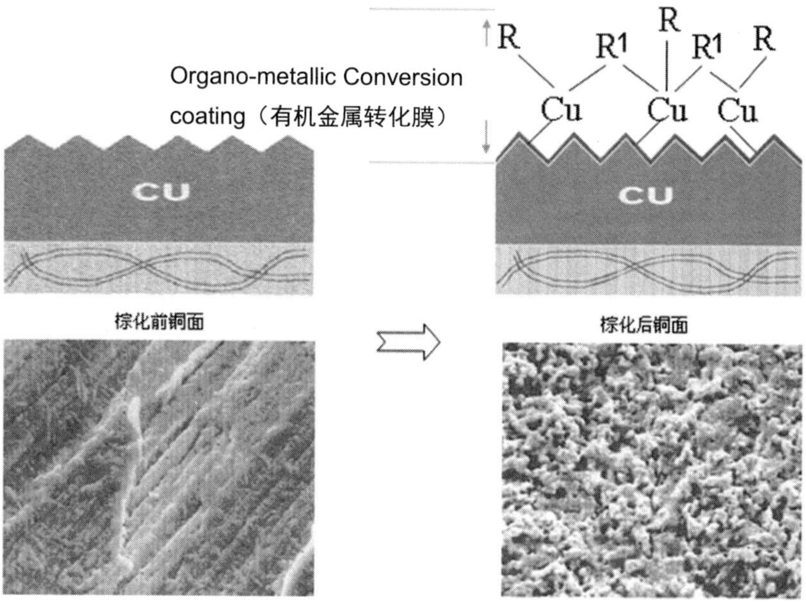

图 2.19　棕化前后铜面微观对比图

PP 材料与铜面压合后，与有机金属转化膜通过共价键紧密结合，如图 2.20 所示，增强了与铜面的附着性。

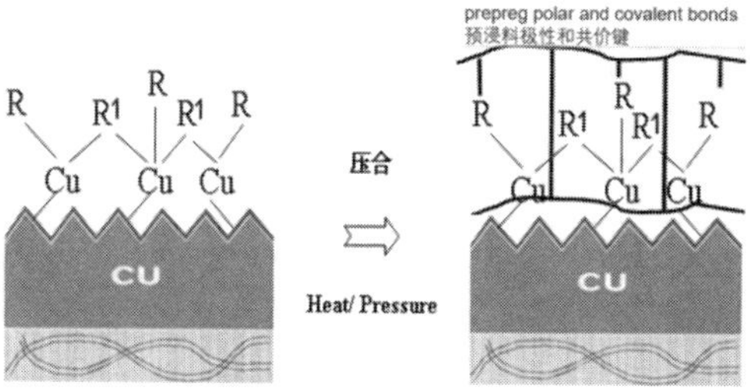

图 2.20　压合后铜面与 PP 材料共价键结合示意图

（3）叠合

叠合（Lay-up）是指按照基板设计的叠层结构，把材料叠在一起，为压合做准备。叠合的主要过程如图 2.21 所示。

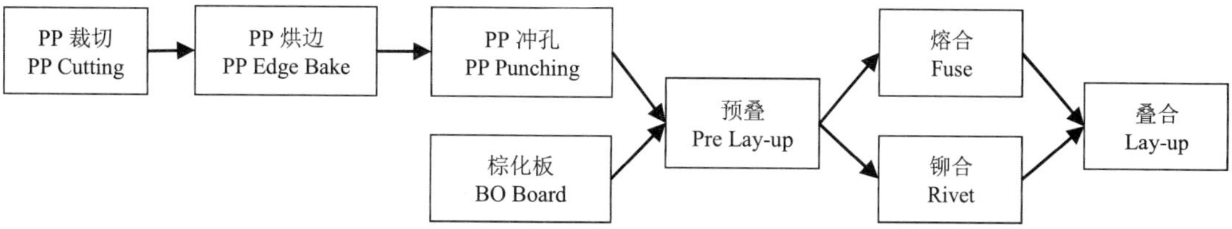

图 2.21　叠合过程示意图

PP 是浸透了环氧树脂的玻纤布，其树脂处于半固化（Prepreg）状态，故称 PP。PP 分经向和纬向，卷取的方向为经向，幅宽的方向为纬向。

PP 裁切是将成卷的 PP 裁切成适合加工的尺寸。

将 PP、铜箔、内层板预叠之后，进行熔合或铆合，防止后处理中出现层间偏移，如图 2.22 所示。

叠合则是将载板、盖板、镜面钢板和牛皮纸等辅助材料与待压板叠在一起，为压合工序做准备。

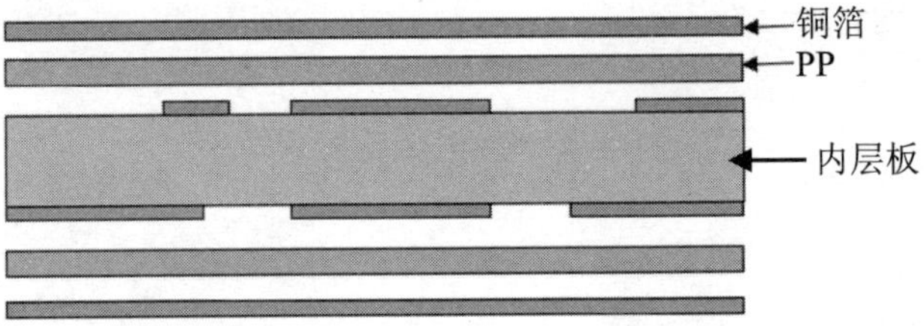

图 2.22 基板预叠结构示意图

（4）压合

压合（Pressing）如图 2.23 所示，在压机的高温高压下，将叠合好的待压板（PP、铜箔及内层板）熔合黏结成一片多层板。

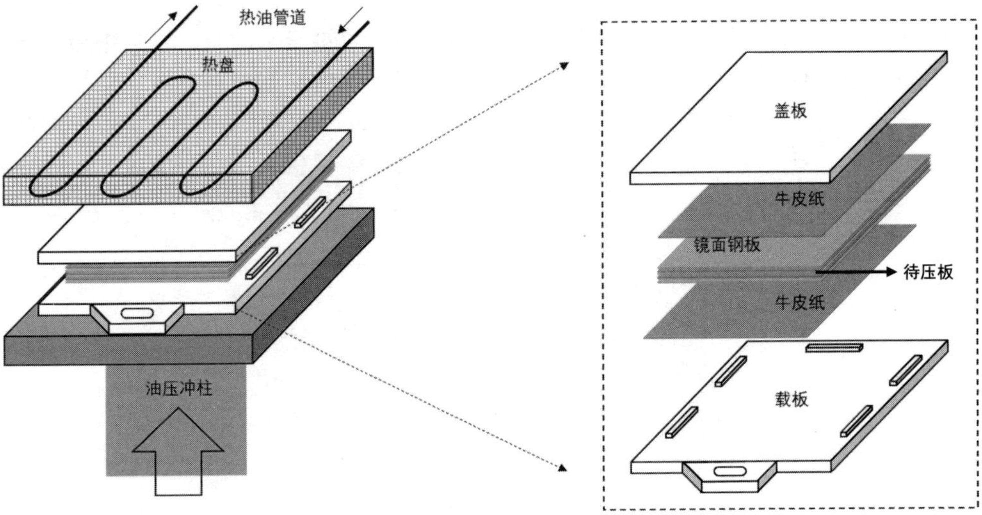

图 2.23 压合示意图

- 盖板和载板（Press Plate）：硬化钢板，使传热更均匀。
- 牛皮纸：纸质柔软透气，起到缓冲受压、均匀施压、防止滑动的作用；传热系数低，可起到延迟传热、均匀传热作用。
- 镜面钢板（Separator Plate）：刚性强、表面光滑，可防止褶皱，拆板简单。

为了达到较好的压合效果，压力温度需分段进行调整。如图 2.24 所示是常用的四段压合的温度曲线和压力曲线。

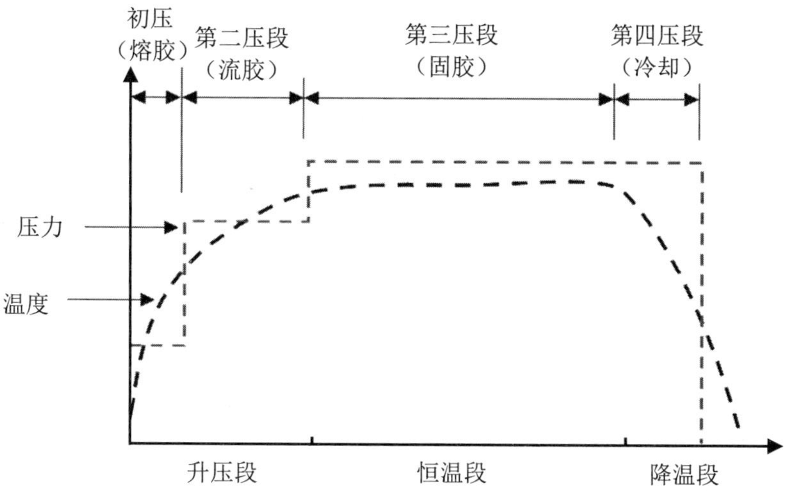

图 2.24　温度曲线和压力曲线

温度曲线作用分段描述如下。

- 升温段：提供合适的升温速度，控制流胶。
- 恒温段：提供 PP 硬化所需的能量及时间。
- 降温段：逐步冷却，降低内应力，减少板弯和翘曲。

压力曲线每段的作用描述如下。

- 初压：使 PP 与棕化板紧密结合，利于传热，去除残余气体和挥发物。
- 第二段压：使胶液顺利填充并去除胶内气泡，防止一次压力过大产生褶皱及应力。
- 第三段压：产生聚合反应，使材料完全硬化。
- 第四段压：降温段保持适当的压力，减少因冷却带来的内应力。

（5）后处理（Post Treatment）

压合后的基板如图 2.25 所示，在进入下一工序之前，需要进行后处理，主要步骤如图 2.26 所示。

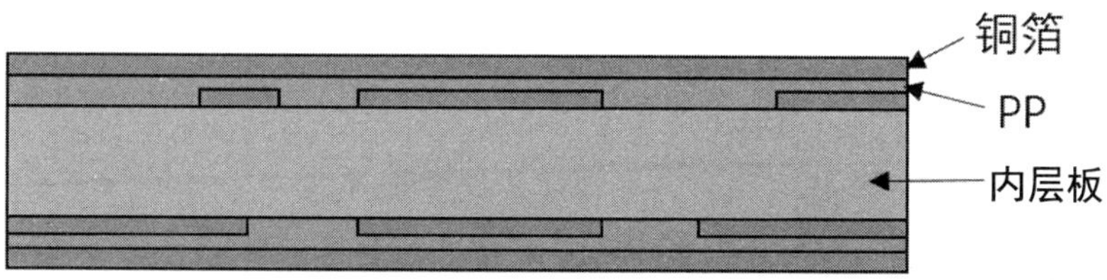

图 2.25　压合后基板截面示意图

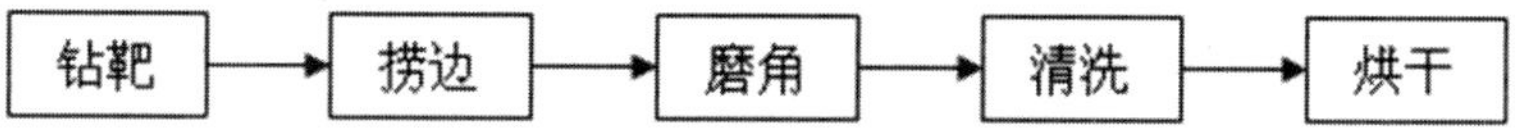

图 2.26　后处理流程图

- 钻靶：利用 X 光，将内层靶标成像，用钻头在靶标上钻出后续工序所需的定位孔和防呆孔。

- 捞边：利用锣刀去除多余的边料。
- 磨角：利用锣刀将板边磨光滑，以利于后续工序的生产并防止刮伤。
- 清洗：中压水洗，去除前道工序的粉尘。
- 烘干：热风吹干基板。

5．钻孔

钻孔（Drill）的主要流程如图 2.27 所示。

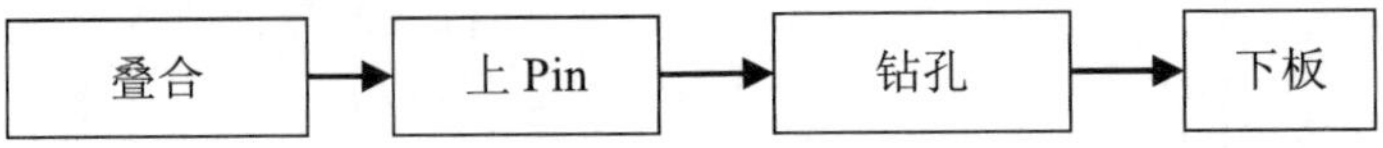

图 2.27 钻孔流程图

将压合后的基板经由机械钻孔机台进行钻孔作业，以提供符合客户设计需求的导通孔、工具孔，并为后续工序提供对位孔、定位孔及 Tooling 孔等，如图 2.28 所示。

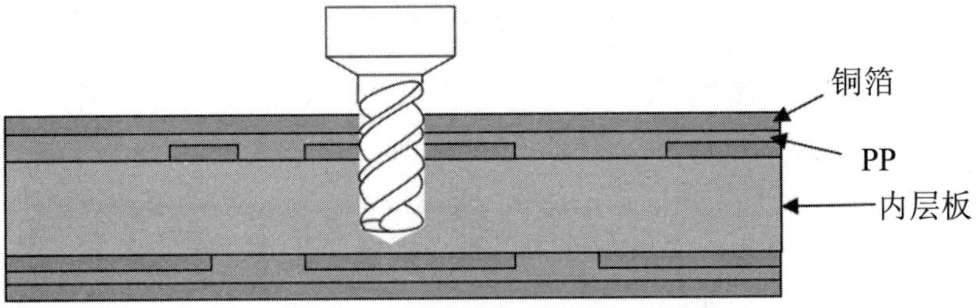

图 2.28 钻孔示意图

6．去毛刺

去毛刺（Deburring）工序流程如图 2.29 所示，主要是利用刷轮（无纺布滚轮）高速旋转去除钻孔形成的毛刺以及板面的细小铜渣，如图 2.30 所示，最终使铜面平整，效果如图 2.31 所示。

图 2.29 去毛刺流程图

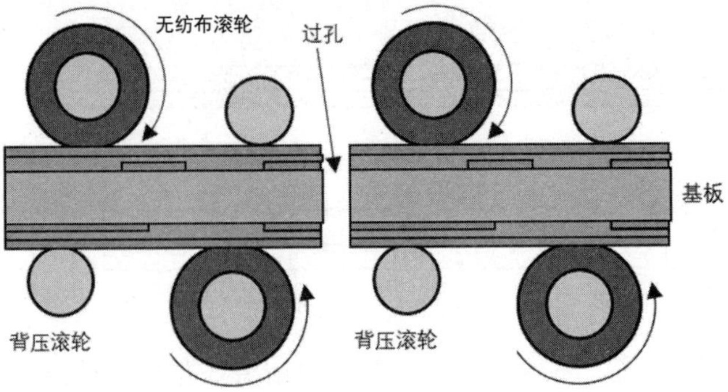

图 2.30 滚轮磨刷示意图

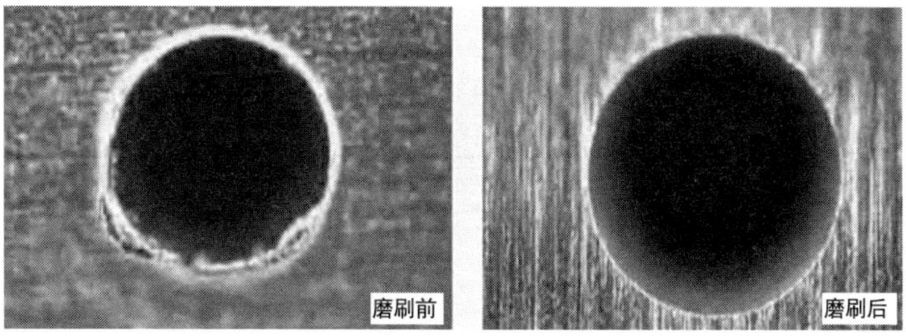

图 2.31　磨刷前后钻孔微观对比图

7．镀铜

镀铜（Copper Plating）是指将钻孔后的基板，经前处理去除孔内胶渣，由化学铜沉积薄铜层，使上下导通后，再电镀铜达成铜孔与线路所需的铜层厚度。

镀铜的主要流程如图 2.32 所示。

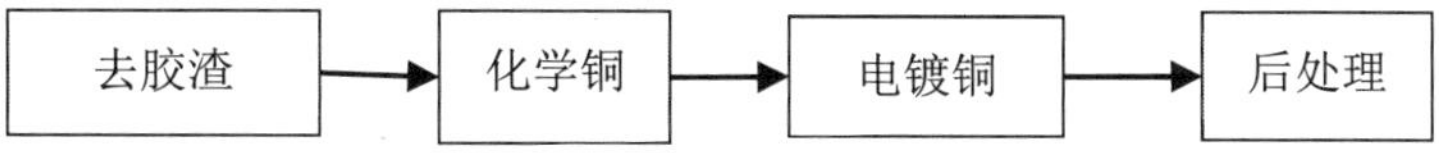

图 2.32　镀铜流程图

（1）去胶渣

去胶渣（Desmear）是指基板在钻孔产生的摩擦高热中，当其温度超过树脂的 Tg 时，树脂将软化甚至形成流体，随钻头的旋转被涂满孔壁，冷却后形成凝固的胶渣，使得内层铜孔环与铜孔壁之间的空隙被填满，故在进行化学铜（PTH）之前，必须对已形成的胶渣进行清除，以利于后续孔内化学铜的顺利附着，具体流程如图 2.33 所示。

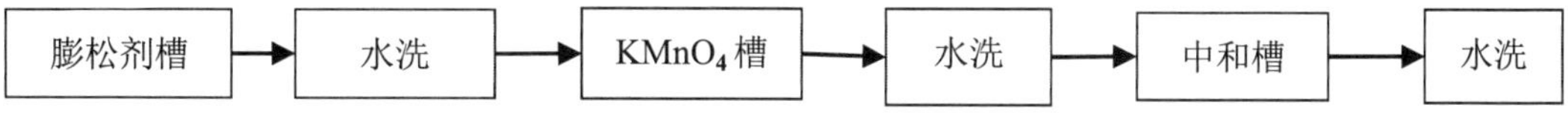

图 2.33　去胶渣流程图

- 膨松剂槽：将孔内树脂蓬松软化，降低聚合物间的键结能，以利于 $KMnO_4$ 咬蚀。
- $KMnO_4$ 槽：打断树脂胶渣的聚合键，将孔内已蓬松软化的树脂及胶渣去除。
- 中和槽：将 $KMnO_4$ 槽中反应产生的 Mn^{7+}、Mn^{4+} 还原成易溶于水的 Mn^{2+}。

主要化学反应：

$$4MnO_4 + Resin + 4OH^- \rightarrow 4MnO_4^{2-} + CO_2 + 2H_2O$$

去胶渣过程前后，孔壁的效果对比如图 2.34 所示。

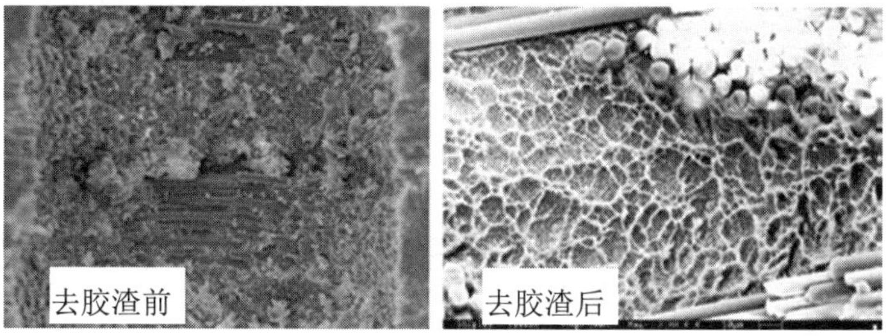

图 2.34　去胶渣前后孔壁微观对比图

（2）化学铜（PTH）

在孔中通过化学作用沉积上一层薄厚均匀、具导电性的铜（主要是将原非金属孔壁金属化），使后续电镀铜过程顺利进行，主要过程如图 2.35 所示。

图 2.35 化学铜过程

- 清洁槽：清洁铜面，将孔壁改为正电荷以利于带负电的 Pd 胶体附着，如图 2.36 所示。
- 微蚀槽：去除铜面氧化物。
- 预浸槽：吸附 Pd（钯）胶体作为化学铜反应的催化剂。
- 速化槽：将 Pd 胶体上的 Sn 化合物去除，暴露出 Pd 以便催化。

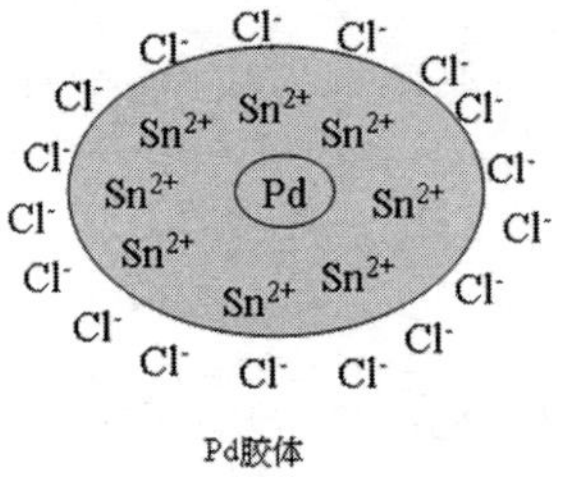

图 2.36 Pd 胶体粒子示意图

主要化学反应：

$$HCHO + OH^- \xrightarrow{Pd} H_2\uparrow + HCOO^-$$

$$Cu^{2+} + H_2 + 2OH^- \rightarrow Cu + 2H_2O$$

经 Pd 胶体活化与后来的速化处理后，孔壁上非导电表面均匀分布着活化性的 Pb 层，在其催化作用和碱性条件下，甲醛分解产生氢气，铜离子被还原，之后析出的化学铜又可作为催化剂，使得 Cu^{2+}陆续被还原成 Cu，如图 2.37 所示。

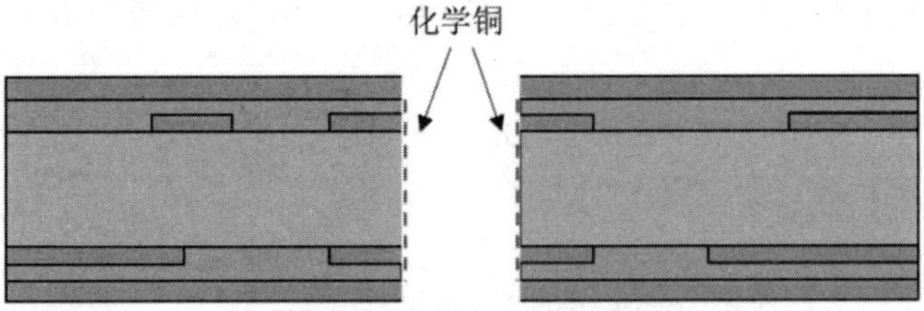

图 2.37 孔壁镀化学铜

（3）电镀铜

电镀铜（Copper Plating）即是利用施加交流电的方式（正向镀铜，反向剥铜），将溶液中的铜离子成分均匀还原在铜表面以及孔内，达到符合规格的铜层厚度，如图 2.38 所示。

阴极：$Cu \rightarrow Cu^{2+} + 2e^-$

阳极：$Cu^{2+} + 2e^- \rightarrow Cu$

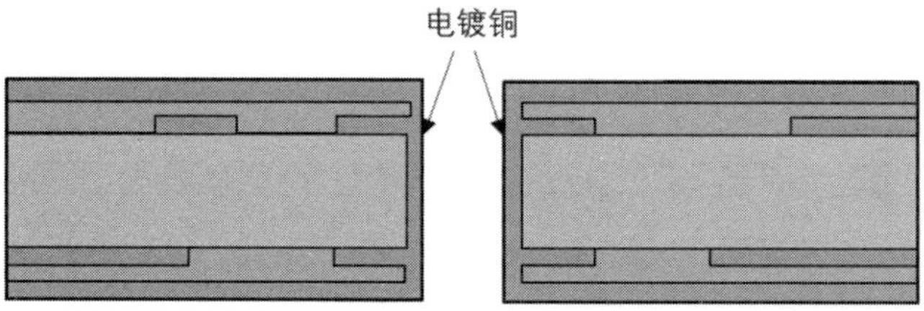

图 2.38　孔壁电镀铜

（4）后处理

后处理（Post Treatment）的主要流程如图 2.39 所示。

图 2.39　后处理流程图

- ❑ 酸洗：清除板面的氧化物、油污。
- ❑ 水洗：冲洗残留的酸。
- ❑ 吸干、吹干、烘干：去除水分，防止铜面氧化。

8．塞孔

塞孔（Plug Hole）即用塞孔剂将孔填满，避免空气残留，以防止经过高温锡炉时产生“爆米花效应”，另外塞孔剂可支撑导通孔铜壁，防止发生裂孔现象，主要流程如图 2.40 所示。

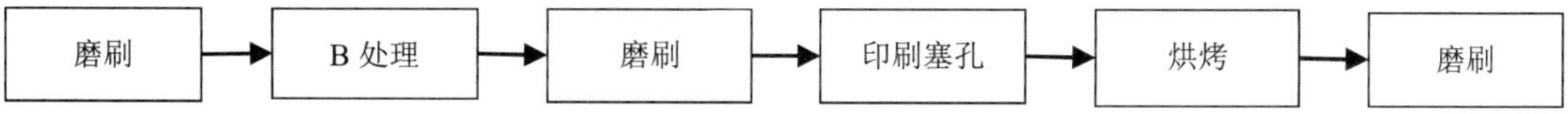

图 2.40　塞孔流程图

（1）磨刷

磨刷（Brushing）即去除铜颗粒，使铜表面平整。

（2）B 处理

B 处理是为了粗化铜面，以利于塞孔剂附着，过程如图 2.41 所示，处理结果如图 2.42 所示。

图 2.41　B 处理流程

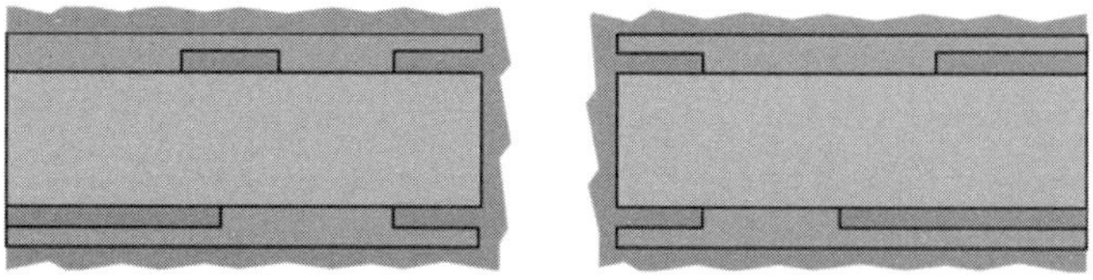

图 2.42　B 处理后的铜面及孔壁结构

（3）磨刷

磨刷（Brushing）是为了平整铜面，以防止塞孔剂附着于面铜，如图 2.43 所示。

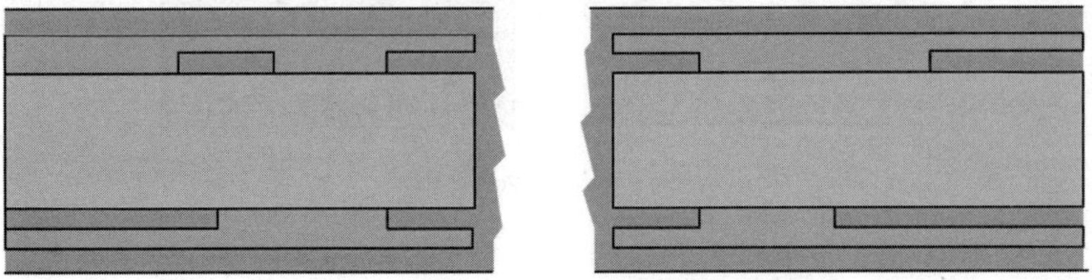

图 2.43 磨刷后的铜面板面及孔壁

（4）印刷塞孔

印刷塞孔（Stencil Printing）过程如图 2.44 所示，利用刮刀通过一定的角度和压力，将塞孔剂推挤通过钢网的开口，塞在所需钻孔内，结果如图 2.45 所示。

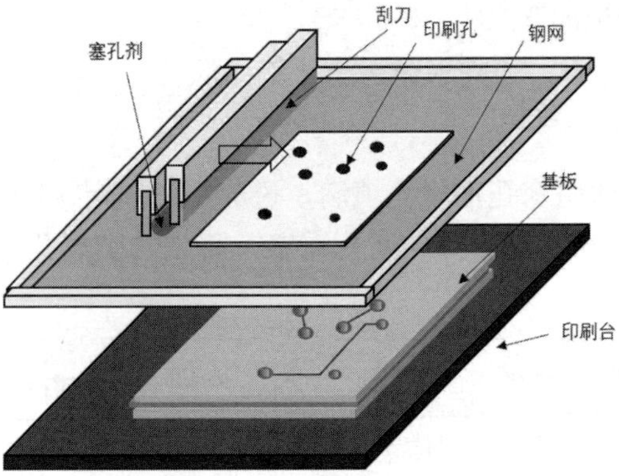

图 2.44 印刷塞孔过程示意图

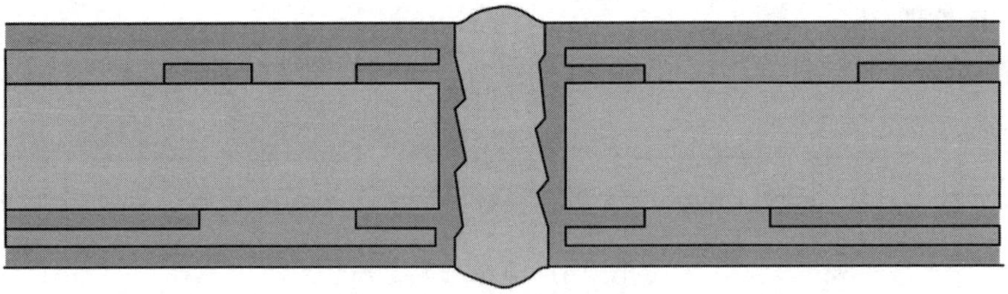

图 2.45 印刷塞孔后的基板

（5）烘烤

烘烤（Bake）使塞孔剂完全硬化。

（6）磨刷

磨刷（Scrubbing）即利用刷轮，将硬化后的塞孔剂凸出板面外的部分磨平，如图 2.46

所示，为下一工序的镀铜做准备。

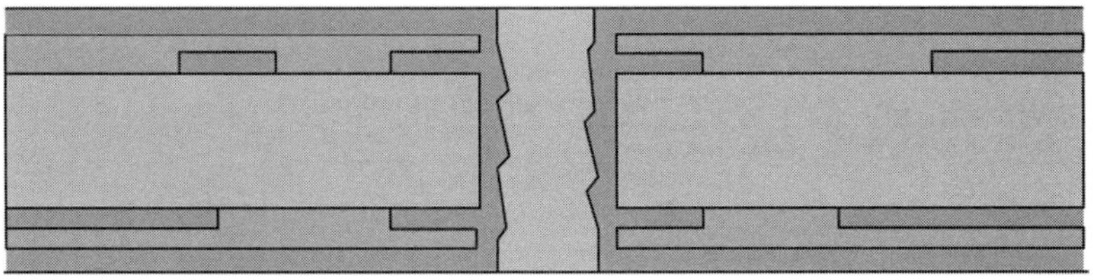

图 2.46　塞孔油墨磨平后效果图

9．孔帽镀铜

孔帽镀铜（Via Cap Plating）是进行整板电镀，将塞好的孔的表面用镀铜覆盖，效果如图 2.47 所示。

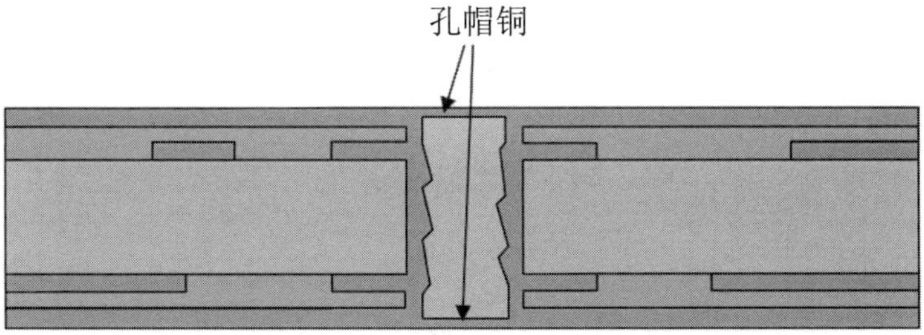

图 2.47　孔帽镀铜后效果图

10．制作外层线路

制作外层线路（Out Layer Pattern），具体流程与内层线路相同，完成的 4 层基板如图 2.48 所示。

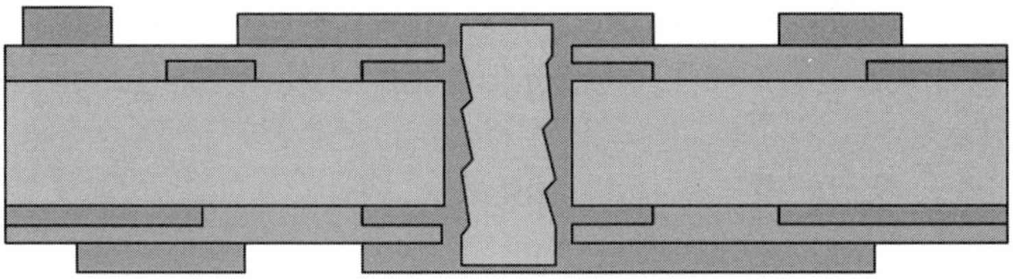

图 2.48　外层线路制作完成效果图

11．自动光学检测

完成外层线路后，需要对其进行检测，具体流程与内层线路制作后的 AOI 工序相同。

12．阻焊

阻焊（Solder Mask）制作的主要流程如图 2.49 所示。

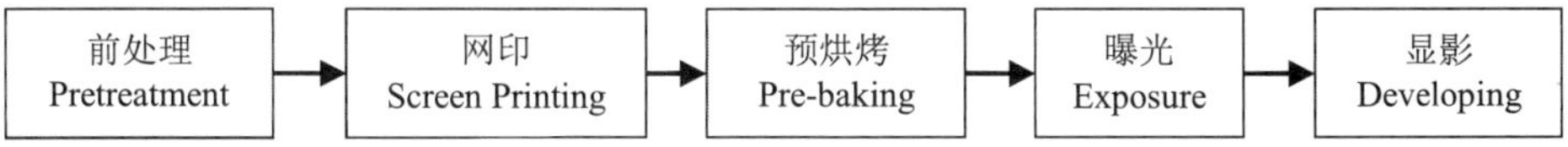

图 2.49　阻焊制作流程图

在基板表面覆盖一层保护膜，防止线路、铜面被氧化，防止湿气、各种电解质以及机械外力对线路的伤害，并起到阻焊的作用。

（1）前处理

前处理（Pretreatment）的主要流程如图 2.50 所示。

图 2.50　前处理流程图

将蚀刻后基板的铜面氧化物去除，经由微蚀作用、酸洗处理、烘干增加铜面粗糙度，使绿油涂布后可以得到更紧密的结合，防止涂布的绿油脱落。

（2）网印和预烘烤

网印和预烘烤（Screen Printing & Pre-baking）是通过丝网印刷将液态油墨均匀涂覆于基板表面，如图 2.51 所示，并通过预烘烤使其局部硬化，为后续工序做准备。

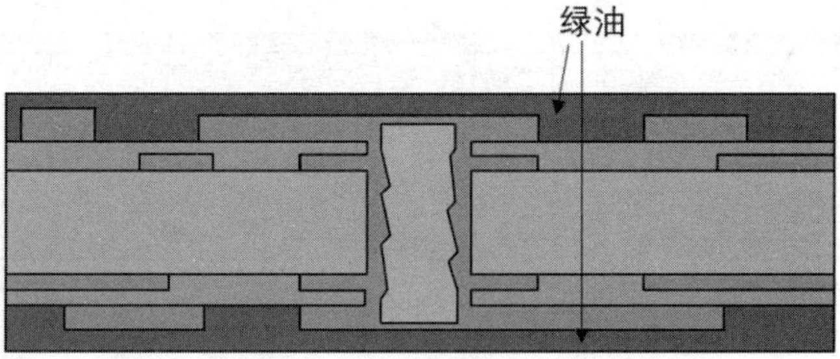

图 2.51　基板表面通过模板印刷的阻焊绿油

（3）曝光

曝光（Exposure）即以底片（正片）来定义绿油开窗部位，利用特定波长的紫外光照射 L.P.S.M（Liquid Photo Imageable-Solder Mask，由环氧树脂与亚克力树脂以不同比例混合而成），使感光部分聚合键结构加强，未感光部分则随显影液清洗而去除，如图 2.52 所示。

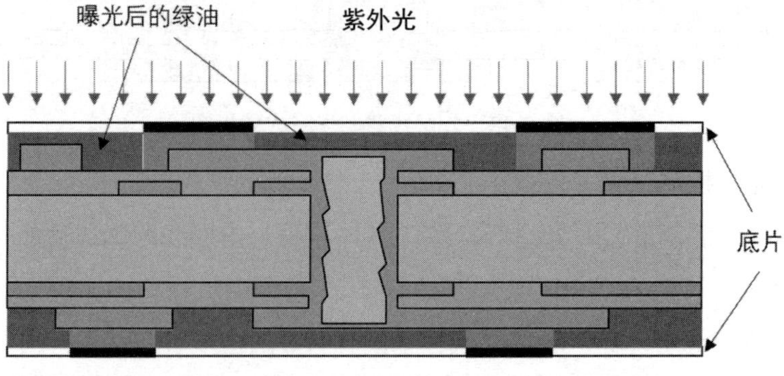

图 2.52　压附上底片后照射紫外光

（4）显影

显影（Developing）工序的主要操作流程如图 2.53 所示。

图 2.53　显影流程

以显影液将未曝光的感光油墨溶解去除达到显像的目的和去除残胶的目的。

用后烘烤及紫外光加速热聚反应，使先前绿油中未反应完全的 Epoxy 及 Acrylic 基进一步键结及强化，形成稳定的网状结构，使防焊油墨彻底固化，达到一定的抗物性和耐化性，如图 2.54 所示。

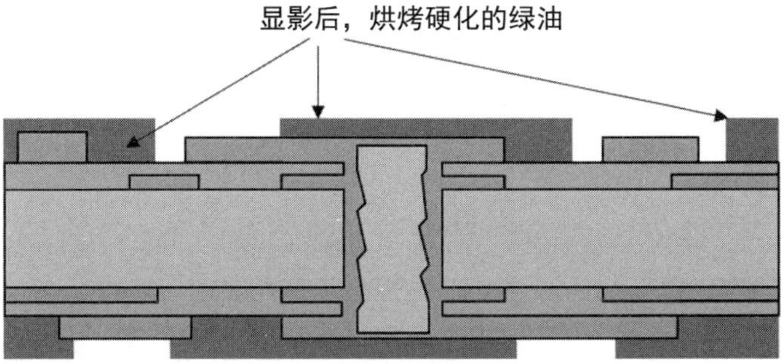

图 2.54　基板阻焊开窗显影后效果图

13．镀金

电镀镍金（EG）有优良的打线性能，可以满足后续封装工艺的 Wire Bond 的需要。由于铜和金互溶，为了阻止铜与金相互扩散，需要在镀金之前先镀上一层镍作为阻挡层，再把暴露在外的镍镀上金，利用金的稳定性防止镍被氧化，流程如图 2.55 所示，各步骤效果如图 2.56 所示。

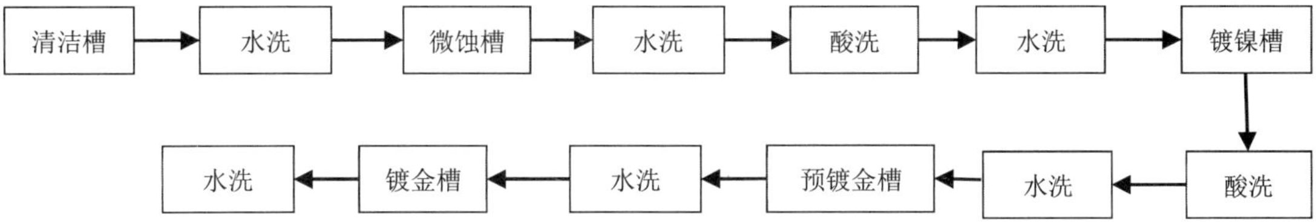

图 2.55　镀金流程示意图

- 清洁槽：清除板面油脂及污渍。
- 微蚀槽：清洁铜面。
- 酸洗：清洁铜面及预浸酸。
- 镀镍槽：镀镍至所需厚度。
- 预镀金槽：镀上一层薄金作为后镀金之介层，如果直接镀金，金会在镍层上置换，影响结合力。
- 镀金槽：电镀金至所需厚度。

主要化学反应：

$$Ni^{2+} + 2e^- \rightarrow Ni$$

$$Au(CN)^{2-} + e^- \rightarrow Au + 2CN^-$$

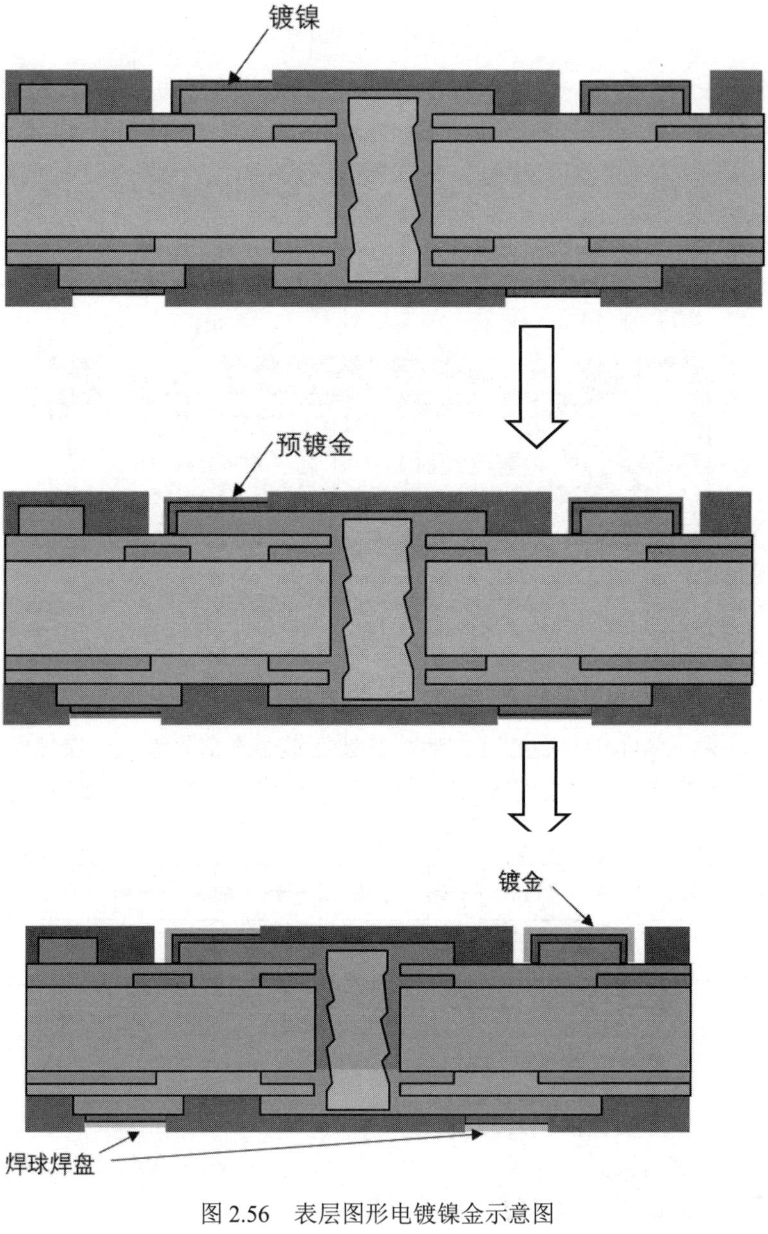

图 2.56　表层图形电镀镍金示意图

14．成型

成型（Routing）即在成型机上利用铣刀切割成符合需求的 Strip 尺寸以及 Slot hole，以便于封装组装，主要作业流程如图 2.57 所示。

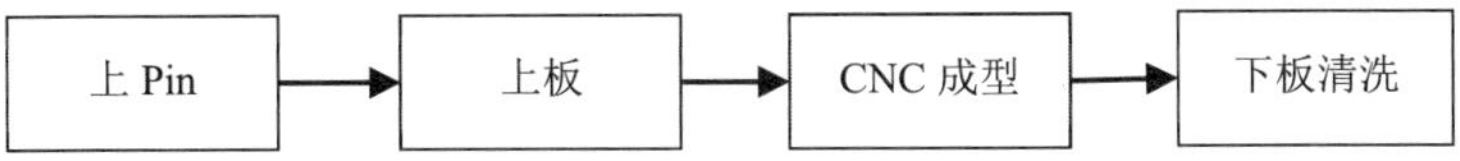

图 2.57　成型流程图

- ❑ 上 Pin：将固定板材的 Pin 安装在机台上。
- ❑ CNC 成型：按程序切割成型。
- ❑ 下板清洗：清洗切削产生的粉屑。

基板不同阶段实物图如图 2.58 所示。

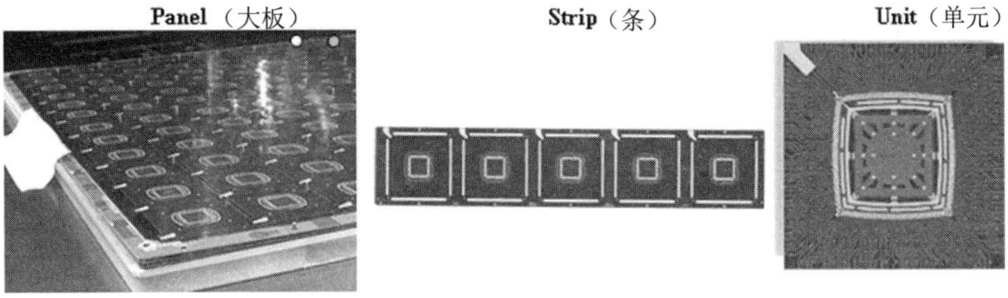

图 2.58　基板 Panel，Strip，Unit 实物图

15．终检

终检（Final Inspection）即是在产品生产完成后，对其进行检测并把不良品标识出来，防止不良品出货到客户端，主要包含图 2.59 所示的检测流程。

图 2.59　检测流程图

其中 E-test 主要是检测线路图形的开短路，FVI 主要是检测外观不良，CoC 主要检测产品是否满足出货规格。

（1）电测

电测（E-test）主要有如下的目的。

- ❑ 检测出线路间的开路或短路，因为随着工艺能力不断提升，线路密集化，层数从 2 层向 4 层、6 层以及更高层数发展，无法只依靠外观检测仪器 AOI 或 AVI 确认是否有开路或短路的存在。
- ❑ 确保产品封装后，不会因为基板本身的线路开路或短路造成信号传输错误，进而影响产品的功能，导致完成封装的产品随之报废。

O/S 测试原理如图 2.60 所示。

短路测试如图 2.61 所示，测试治具下压，探针与 Finger 接触；底层的导电胶不施加压力，不与 Ball pad 接触，这样各个走线之间理论上是分开的。通过测试程序，检测走线之间是否短路。

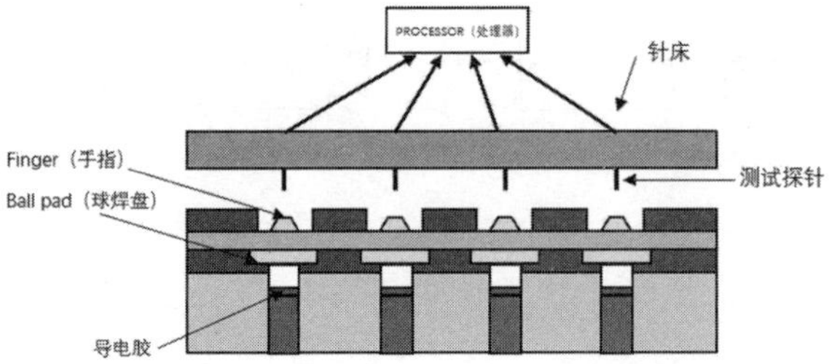

图 2.60　成品基板 O/S 测试原理图

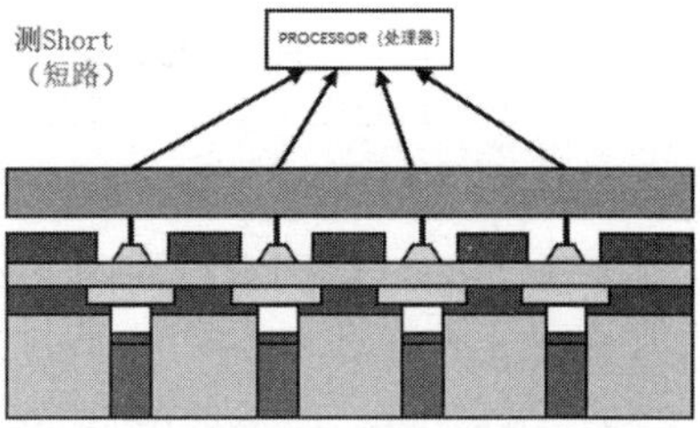

图 2.61　短路测试原理图

开路测试如图 2.62 所示，测试治具下压，探针与 Finger 接触；底层导电胶施加压力，与所有 Ball pad 接触；这样各个走线之间理论上是完全连接在一起的。通过测试程序，检测是否有布线开路。

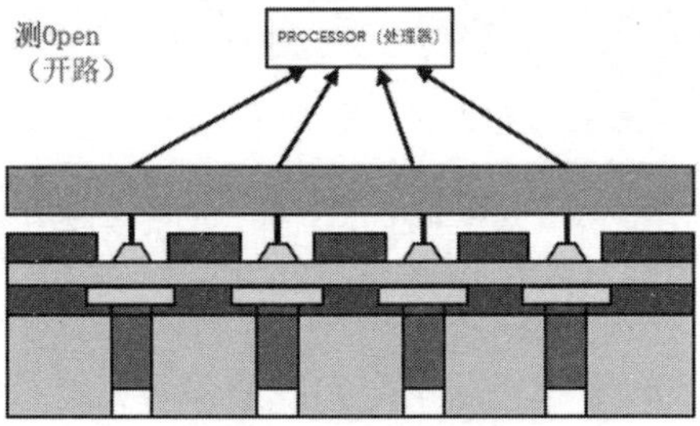

图 2.62　开路测试原理图

（2）外观检测

外观检测（FVI）即对于前道工序各站产出的基板，依规格加以严格把关检验（即做 100%外观人工目视检验），检验范围包括焊线区、防焊区及锡球垫区。检测金表面缺点，如金凸、金凹、未镀金、金污染等；绿油表面缺点，如刮伤、阻焊上盘等，如图 2.63 所示。

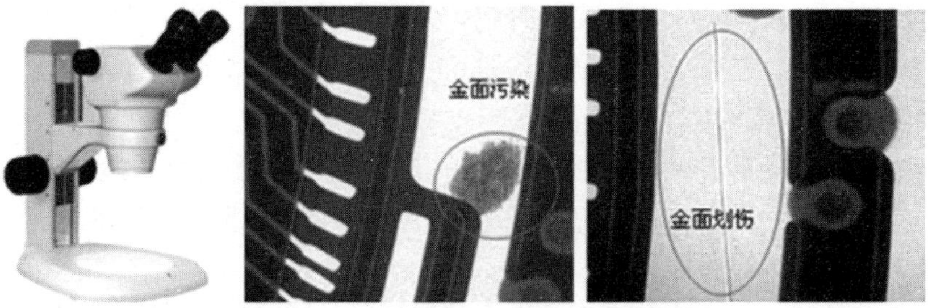

图 2.63　目检显微镜及基板外观不良样图

（3）出货检验

出货检验（Certificate of Compliance）即检测基板的各项尺寸是否符合规格，如 Strip 的长宽，Tooling 孔的大小、位置，基板的翘曲度，线宽线距，铜厚，Wire Bond 拉力测试，可靠性测试等，最终以 CoC 书面报告的形式，连同本批次基板一同出货给客户。

16．打包与发货

打包与发货（Packaging & Shipping）主要流程如图 2.64 所示。

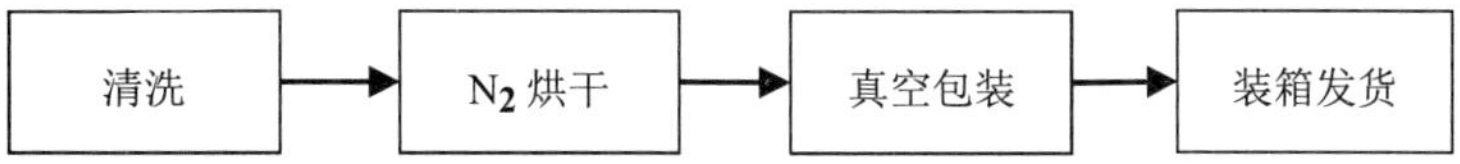

图 2.64　打包与发货流程

- 清洗：去除基板表面脏物。
- N_2烘干：使用 N_2 热风烘干基板表面的水滴，以防止氧化。
- 真空包装：包装袋内装入湿度卡、防潮剂，抽真空并封口，防止吸收湿气，防止氧化，防止刮伤。
- 装箱发货：按照客户的要求，将一定数量、批次的基板装箱，并在箱体上做好标识，然后入库或直接发货到客户端。

第 3 章　APD 使用简介

本章介绍 Allegro Package Designer (APD)软件最常用的操作功能，更多细节内容和与封装项目相关的功能使用会在后面章节的例子中进一步说明，让读者通过案例的设计过程逐步掌握软件的操作方法。

本章的操作以 APD 软件 17.2 作为基础，以 Windows 10 为软件运行平台。不同的版本界面可能会稍有差别，但不影响设计思路。

3.1　启动 APD

通过以下步骤启动 APD 软件:

（1）“开始” →Cadence Release 17.2-2016→Package Designer。

（2）APD 启动界面如图 3.1 所示（根据不同 License 的权限选择对应的模块）。

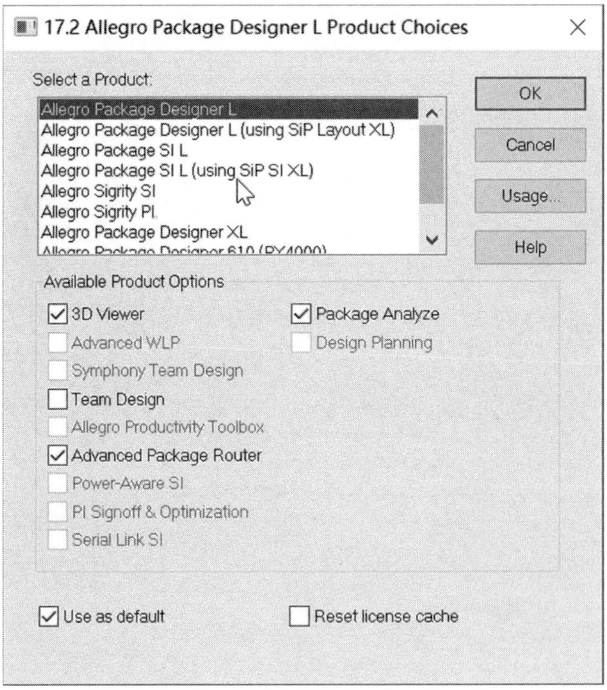

图 3.1　APD 启动界面与选项

在出现的图 3.1 界面中分别做如下的选择。

- ❑ Allegro Package Designer L。
- ❑ 3D Viewer：3D 的检查视图。
- ❑ Package Analyze: 封装电性分性。
- ❑ Advanced Package Router: 封装自动布线模块。

如每次使用都需进行相同设定则可以选择 Use as default，将其作为默认选项，这样每次打开时不再出现如图 3.1 所示界面。

如下次想重新选择其他的 License 模块选项及不同产品选项，则只需在 APD 界面中选择：File→Change Editor，会再次出现如图 3.1 所示的界面供重新选择。

3.2　APD 工作界面

APD 的工作界面如图 3.2 所示，每个区域特定的功能如图中的标示。

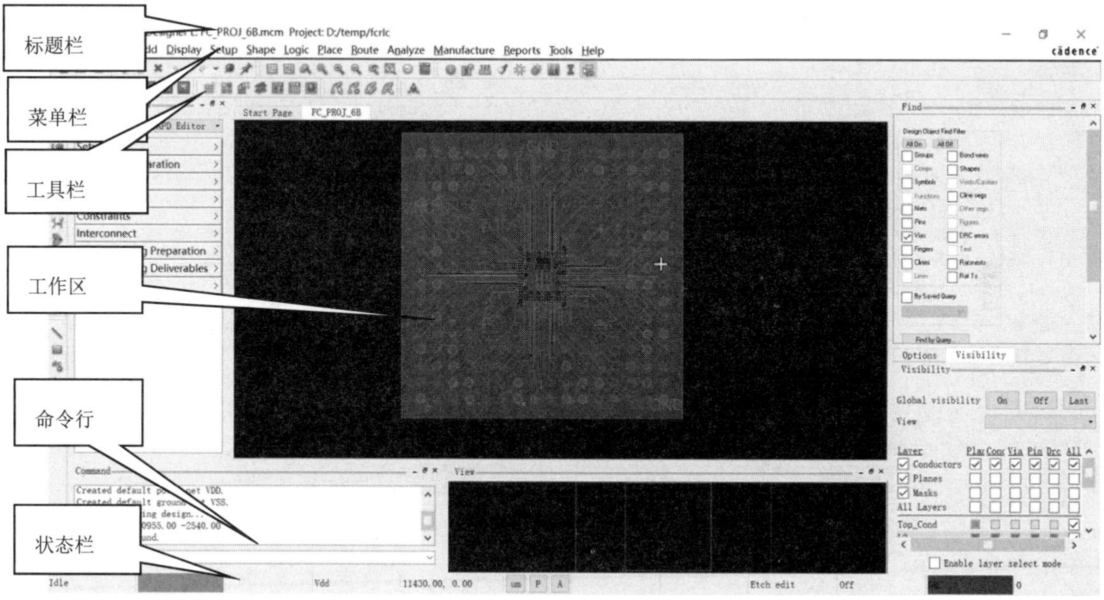

图 3.2　APD 工作界面

各区域解释如下。

- ❑ 标题栏：当前所用模块和当前项目所在位置及名称。
- ❑ 菜单栏：提供所用命令的菜单。
- ❑ 工具栏：提供常用的工具按钮。拖动工具栏，可将其贴附到界面左侧或上侧。
- ❑ 工作区：正常工作时的使用区域。
- ❑ 命令行：选择命令的窗口，如果命令要多次选择，可在这个窗口看到提示。

- ❑ 状态栏：第 1 部分指示当前的工作命令，没有命令时标记为 Idle。第 2 部分为当前应用的状态，分为两种颜色显示：绿色表明现在是空闲状态，可选择任何命令；红色表明现在是工作状态，当前不能选择任何命令，需要等红色变成绿色才可选择下一个命令。

3.3 设置使用习惯参数

不同的用户在颜色、快捷键设定方面具有不同的喜好，软件为用户提供了设置使用习惯参数的功能，操作步骤如下。

选择 Setup→User Preferences Editor 调出参数编辑器，如图 3.3 所示。

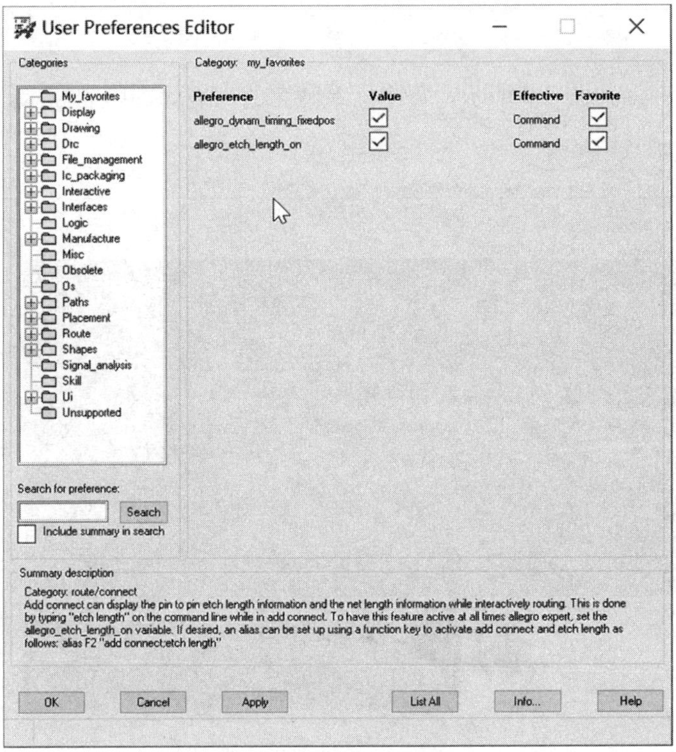

图 3.3　使用习惯参数编辑器

对于每个参数，界面的下方都有详细的使用及功能描述。设定完成后会保存在 $HOME/pcbenv/目录的 env 文件中。

下面的案例将演示如何设置项目的自动存盘功能。

在图 3.4 所示的界面中，选择 File_management 树状列表下的 Autosave，在 autosave_time 中写入存盘需要的间隔时间即可。

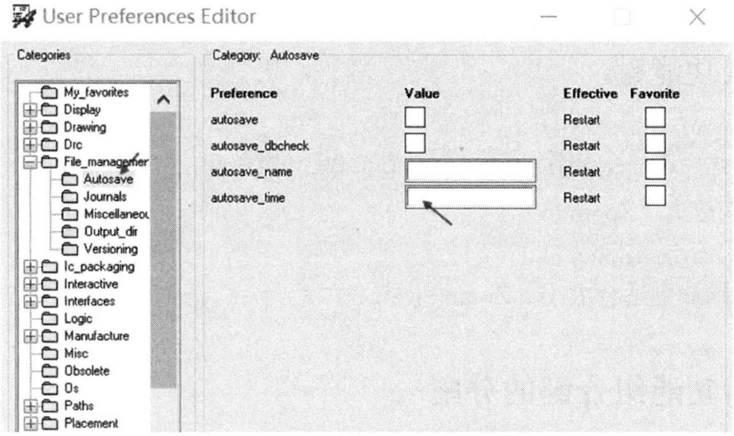

图 3.4　自动存盘设置

图 3.4 所示的各项参数的解释如下。

- autosave：表示系统根据给定的时间进行自动备份。
- autosave_dbcheck：表示在自动备份前是否需要进行数据检查。
- autosave_name：表示自动备份时的文件的名称，不设置表示用默认的名称。
- autosave_time：表示自动备份的时间间隔，默认值是 30 分钟，最小值为 10 分钟，最大值为 300 分钟。
- Restart：表示需要 SIP 重新启动，此设置才能生效。

需要用户注意的是，只有当状态栏为 Idle 时才可以自动备份。如果用户需要强制备份，则在 SIP 命令行中直接输入，如 write proj，表示在当前目录下强制保存一个名为 proj.mcm 的文件。命令的执行如图 3.5 所示。

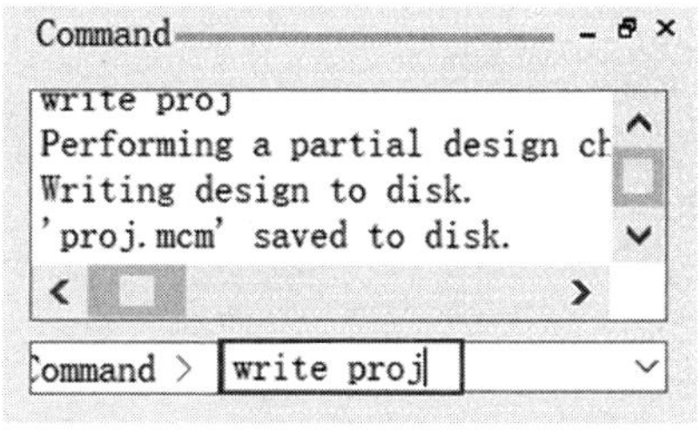

图 3.5　保存指定备份文件的输入

3.4　设置功能快捷键

考虑到用户在使用不同软件时希望自己常用的命令可以分配到习惯使用的快捷键及功能键上，这样就不需要重新记忆新的快捷键及其对应的功能，APD 软件提供了用户自定义快捷键的功能。

3.4.1　默认功能键

APD 设计环境中常用的功能有对应的功能键，举例如下。

- F11 为放大（Zoom In）。
- F12 为缩小（Zoom Out）。
- F2 为缩放到适合大小（Zoom Fit）。

3.4.2　查看功能组合键的分配

用户想要具体了解各按键所分配的功能，可以在命令行中输入 alias，系统就会把目前不同的功能键或组合键显示出来，如图 3.6 所示。

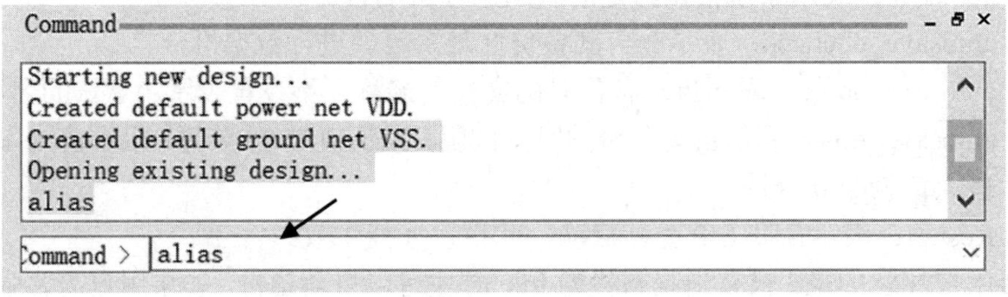

图 3.6　输入 alias 命令

在命令行中输入 alias 并执行，出现默认的键与功能分配，如图 3.7 所示。

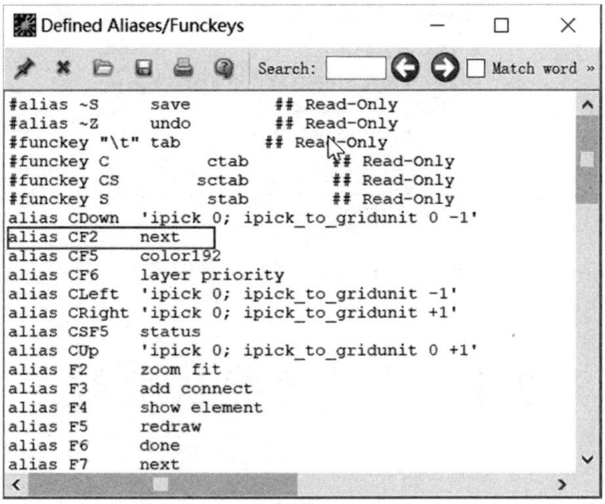

图 3.7　功能组合键定义文件内容

图 3.7 所示的 CF2 快捷键表示 Ctrl+F2，代表 next 命令，其他方式的组合可以参考文件中的定义。

3.4.3　修改功能组合键对应的命令

用户可以在 APD 中重新指定一套自己熟悉的功能组合键，而在命令行上通过输入 alias 指定的功能键分配只是临时的，在软件重启后将会失效。如要使指定的组合键永久有效，则需要在 env 文件中进行定义，具体的操作步骤如下：

（1）在命令行中输入 vi $localenv/env，如图 3.8 所示。

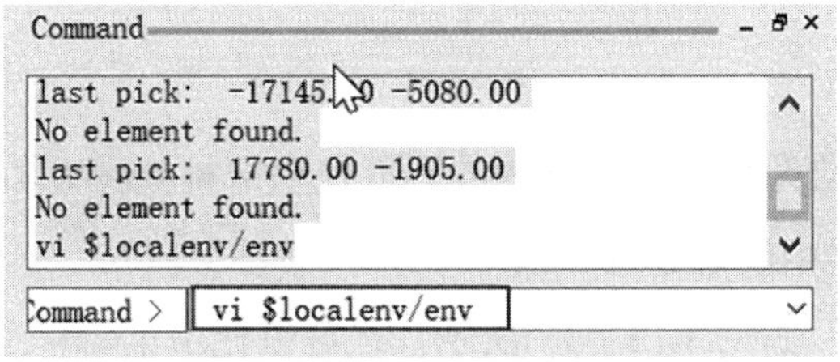

图 3.8　打开 env 文件

（2）打开 env 文件，用户在其中加入自定义的组合键代表的命令即可。如图 3.9 所示，SF5 表示 Shift+F5 代表缩放到合适大小，而 h 代表帮助命令 helpcmd。

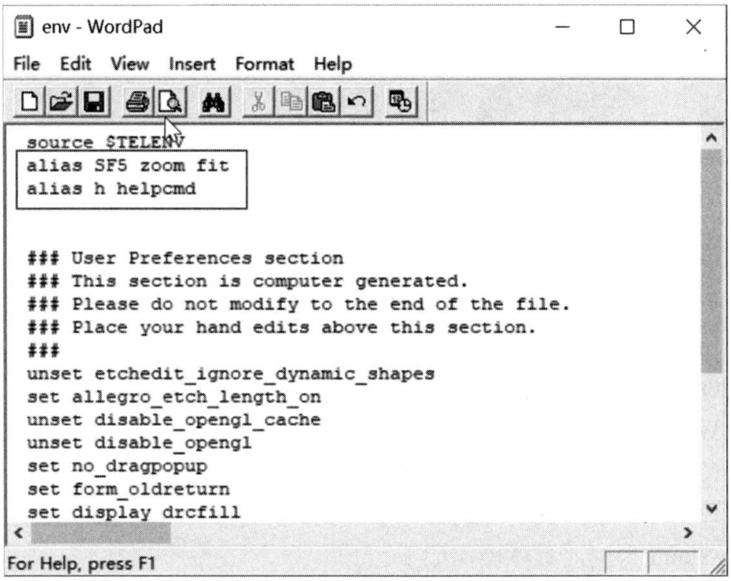

图 3.9　env 文件中自定义组合键

下面是两个设置单个字母作为快捷键的示例。

```
funckey+subclass-+
funckey-subclass--
```

该设置表示在网络连线时可通过按键盘+或-键，进行换层操作。

```
funckey r iangle 90
```

表示用户在 SIP 中选中元器件或其他物体后，在命令行中输入 r，实现旋转 90 度的命令。

把上面的定义添加在 env 文件中后保存，重启 SIP 后生效。如果不想重启软件，则在命令行输入下面的命令即可。

```
source $localenv/env
```

3.5 缩　放

设计过程中缩放到合适位置是最常用的功能，有三种实现方法，下面分别介绍。

1. 使用缩放工具栏中的命令

对应的工具栏图标，如图 3.10（a）所示；也可以使用菜单栏中的命令，如图 3.10（b）所示。

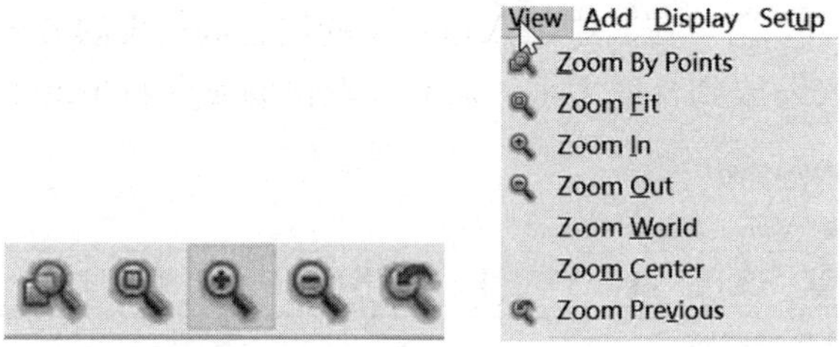

（a）　（b）

图 3.10 缩放按钮

- ❑ Zoom by Point：表示两坐标之间的区域放大。
- ❑ Zoom Fit：表示显示整块基板。
- ❑ Zoom In：表示放大。
- ❑ Zoom Out：表示缩小。
- ❑ Zoom World：表示显示整个工作区域。
- ❑ Zoom Center：表示将画面移至正中央。
- ❑ Zoom Previous：表示回到上一个画面。

以 Zoom by Point 为例，具体操作如下。

（1）单击对应的图标。

（2）单击要放大区域左上角的一个点，移动鼠标时会出现选框。

（3）移动到要放大区域的右下角，单击即得到放大区域。

2. 使用右键操作缩放

右击后进行画字符命令，具体使用鼠标操作（Stroke）命令，具体操作如下。

（1）按住右键，在工作区域画一个 Z 字会出现放大的效果。

（2）同样按住右键，画 W 字会是缩小的效果，效果如图 3.11 所示。

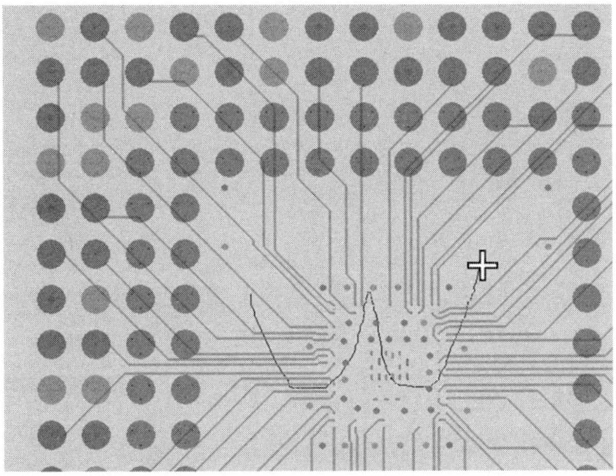

图 3.11　W Stroke 命令效果

3．使用中键操作缩放

使用中键同样可以实现缩放功能，具体的操作如下。

（1）移动图形到想要放大的位置，按住中键拖动即可。

（2）转动滚轮也能实现缩放功能。

3.6　设置画图选项

APD 的许多功能需要通过设置相应的参数来实现。下面分别介绍一些最常用的参数设置方法，其他参数可以使用相同的方法进行设置。

3.6.1　设计参数设置

首先通过 Setup→Design Parameters Editor 命令打开对应的设置界面，如图 3.12 所示，界面中包含 6 个选项卡，下面选择 Display 选项卡进行说明。

图 3.12 所示的各选项代表不同的功能。如 Filled pads 选项显示的 pad 是一个完整的图形，看不出孔的大小信息。

可以分别选中各选项查看相应的效果，对话框下方会显示出对此选项的说明，其他选项卡中的内容也可以使用同样的方法进行学习研究。

以上设置完成后可以输出一个参数文件，此文件可以供其他的设计文件使用。参数文件输出的过程如下：

选择 File→Export Parameters 命令，弹出 Export Allegro Parameters 对话框，如图 3.13 所示，在 Output File Name 文本框中输入文件名，例如 test，单击 Select All 按钮，再单击 Export 按钮。

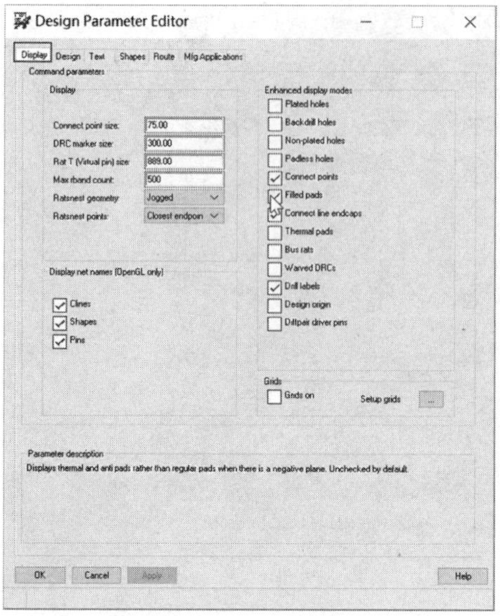

图 3.12　设计参数编辑器界面

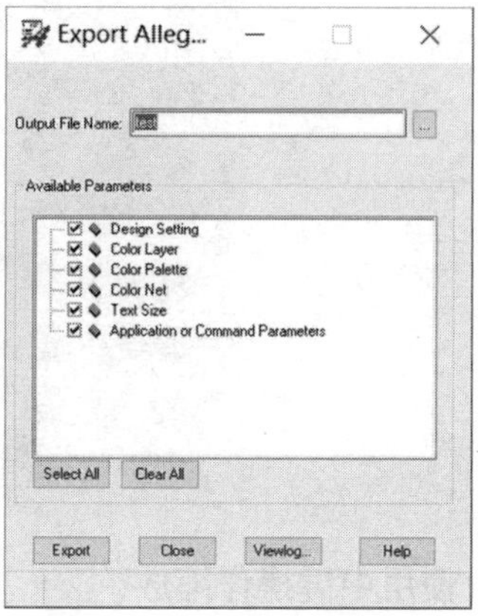

图 3.13　输出设置参数

图 3.13 所示的各输出项的意义如下。

- Design Setting 包含的内容是全局变量（主要是指 Setup→Design Parameter Editor 中的参数）、栅格的设置和光绘文件的定义。
- Color Layer 为每层颜色的设置。
- Color Palette 为颜色调色板的设置。
- Color Net 为网络颜色的设置。这个参数同网络有关，新的设计中必须有相应的网络才行，没有相应的网络时会自动清除。
- Text Size 为文字大小的设置。
- Application or Command Parameters 为所有其他支持的命令，包括 Auto Name，Auto Rename，Auto Assignment，Auto Silkscreen，Global Dynamic Fill，Autovoid，Export Logic，Drafting，Gloss Line Fattening，Gloss Dielectric Generation，Test Prep，Automatic Placement，Auto Swap，Thieving，Backdrill 和 Signoise Analysis，这些命令的设置都可保存在参数文件中。

输出了参数文件后，选择 Tools→Utilities→File Manager 命令，弹出 Windows 资源管理器，可在右侧窗口中找到刚生成的 test.prm 文件。

3.7　控制显示与颜色

一个基板设计文件会包含很多层，每层及其包含的元素都需要设置不同颜色，软件把它们分成了不同的大类及子类。

3.7.1　显示元件标号

需要显示元件的标号时，可按如下步骤操作。

（1）在菜单中执行 Display→Color/Visibility，弹出如图 3.14 所示的对话框。

（2）选择 Layers 选项卡，左边导航树上对应项的颜色显示及颜色的控制可以在右边选中并赋色。

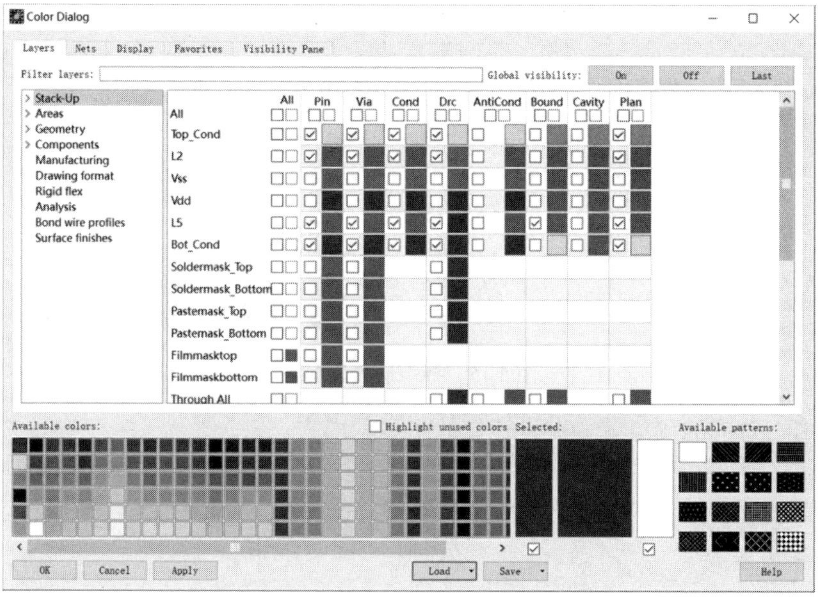

图 3.14　层及相应元素颜色设置界面

（3）右上角位置，设定 Global Visibility 为 Off，则会关闭所有显示。

（4）在左侧导航树中选择 Components→Ref Des

（5）打开 Assembly_Top 层，单击 Apply，则元件的标号就会显示出来。

3.7.2　显示元件的外框及引脚号

当需要显示元件的外框及引脚号时，则按如下步骤操作。

（1）在菜单中执行 Display→Color/Visibility，出现图 3.14 所示的界面。

（2）在左侧导航树中选择 Geometry→Component Geometry。

（3）选中打开 Assembly_Top 及 Pin_Number 可以在最下面的调色板中分别给它们赋以不同的颜色。方法是在调色板中选中颜色后再单击 Assembly_Top 或 Pin_Number 右边的颜色盒。

（4）完成后单击 Apply，则完成了外框及引脚号的显示设置。

3.7.3 显示导电层

当需要显示不同的导电层中不同的元件（如 Via，Pin 等）的颜色时，可以执行下面的操作。

（1）在图 3.15 所示的左侧导航树中选择 Stack-Up。

（2）打开所有层并选中对应的 Pin，Via，Conductor，Drc 复选框。

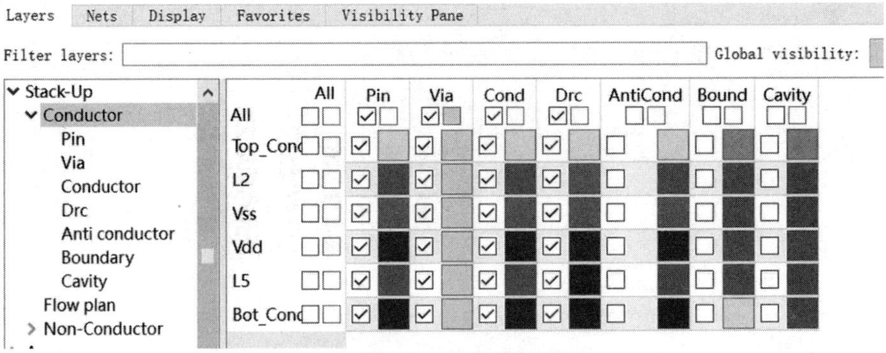

图 3.15　导电层元素颜色

单击 OK，对应的颜色就会在设计文件中显示出来。

3.8 宏 录 制

对于一些经常使用的功能键组合，软件提供宏集成处理，只需要把操作步骤录成宏，宏文件后缀名为.scr，以后只需执行宏即可。

1．录制宏的步骤如下

（1）通过 File→Open 命令，打开一个 SIP 文件。

（2）在菜单中选择 File→Script 命令，弹出 Scripting 对话框，如图 3.16 所示。在 Name 文本框中输入文件名，如 test。

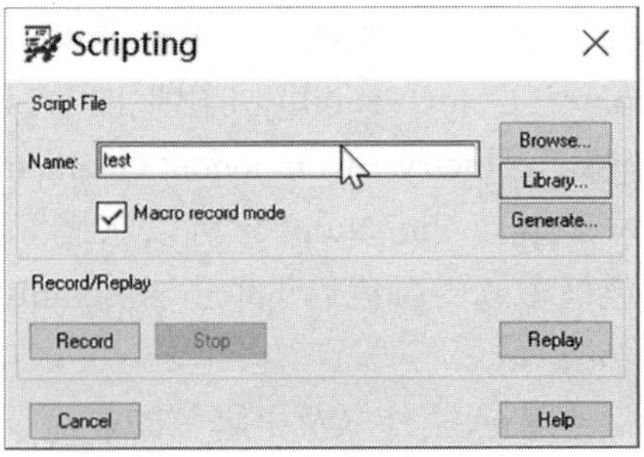

图 3.16　宏录制对话框

（3）单击 Scripting 对话框中的 Record 按钮后，即会对接下来的命令操作进行录制。

（4）操作录制完成后，如要停止录制，只需单击对话框中的 Stop 按钮即可。

注：单击 Record 后，Record 变成灰色而 Stop 变成可单击状态，如果找不到对话框可以再次执行 File→Script 调出 Scripting 对话框后再单击 Stop 按钮。

2．执行录制的宏

（1）调出图 3.16 所示的 Scripting 对话框。

（2）单击 Browse 按钮后，选择 test.scr，再单击 Replay 按钮即可。

另一个执行宏的方法则是在命令行输入：replay test，如图 3.17 所示。

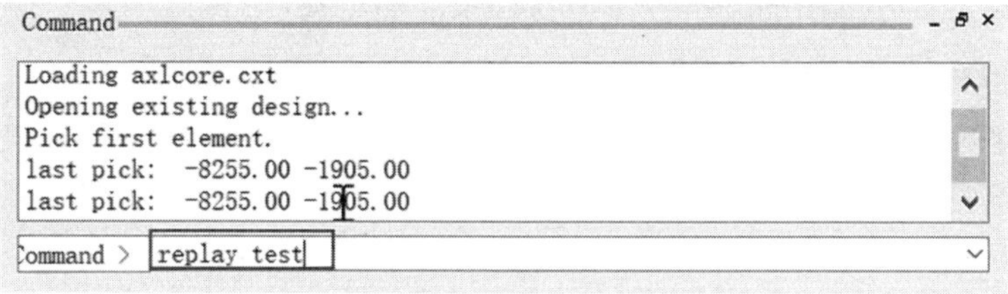

图 3.17　命令行执行宏命令

注：宏的内容可以打开进行修改或提取出需要的部分命令再进行组合。

3.9　网络分配颜色

上面介绍了给每层相应的元素赋以颜色的方法，当对某个指定的网络赋上待定的颜色时，就可以方便地看出布线的完整路径了。

3.9.1　分配颜色

给网络赋颜色的方法如下，打开一个设计文件并执行下面的步骤。

（1）执行 Display→Assign Color，出现如图 3.18 所示的界面。

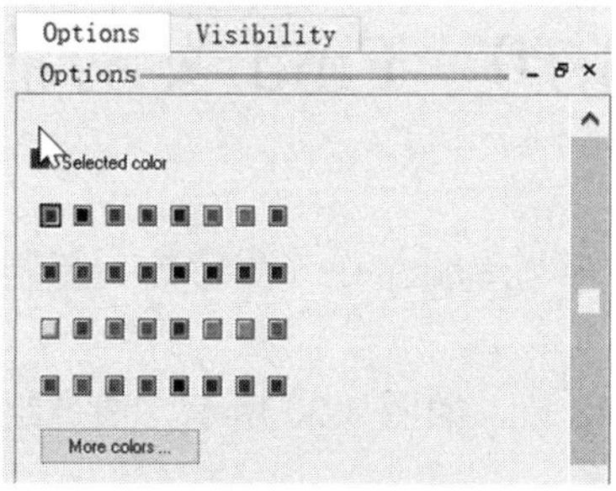

图 3.18　颜色界面

（2）在 Options 选项卡中，选择红色。

（3）选定颜色后分别选择设计中的不同网络，可以发现选中的网络都变成红色了。

（4）重复步骤（2）和步骤（3），再给不同的网络赋以不同的颜色，也可以选定颜色后框选住一个区域，使区域内的网络都变为同一种颜色。

（5）右击在快捷菜单中选择 Done 完成颜色的分配。

3.9.2 清除分配的颜色

如需要清除设计文件中的颜色，可以执行下面的步骤。

（1）执行 Display→Color/Visibility。

（2）在 Nets 选项卡中，选中 Hide custom colors 复选框，如图 3.19 所示。再单击 OK，即可临时隐藏所有分配的颜色。

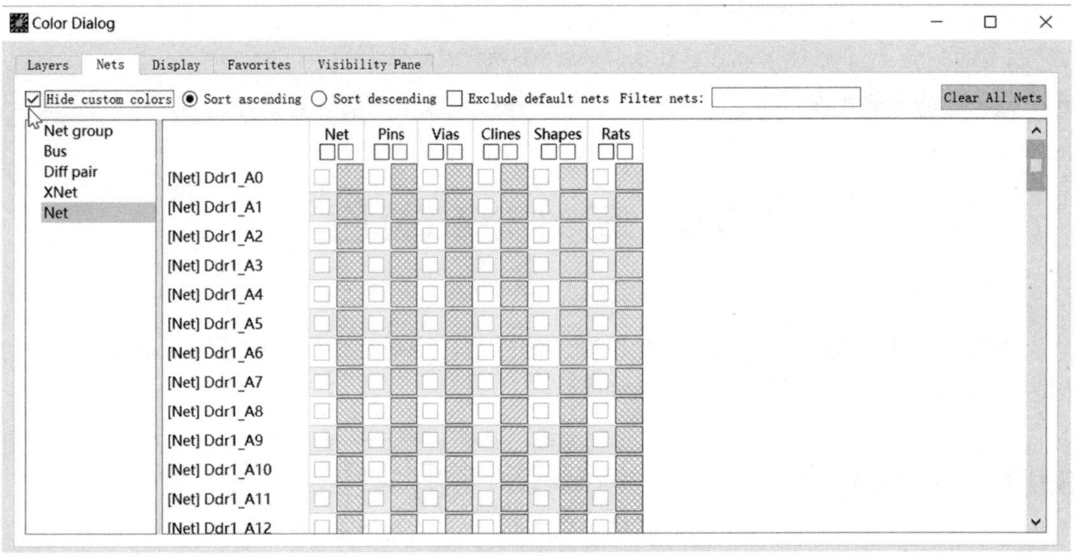

图 3.19 颜色对话框

3.10 Find 页功能

Find 页为查找工具，通常会与编辑命令（如移动、复制、删除等）配合使用，也可以与高亮、查询等一起使用。

Find 页中包含许多不同的对象，如图 3.20 所示，通过组合这些选项可以快速筛选出目标对象，并过滤掉不需要的对象。

3.10.1　移动布线

设计时经常需要调整布线，具体的执行步骤如下。

（1）在已打开的设计文件中，放大需要调整的位置，如图 3.21 所示的走线。

（2）执行 Edit→Move 命令。

（3）在 Find 页，单击 All Off 取消选中所有复选框，选中 Clines 复选框。

（4）单击选中一根走线，发现整根走线都可随着鼠标的移动而一起被移动了。

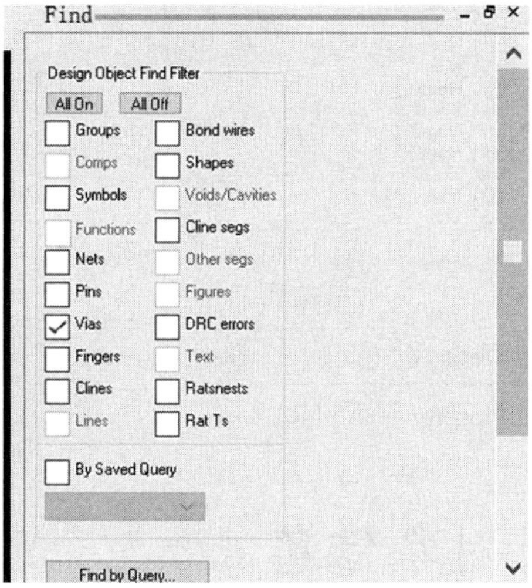

图 3.20　Find 界面

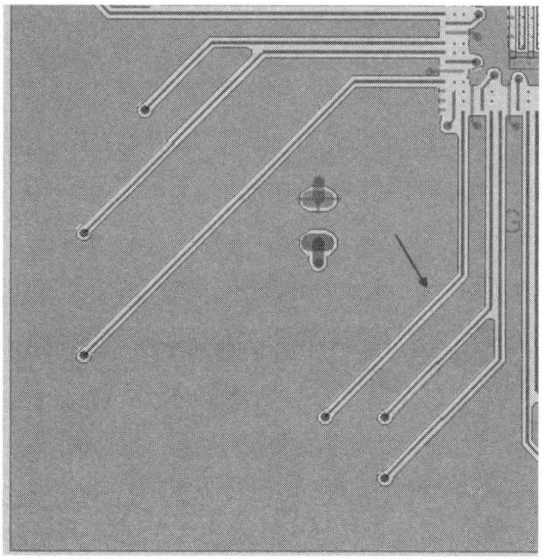

图 3.21　移动走线图

在进行以上操作时，如选择 Oops 则放弃本次操作。如在 Find 页，不选中 Clines 而选中 Cline segs 复选框，再选择刚才的一段线，会发现此次只有一段走线而不是整根走线被移动。

3.10.2　Find by Name 功能的使用

Find by Name 是 APD 中被使用得较多的功能，常与其他功能结合使用，如下是通过 Find by Name 功能给某类网络赋上同一颜色的示例，具体操作过程如下。

（1）执行 Display→Assign Color 命令。

（2）在 Options 选项卡中选择红色。

（3）在如图 3.22 所示界面中选择 Net，单击 More。

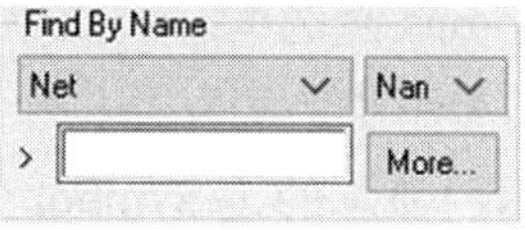

图 3.22　Find By Name 界面

弹出如图 3.23 所示的窗口，在 Name filter 文本框中输入 ddr1_*，按 Enter 键，则所有以“Ddr1_”开头的网络都被过滤出来，如图 3.23 所示。单击图中的 All 按钮，将所有的网络都移到右侧收集器中。最后单击 Apply 按钮，则选择的网络都被赋上了之前选择的颜色。

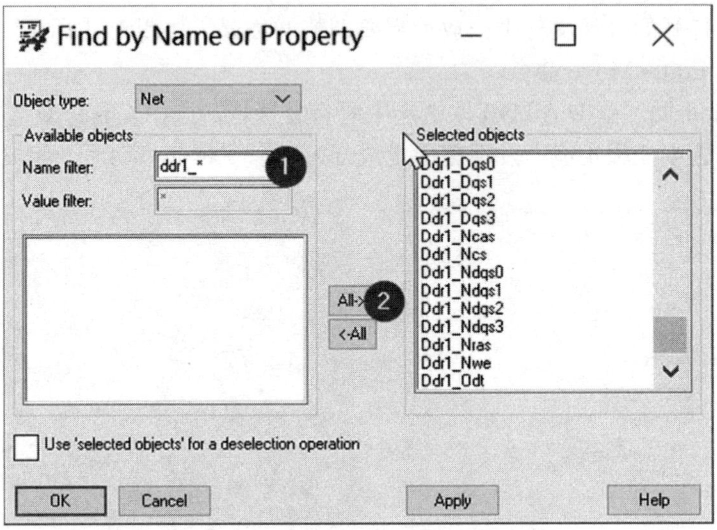

图 3.23　Find by Name or Property 界面

3.11　显示设计对象信息

显示元件、符号及门等信息是使用频率较高的功能，下面将介绍使用此功能显示由 BGA 元件相连的不同的元素时，信息界面所包含的信息。

1．信息显示样例 1

（1）右击工作区空白处，取消选中此前选择的对象。

（2）在菜单上选择 Display→Element。

（3）在主界面的 Find 页单击 All On，则所有的选项都被选中。

（4）单击一个有走线的 BGA 引脚。

出现的信息界面如图 3.24 所示，显示的是 Component Instance 信息，这时 BGA 相应元素的详细信息将出现。

2．信息显示样例 2

（1）在 Find 页，取消选中 Comps 复选框。

（2）选择刚才同样位置的 BGA 引脚。

出现的信息界面如图 3.25 所示，显示的是 Symbol 信息，此为 BGA 元件的信息数据，内容集中在元件的物理特性或封装和对应符号的接口。

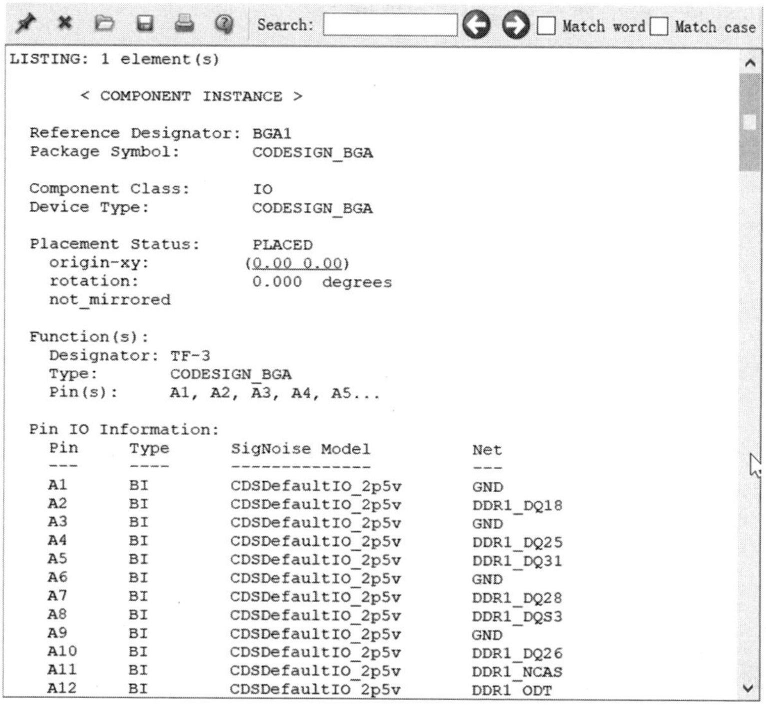

```
Search:  Match word  Match case
LISTING: 1 element(s)

      < COMPONENT INSTANCE >

  Reference Designator: BGA1
  Package Symbol:       CODESIGN_BGA

  Component Class:      IO
  Device Type:          CODESIGN_BGA

  Placement Status:     PLACED
    origin-xy:         (0.00 0.00)
    rotation:           0.000  degrees
    not_mirrored

  Function(s):
    Designator: TF-3
    Type:       CODESIGN_BGA
    Pin(s):     A1, A2, A3, A4, A5...

  Pin IO Information:
    Pin     Type      SigNoise Model          Net
    ---     ----      --------------          ---
    A1      BI        CDSDefaultIO_2p5v       GND
    A2      BI        CDSDefaultIO_2p5v       DDR1_DQ18
    A3      BI        CDSDefaultIO_2p5v       GND
    A4      BI        CDSDefaultIO_2p5v       DDR1_DQ25
    A5      BI        CDSDefaultIO_2p5v       DDR1_DQ31
    A6      BI        CDSDefaultIO_2p5v       GND
    A7      BI        CDSDefaultIO_2p5v       DDR1_DQ28
    A8      BI        CDSDefaultIO_2p5v       DDR1_DQS3
    A9      BI        CDSDefaultIO_2p5v       GND
    A10     BI        CDSDefaultIO_2p5v       DDR1_DQ26
    A11     BI        CDSDefaultIO_2p5v       DDR1_NCAS
    A12     BI        CDSDefaultIO_2p5v       DDR1_ODT
```

图 3.24　Component Instance 信息

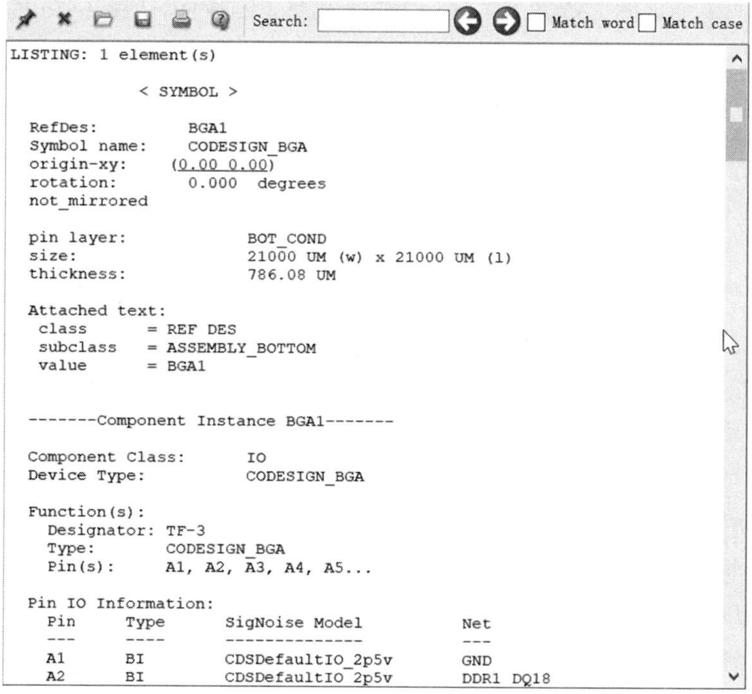

```
Search:  Match word  Match case
LISTING: 1 element(s)

            < SYMBOL >

  RefDes:          BGA1
  Symbol name:     CODESIGN_BGA
  origin-xy:      (0.00 0.00)
  rotation:        0.000  degrees
  not_mirrored

  pin layer:               BOT_COND
  size:                    21000 UM (w) x 21000 UM (l)
  thickness:               786.08 UM

  Attached text:
   class        = REF DES
   subclass     = ASSEMBLY_BOTTOM
   value        = BGA1


  -------Component Instance BGA1-------

  Component Class:      IO
  Device Type:          CODESIGN_BGA

  Function(s):
    Designator: TF-3
    Type:       CODESIGN_BGA
    Pin(s):     A1, A2, A3, A4, A5...

  Pin IO Information:
    Pin     Type      SigNoise Model          Net
    ---     ----      --------------          ---
    A1      BI        CDSDefaultIO_2p5v       GND
    A2      BI        CDSDefaultIO_2p5v       DDR1_DQ18
```

图 3.25　Symbols 信息

3. 信息显示样例 3

（1）在 Find 页，取消选中 Symbols 复选框。

（2）选择刚才同样位置的 BGA 引脚 Pin。

出现的信息界面如图 3.26 所示，所选引脚作为 BGA 中“门”的一部分，其对应的是 Find 页中的 Functions 选项。

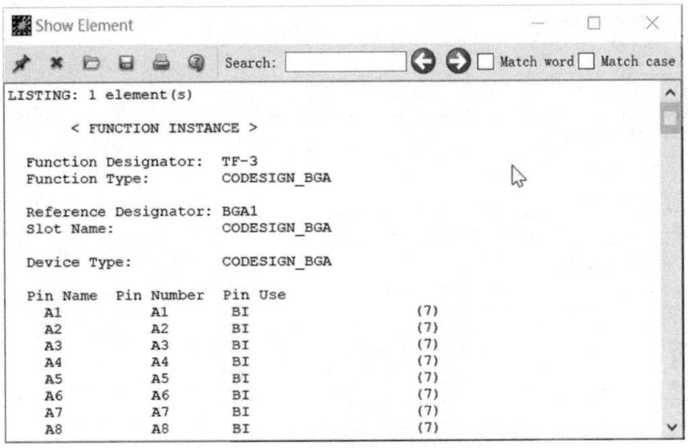

图 3.26 Function Instance 信息

4. 信息显示样例 4

（1）在 Find 页，取消选中 Functions 复选框。

（2）选择刚才同样位置的 BGA 引脚 Pin。

出现的信息界面如图 3.27 所示，显示为 Net 信息，内容有对应的网络名、长度等信息。

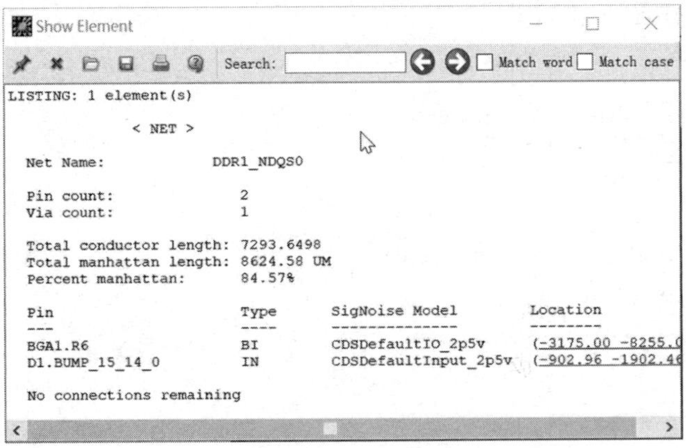

图 3.27 Net 信息

5. 信息显示样例 5

（1）在 Find 页，取消选中 Nets 复选框。

（2）选择刚才同样位置的 BGA 引脚 Pin。

出现的信息界面如图 3.28 所示，显示为 Pin 信息以及焊盘名称等。

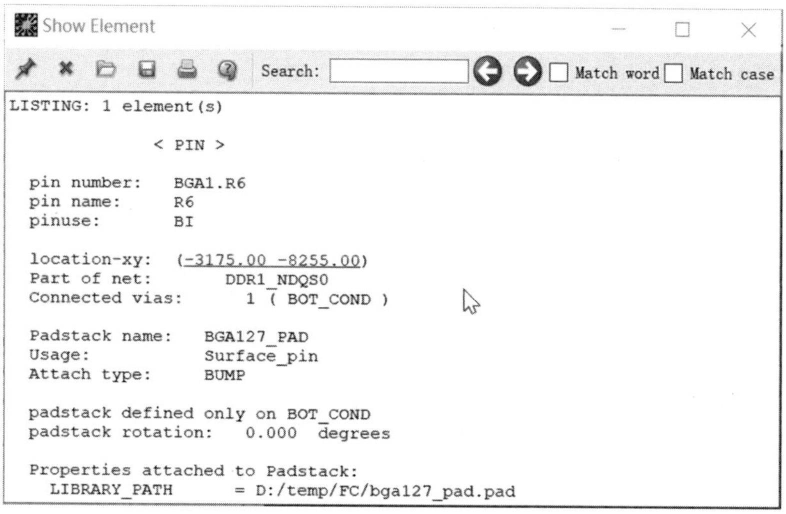

图 3.28　Pin 信息

6．信息显示样例 6

（1）在 Find 页，取消选中 Pins 复选框。

（2）选择刚才同样位置的 BGA 引脚。

出现的信息界面如图 3.29 所示，显示出与此引脚相连的连线信息 Connect Line，对应的是 Find 页中的 Clines，信息中还包括了线宽等内容。

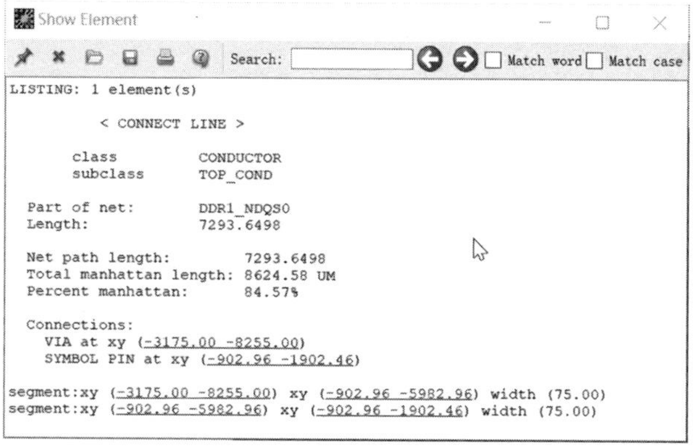

图 3.29　Connect Line 信息

从以上操作中可见，在 Find 页中选择不同的元素，选择同一个元件的引脚，得到的信息内容完全不一样。

3.12　显示测量值

封装设计过程中经常需要测量不同元素的间距、坐标等数据，这些数据的显示可以通过下面的操作来实现。

本例的操作步骤为显示两个 Pin 的间距信息，显示其他元素间信息的方法可依此类推。

（1）在菜单中执行 Display→Measure。

（2）选中 Find 页中相应的元素选项 Pin。

（3）分别选择两个 Pin，则显示对应的信息如图 3.30 所示。

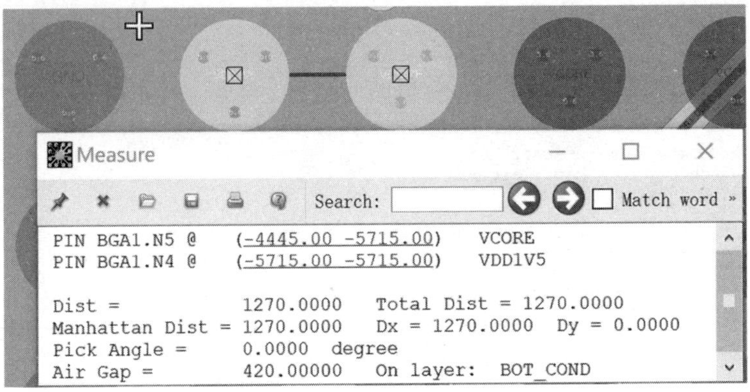

图 3.30 Pin 间的信息显示

从以上的测量结果中可以得到所选两个 Pin 的间距为 420μm（空间间距），它们的中心距为 1270μm，还有相应的 Pin 所在的坐标及倾角等参数。

3.13 Skill 语言与菜单修改

在 SIP 设计中，用户如果需要开发一些功能以实现特定需求，可通过 Skill 语言编程来实现，这类文件是以.il 为后缀名。本节将介绍当用户写好 Skill 程序后如何将此命令添加到菜单上。Skill 程序的编写是一个专门的技能，需要自行编写或到 Cadence 的网站上下载（见 http://support.cadence.com）。

完成 Skill 的脚本文件后，在%home%目录下创建 allegro.ilinit 文件，文件内容可以参考下面的例子。

```
; set the following two variables to indicate where the skill files are located
skillDir="C:/MZYSKILL/skill"
caet="d:/MZYSKILL/skill"
（setskillpath（append（list"./"skillDir）（getskillpath）））
（load"SKILLTEST1.i1"）
（load"SKILLTEST2.i1"）
```

上面程序中分号开头的行是注释行；skillDir 是指明 Skill 文件所在的目录。load “SKILLTEST1.il” 即是加载 SKILLTEST1.il 的文件。设定完毕后，可在 SIPLayout 的命令行中输入命令 SKILLTEST1 来执行。

如果用户要把命令加到菜单上，首先打开%home%pcbenv/env 文件，找到如下的行。

```
Set Menupath =.$Allegro_site/menus $GLOBAL/CUIMENUS
```

修改成：

```
Set MENUPATH=.$HOME/pcbenv/cuimenus $Allegro_site/menus $GLOBAL/cuimenus
```

修改后，启动软件，会首先调入%home%目录下的菜单。当%home%目录下没有此菜单设置，才去调入系统的菜单。这样设置完成后，用户可把安装目录（./share/pcb/text/cuimenus/）下的 SIP.men 复制到%home%/pcbenv 目录下。打开 SIP.men 文件，在 Help 命令前可加入如下行。

```
//自定义 CAD 菜单
POPUP"&MZYSKILL"
BEGIN MENUITEM"&SKILLTEST1", " SKILLTEST1"
END
//CAD 菜单结束
```

完成后，就会在菜单上显示上面的 SKILLTEST1 菜单，添加其他命令时也可参考这个方法。

如果用户需要 Skill 的资料，可参加相应的 Skill 培训获得相关的信息，或在安装目录下的\SPB 17.2\doc\sklangref 获得帮助文档。

第 4 章　WB-PBGA 封装项目设计

本章将讲解一个经典的 WB-PBGA 封装项目，并详细解释这类封装的设计流程与步骤。封装的侧视图如图 4.1 所示。

由于是单芯片，下面选择 Package Designer 模块进行设计，使用 SIP 模块进行设计也可以，对于本例而言，两者的操作方式差别不大，而本例生成的 mcm 文件也可以被 SIP 模块导入。

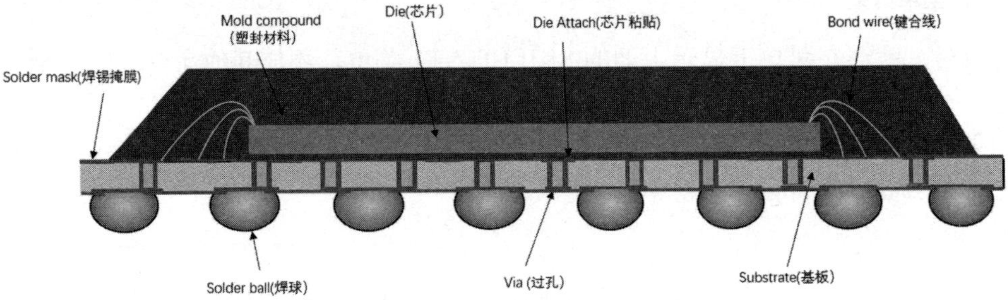

图 4.1　WB-PBGA 封装项目侧视图

4.1　创建 Die 与 BGA 元件

4.1.1　新建设计文件

1．新建 mcm 设计文件

（1）启动 Package Designer 软件。

（2）选择 File→New，按图 4.2 所示的步骤操作，注意此时应选择 Package/multi-chip 类型。

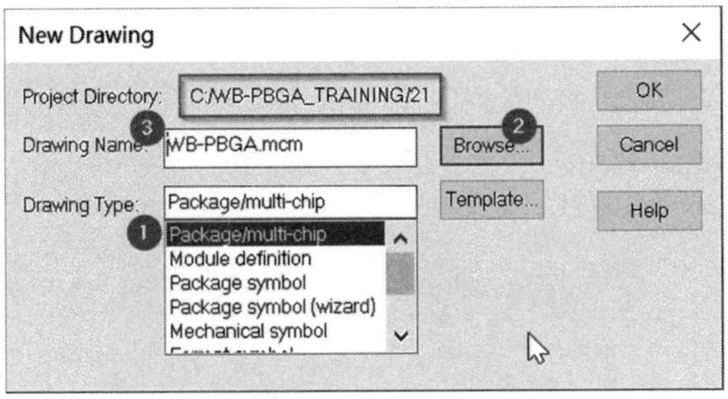

图 4.2　新建 mcm 设计文件对话框

（3）单击 OK 完成，此时会在当前目录下建一个后缀作为.mcm 的文件。

注：建立后缀名为.SIP 的文件的方法也类似，但需要启动 SIP 设计环境。

2．选择 Die 类型

（1）如图 4.3 所示，选择 Wire bond 列下的 chip-up 选项，表示这是一个芯片面朝上的打线封装。

（2）单击 OK 后将创建一个空白的 mcm 文件。

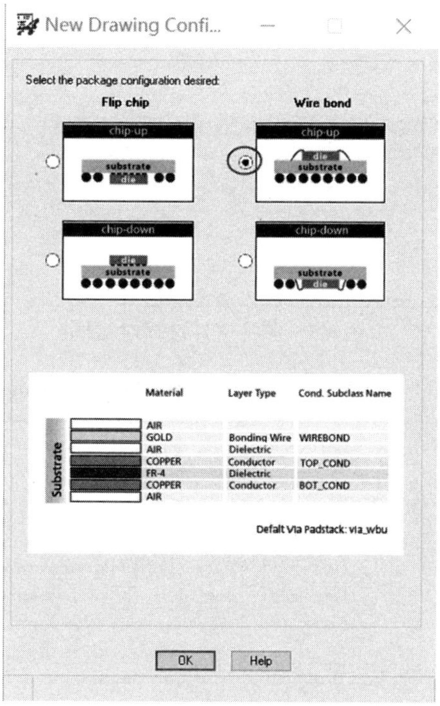

图 4.3　封装类型设置对话框

4.1.2　导入芯片文件

以下为导入一个芯片文件的过程。

（1）执行菜单 Add→Standard Die→Die Text-In Wizard 进入设置向导，如图 4.4 所示。

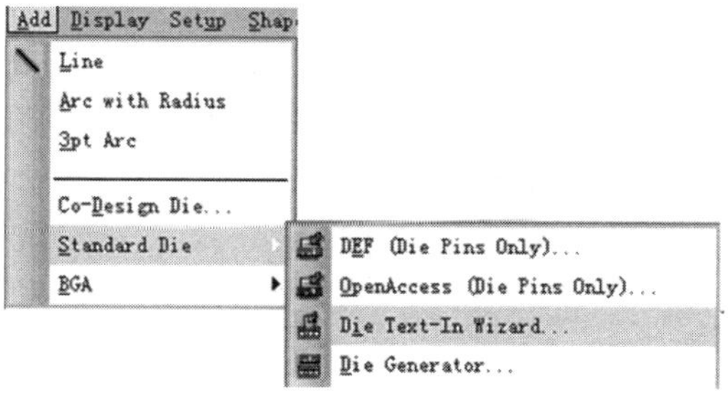

图 4.4　导入芯片文件设置向导

（2）选择要导入的文件，如 DIE_PAD_LOCATION.txt，单击打开，如图 4.5 所示。

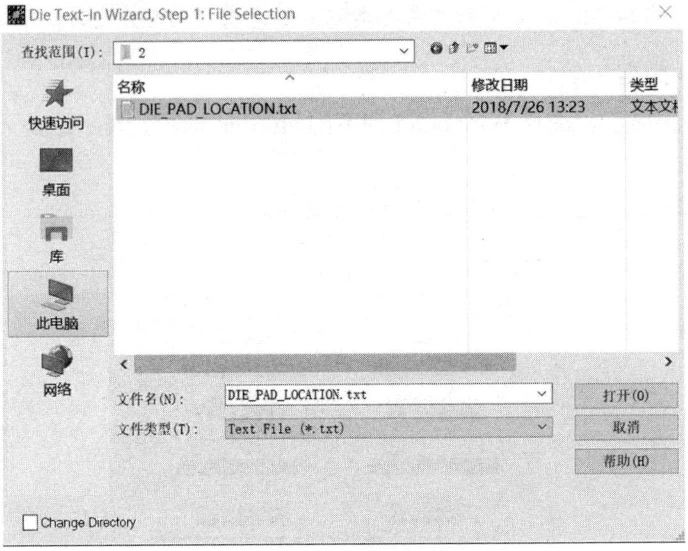

图 4.5　芯片文件选择对话框

（3）设置文件中每列的分隔符后，选中如图 4.6 所示的选项，单击 Next 进入下一步。

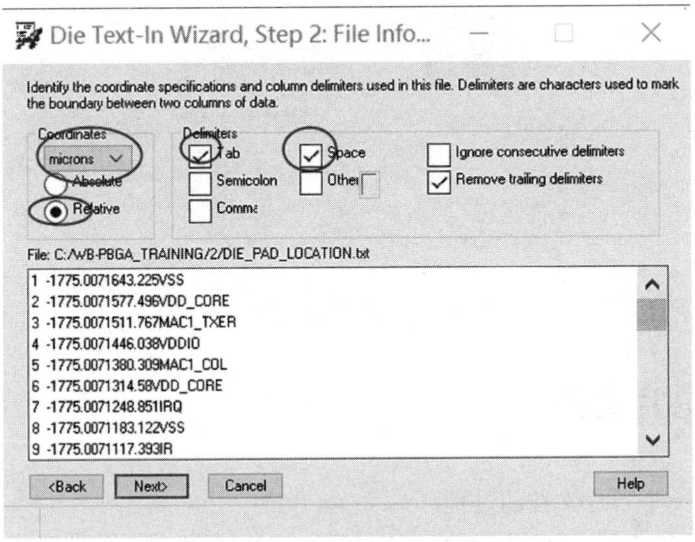

图 4.6　芯片信息导入对话框

（4）设置每列对应项，如图 4.7 所示，右击每列标题后从弹出菜单中选择对应选项，然后单击 Next。

注：文件中一般会包含芯片 PAD 的各类信息，如 PAD 大小、位置（PIN_X，PIN_Y），PIN_NUMBER，PAD_STACK_NAME，NET_NAME，PIN_SIZE，PIN_USE 等，也可能是其中的一部分，但 PIN_NUMBER，PIN_X，PIN_Y 三列信息是必需的，否则芯片文件无法导入到软件中。

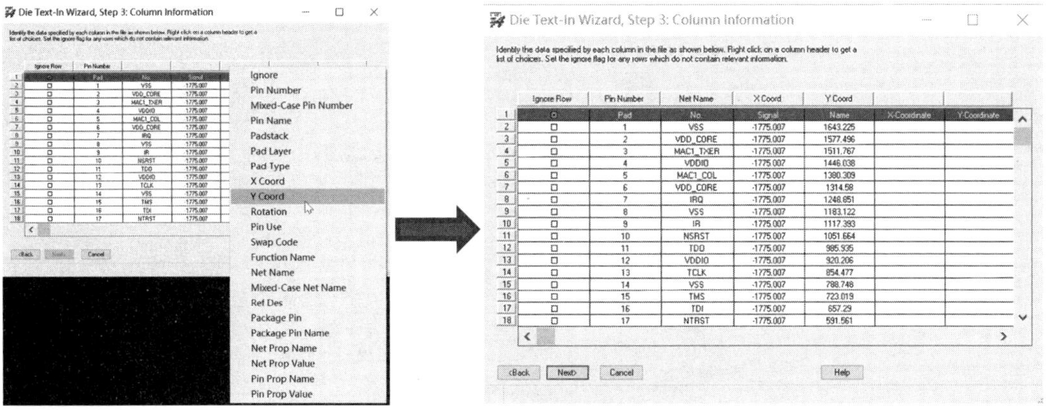

图 4.7　芯片格式设置对话框

（5）定义 New Padstack Information，指定为矩形（Rectangle），如图 4.8 所示，分别输入矩形宽、高为 50μm[①]后单击 Next 进入下一步。

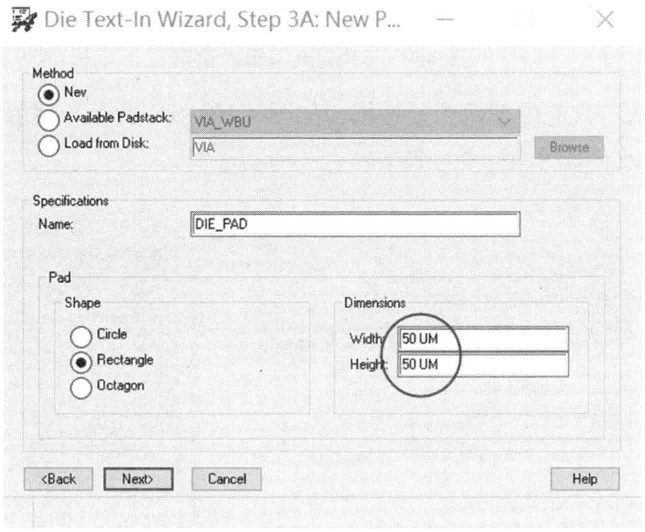

图 4.8　芯片焊盘（Pad）编辑对话框

（6）在如图 4.9 所示的界面中填写 Die 的信息，然后单击 Next。

界面中各项信息的解析及对应的参数填写内容如下。

- Identifiers：芯片的名称（Name）=DIE，元件标号（Ref Des）=DIE。
- Placement：芯片放置的位置。X 坐标（X coord）=0，Y 坐标（Y coord）=0，旋转角度（Rotation）=0，Pin 脚放置层（Pad layer）=WIREBOND。
- Dimensions：芯片的尺寸信息。长宽（Width & Height）=3700μm×3700μm。
- Advanced Options：高级设置。
- Attachment Method：芯片放置方法。打线模式（Wire Bond），面朝上（Chip up）。

① μm 同图中 UM 或 um，后文不再一一标注。

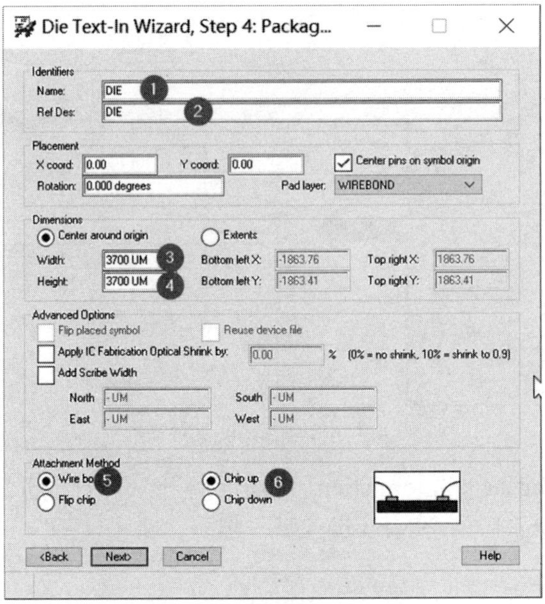

图 4.9 芯片封装编辑对话框

（7）最终确认，只选中前两个复选框，如图 4.10（a）所示，然后单击 Finish 完成。工作窗口内生成芯片如图 4.10（b）所示。

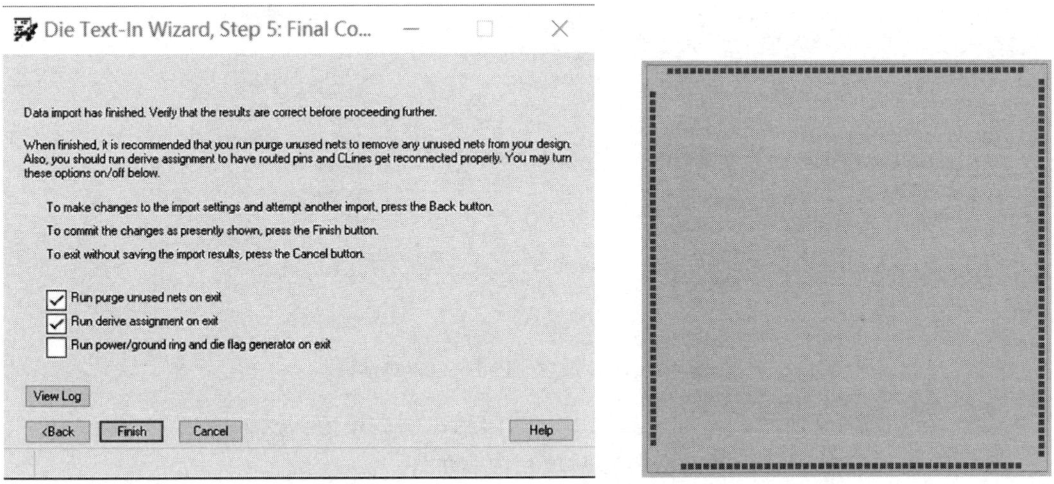

（a） （b）

图 4.10 芯片导入最终确认对话框及包含引脚的芯片外形

4.1.3 创建 BGA 元件

创建一个 BGA 元件的操作步骤如下所示。

（1）执行菜单 Add→BGA→BGA Generator，进入设置向导，如图 4.11 所示。

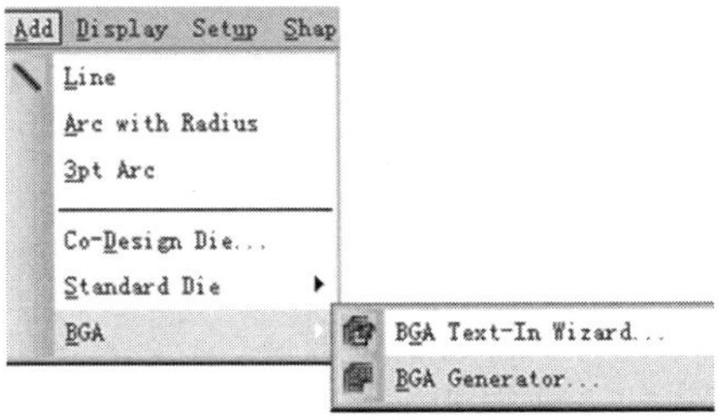

图 4.11　BGA Generator 命令

（2）在弹出的 BGA 信息编辑对话框中，如图 4.12 所示设置参数。

界面中各名称与参数的解释如下所示。

- ❑ Identifiers：BGA 的名称（Name）=BGA，位号（Ref Des）=BGA。
- ❑ Origin：BGA 放置的位置，X Coordinate=0，Y Coordinate=0。
- ❑ Placement：放置方式（正面放置/反面放置）。

（3）单击 Next，出现的界面如图 4.13 所示，填写如图中的参数后单击 Next 进入下一步。

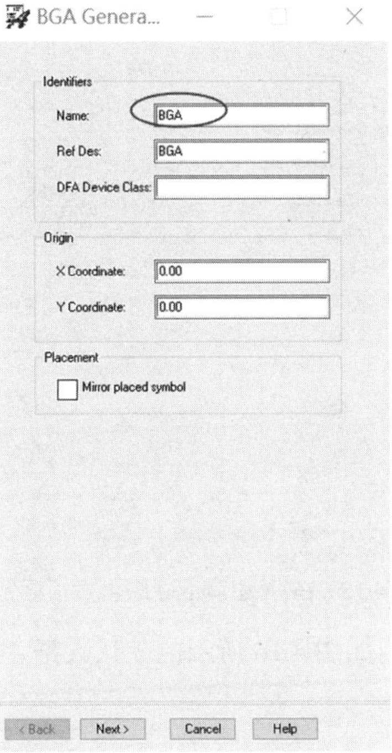

图 4.12　BGA 信息编辑对话框

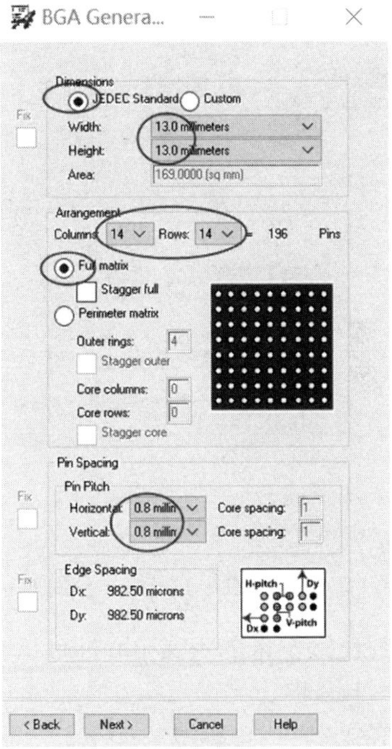

图 4.13　BGA 引脚定义对话框

界面中的参数解释如下。

- ❑ Dimensions：BGA 的尺寸，参考的标准（JEDEC 标准或自定义），矩形宽高都为 13mm。
- ❑ Arrangement：BGA 焊盘的分布，14 行（Columns）×14 列（Rows），共 196 个 Pin 脚；全阵列（Full matrix）。

- Pin Spacing：焊盘的间距（Pin pitch），横向间距（Horizontal）=0.8mm，垂直间距（Vertical）=0.8mm；四周焊盘距离封装边界的距离（Edge Spacing）使用默认值。

（4）出现如图 4.14 所示界面，内容包括使用的默认电源地与信号的数据比例，然后单击 Next 进入下一步。

（5）在 BGA 焊盘的设置项，使用如图 4.15 所示的数据，然后单击 Next 进入下一步。界面参数的解释如下。

- Method：定义方法，新建（New）。
- Specifications：规格，名字（Name）=BGA_PAD，放置的层面（Layer）= BOT_COND。
- Shape：Pad 的形状（Circle），直径（Dimensions）=400μm。

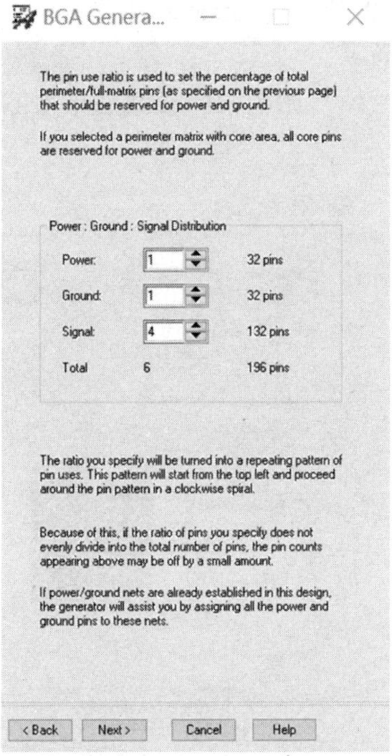

图 4.14　BGA 引脚信号分配对话框

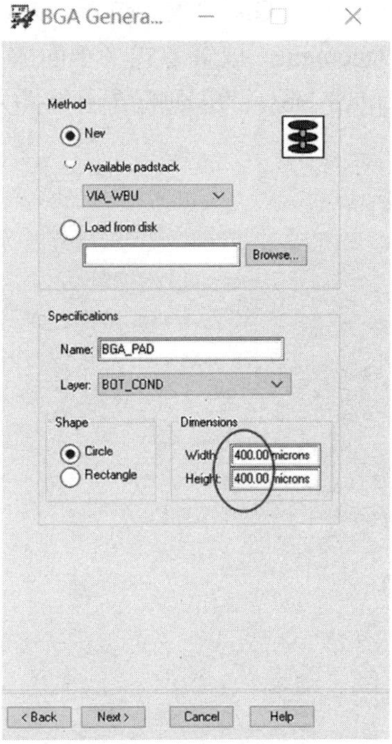

图 4.15　BGA 引脚 pad 编辑对话框

（6）在接下来的定义 Pin Numbering 项中，使用如图 4.16 所示的默认数据，然后单击 Next 进入下一步。

界面的解释与参数设置如下。

- Pin Numbering：命名方式和顺序（Number Horiz Letter Vert），竖向字母，横向数字。
- Start at：命名开始于左上角（Top Left）。
- Display Setting：Pin number 显示的位置（Top，Left）及字体大小（600μm×400μm）。
- Distance from symbol edge：文字距离封装边缘 3810μm。

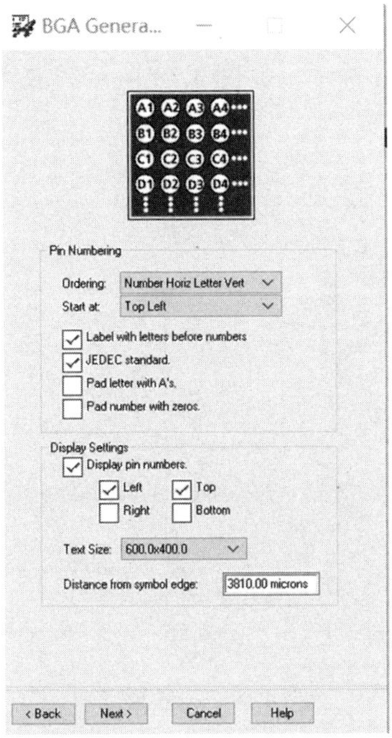

图 4.16　BGA 引脚序号编辑对话框

（7）Preview 项，确认没问题后单击 Finish 完成，最终效果如图 4.17 所示。

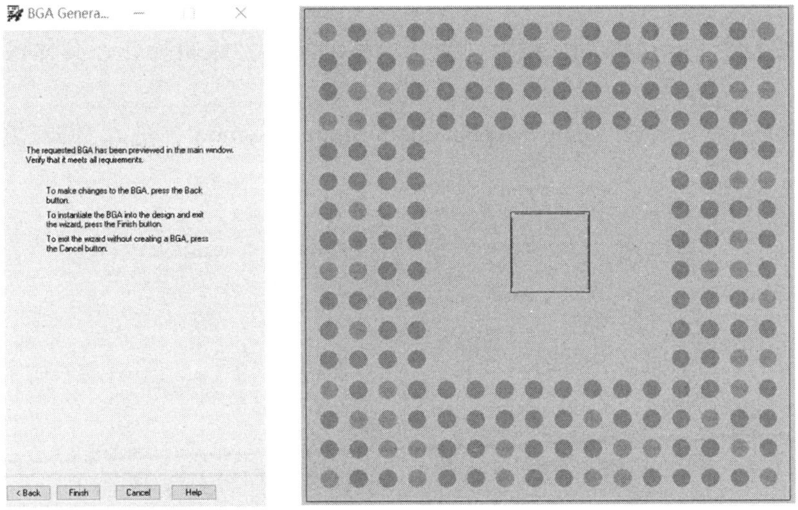

图 4.17　BGA 封装确认对话框及完成的 BGA 封装外形

4.1.4　编辑 BGA

1．删除 BGA Pin 上的网络

通过下面的步骤可以删除 BGA Pin 上的网络。

（1）单击 Logic→Deassign Net 打开界面。

（2）在 Find 页只选中 Pin 选项，如图 4.18 所示。取消选中 Wire Bond 层的颜色，防止下一步时会被选中。

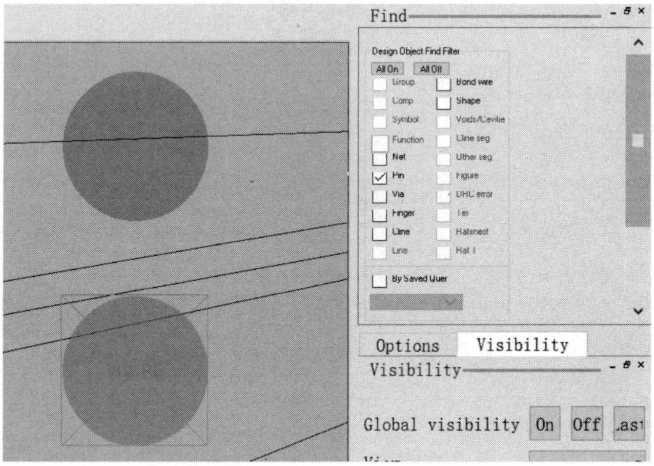

图 4.18　Find 页选项

（3）框选所有 BGA Pin，删除之前已赋的网络。如 Pinuse 有 Power 的属性应去掉。

（4）单击 Done 完成网络删除。

2．编辑 BGA 上的 Pin

对 BGA 上的 Pin 可以进行删除、复制、移动等各种编辑操作，具体操作步骤如下所示。

（1）菜单中依次单击 Setup→Application Mode→Symbol，进入 BGA 编辑界面，如图 4.19 所示。

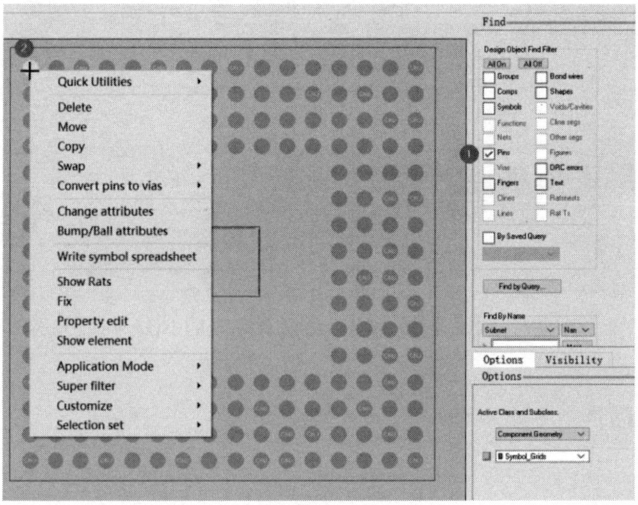

图 4.19　编辑 BGA 状态界面

（2）选上对应的 Pin 后即可进行删除、复制、移动、输出、Spreadsheet 等各种操作。

4.2　Die 与 BGA 网络分配

4.2.1　设置 Nets 颜色

设置不同的网络颜色便于辅助设计及检视，具体可以按下面的步骤进行操作。

（1）菜单中依次单击 Display→Color→Visibility，进入颜色设置对话框。

（2）选中 Nets 标签页，给 GND 及 VCORE[①]分别赋上相应的颜色，如图 4.20 所示。

有两种颜色设置方法：依据层（Layer）或网络（Nets），可以看到列表里列出了所有的网络，这样可以方便用户给网络赋颜色。

其他网络赋颜色的操作步骤如下所示。

（1）单击 Available colors 栏里的一种颜色，则此颜色被设置为当前色。

（2）再单击列表栏里的 Net 选项，则其后面各栏（Pins、Vias、Clines 等）都被赋上当前色。

（3）重复上述步骤，为其他网络都附上颜色，设置完成。

（4）单击 OK，退出对话框。

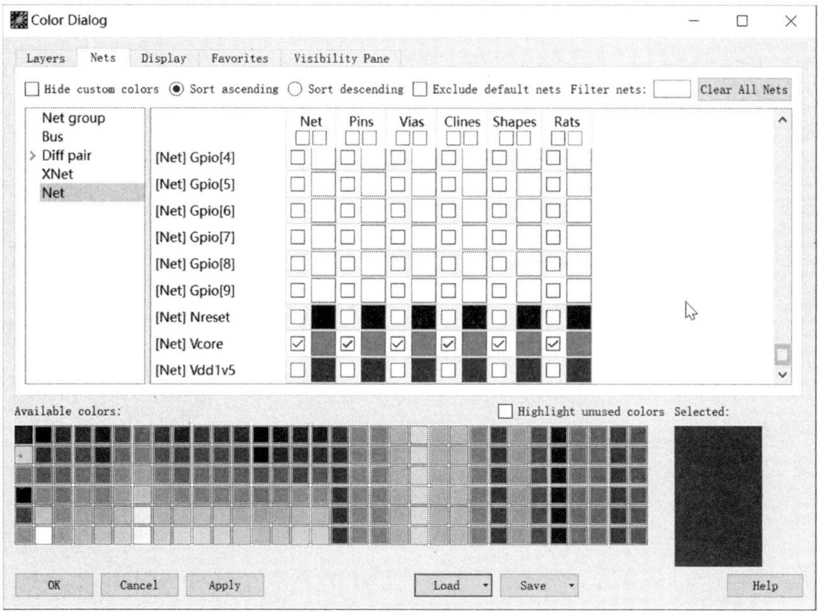

图 4.20　颜色设置对话框

完成上面的步骤后，可以看到芯片上的网络赋上颜色后效果如图 4.21 所示，不同网络的 Pad 使用了不同的颜色来表示。

① VCORE 同图中 Vcore，后文 VDDIV5 及 GND 等同理，不再一一标注。

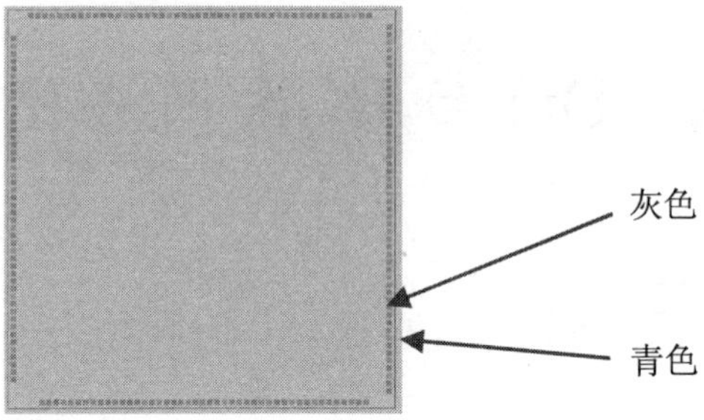

图 4.21　芯片网络上颜色后效果

4.2.2　手动赋网络方法

用户可以手动分别给选择的 Pin 赋网络，操作步骤如下所示。

（1）执行菜单中 Logic→Assign Net。

（2）给 BGA 的焊球均匀赋上 GND 网络。

在 Find 选项卡中按图 4.22（a）设置：在 Design Object Find Filter 栏中选中 Nets 复选框；在 Find By Name 栏中选择 Net，并单击 More 按钮。在出现的对话框中选择 GND 网络，然后在主窗口选择 BGA 中需要赋网络的焊球并单击 Done 完成，则所选的 Ball pad 被赋上 GND 网络，如图 4.22（b）所示。

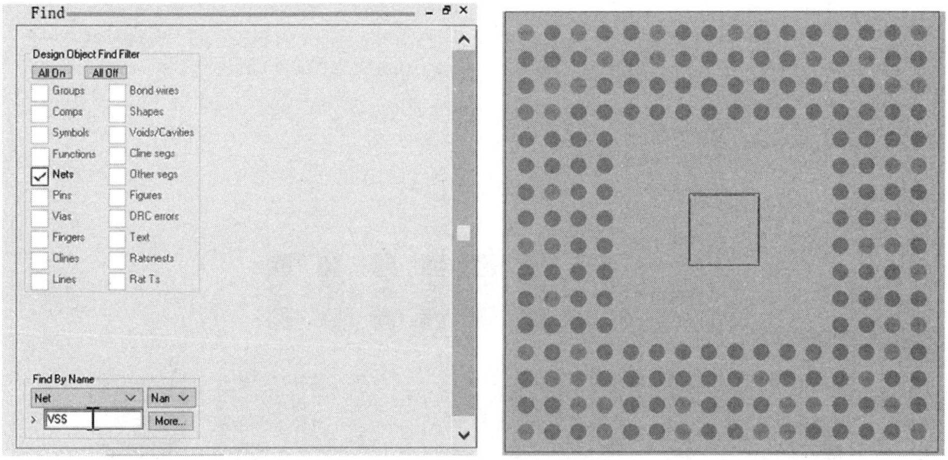

（a）　　　　　　　　　　（b）

图 4.22　Find 选项卡与赋上 GND 网络的 BGA 引脚

（3）分配 VCORE 网络到 BGA Ball。

a．按菜单的步骤执行 VCORE 网络分配。执行菜单中 Logic→Assign Net。

b．在右侧 Options 选项卡内选中 Re-assign pin allowed 复选框，如图 4.23（a）所示。

c．在主窗口内选中 VCORE 网络，选中需要赋网络的 BALL，结果如图 4.23（b）所示。

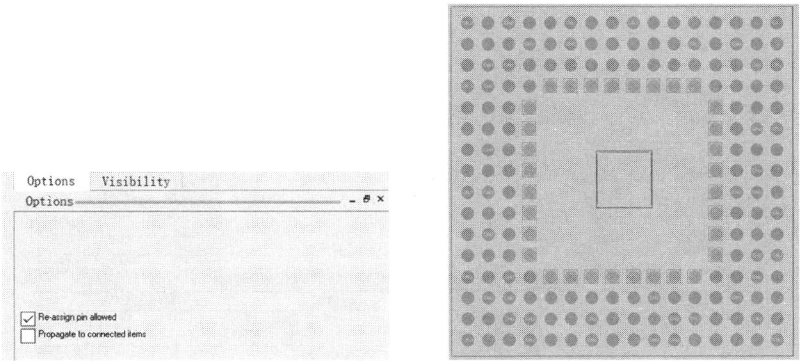

（a）　　　　　　　　　　　　　　　　　　（b）

图 4.23　BGA BALL 赋 VCORE 网络

（4）将差分网络赋给邻近的 BGA Balls。

a．将网络 DDR1_DQS0、DDR1_NDQS0 的颜色变为红色，对应的 BGA Ball 被高亮，如图 4.24（a）所示，可扫描二维码查看。

b．Logic→Assign Net。

第一步，分别选择 Die 上的网络 DDR1_DQS0 和 DDR1_NDQS0。

第二步，点 BGA Ball Pin 赋网络。

效果如图 4.24（b）所示，可以看到差分网络的鼠线已经显示出来，表示芯片 Pin 和 BGA 的 Ball Pad 之间已建立信号联系。

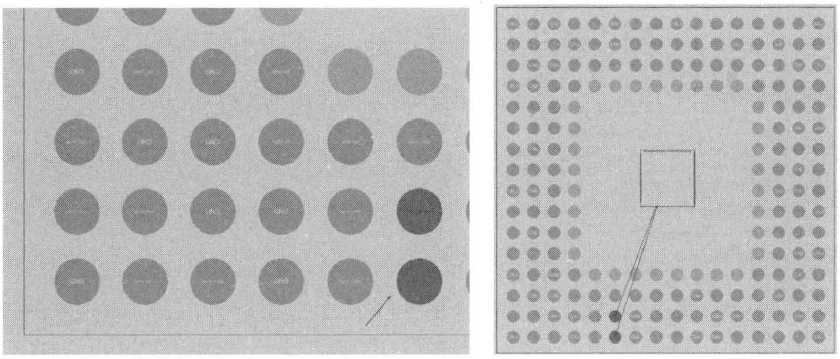

（a）　　　　　　　　　　　　　　　　　　（b）

图 4.24　手动赋网络效果

4.2.3　xml 表格输入法

4.2.2 节为手动对 BGA 的 BALL 分别赋值，工作量较大且极易出错，而 xml 表格输入法是把所要赋网络的 BGA BALL 与 Excel 表格的单元格一一对应，在 Excel 中填好对应的网络名后，再直接导入 BGA 的文件中即可。具体操作步骤如下所示。

（1）把要一次性分配的网络按下表的 xml 文件的格式填好，如图 4.25 所示。

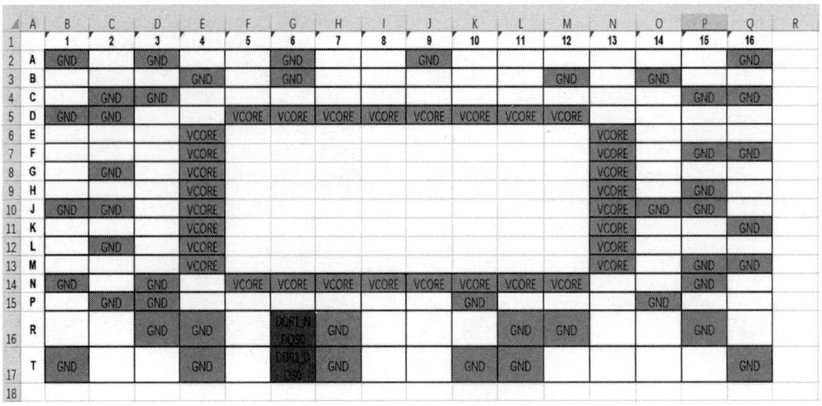

图 4.25　电源/地/重要信号线初步分配表

（2）执行菜单 File→import→Symbol Spreadsheet 选项。

（3）选择要导入网络的 BGA 元件后，在弹出对话框中，按图 4.26 所示的选项进行设置。

（4）单击 Update 完成，结果如图 4.27 所示。

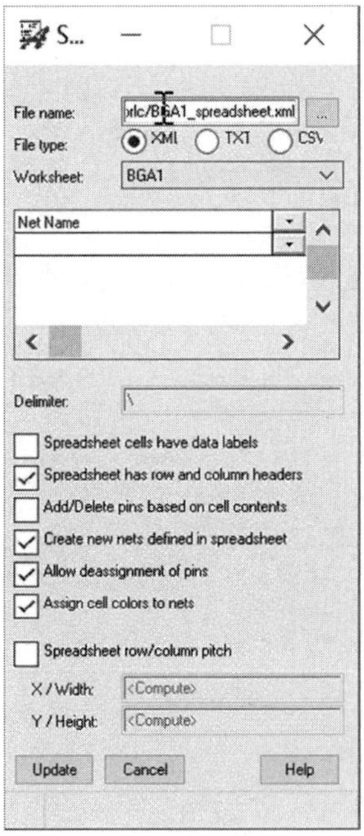

图 4.26　导入 xml 文件选项

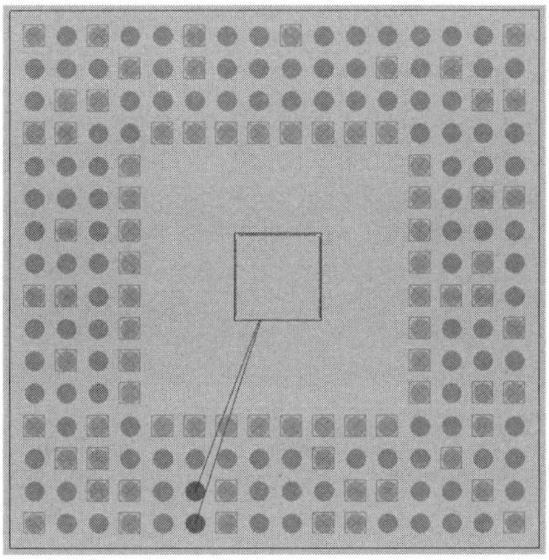

图 4.27　xml 格式网络导入后结果

可以发现 xml 文件上的网络已被赋到 BGA 对应的 Pin 上。

4.2.4　自动给 Pin 分配网络

用户也可以把 Die 上的网络自动分配给 BGA 上的 Pin，反之亦然。具体步骤如下所示。

（1）执行菜单中 Logic→Auto Assign Net 选项，如图 4.28 所示。

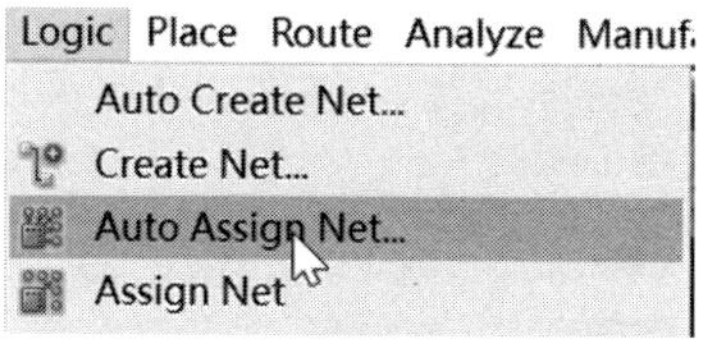

图 4.28　Auto Assign Net 命令

（2）弹出 Automatic Net Assignment 对话框，在主窗口中分别选中 Die 和 BGA。对话框的 Source 和 Destination 选项显示出未分配的网络数量和可用目标 Ball pad 数量，接着按照如图 4.29 所示参数进行设置。

（3）单击 Assign 后，单击 OK 完成自动分配网络命令。

（4）完成自动分配网络的效果如图 4.30 所示。

分配完成的 Die 和 BGA 之间建立了网络联系，鼠线显示效果如图 4.30 所示。可以观察到个别鼠线之间存在交叉，有未得到分配的 Ball，一些线位置靠得太近等，需要手动进一步优化。

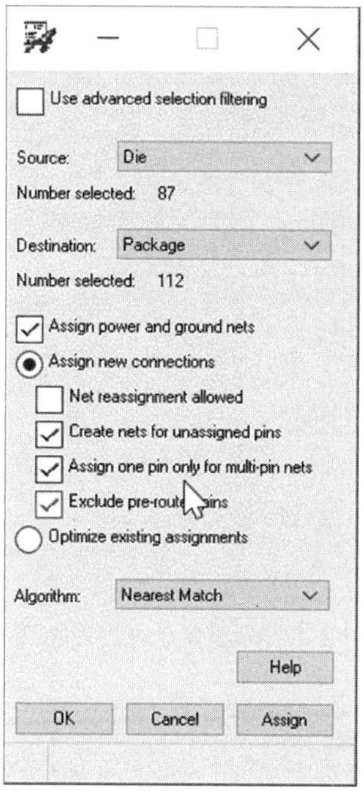

图 4.29　Auto Assign net 命令对话框

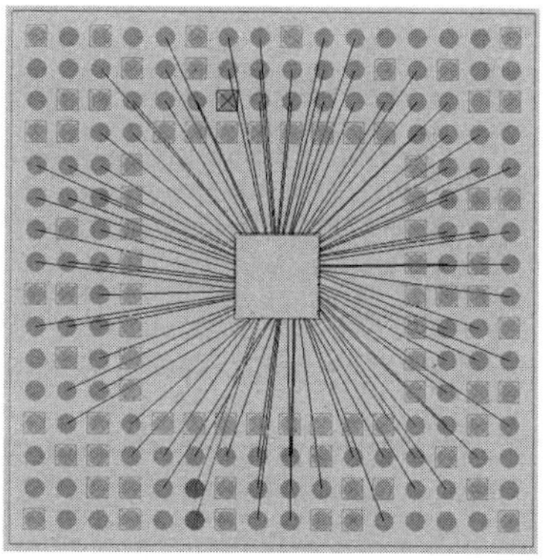

图 4.30　完成全部网络分配的芯片和 BGA

4.2.5　网络交换 Pin swap

如需要对其中的一些 Pin 位置进行交换，操作步骤如下所示。

（1）在菜单中执行 Place→Swap→Pins，如图 4.31 所示。

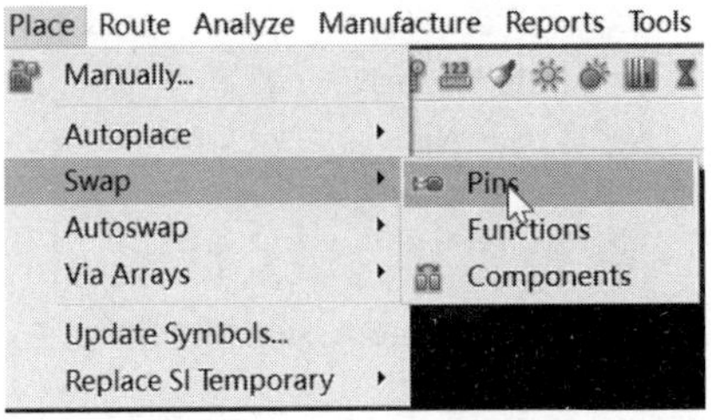

图 4.31　Pin Swap 命令

（2）交换图 4.32（a）中两对框住的 Pin，效果可扫码查看。

a．选择 BGA 的 T5 引脚，再选择 T6 引脚，则 T5 和 T6 引脚的网络就完成了互换。

b．继续单击 R5 和 R6，完成 R5 和 R6 引脚的互换。

c．右击选中 Done，完成效果如图 4.32（b）所示。

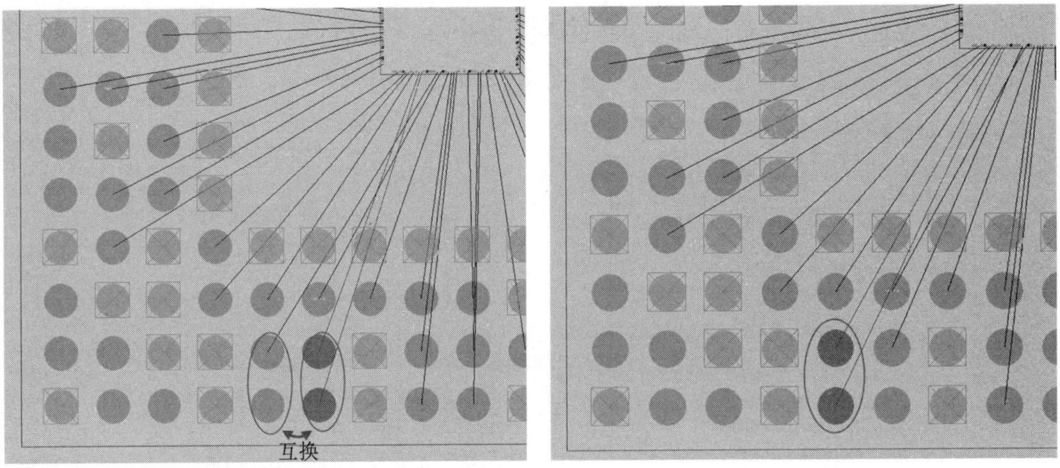

（a）　　（b）

图 4.32　交换前后的 BGA 引脚及鼠线

（3）给不同的网络分别赋上不同的颜色。

在调整过程中可以分别给不同的信号或总线赋上不同的颜色，这样便于检视。该命令需通过 Display→Color/Visibility 菜单执行。

4.2.6　输出 BGA Ballmap Excel 图

APD 中每个信号对应的 Ball 的情况可以输出为 xml 表格，方便文件信息的评审及数据交换，具体操作步骤如下所示。

（1）在菜单中执行 File→Export→Symbol Spreadsheet。

在主窗口中单击 BGA，弹出 Symbol to spreadsheet 对话框，按图 4.33 所示参数进行设置，单击 OK，则在当前路径下，生成 BGA1_spreadsheet.xml 文件。

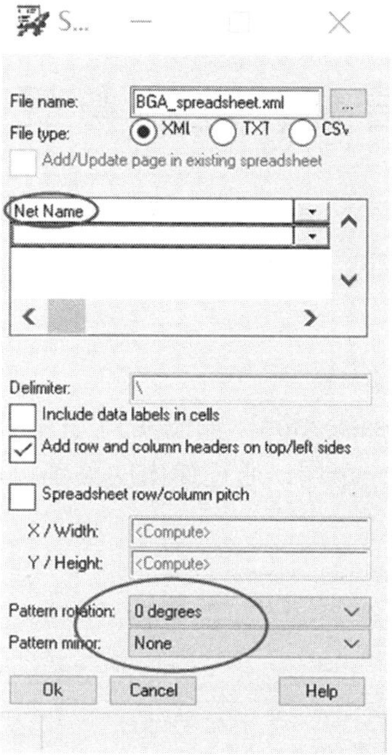

图 4.33　Symbol to spreadsheet 对话框

（2）用 Excel 打开生成的 xml 文件，如图 4.34 所示，呈现用 Ball pad 序号以及颜色区分的网络名。

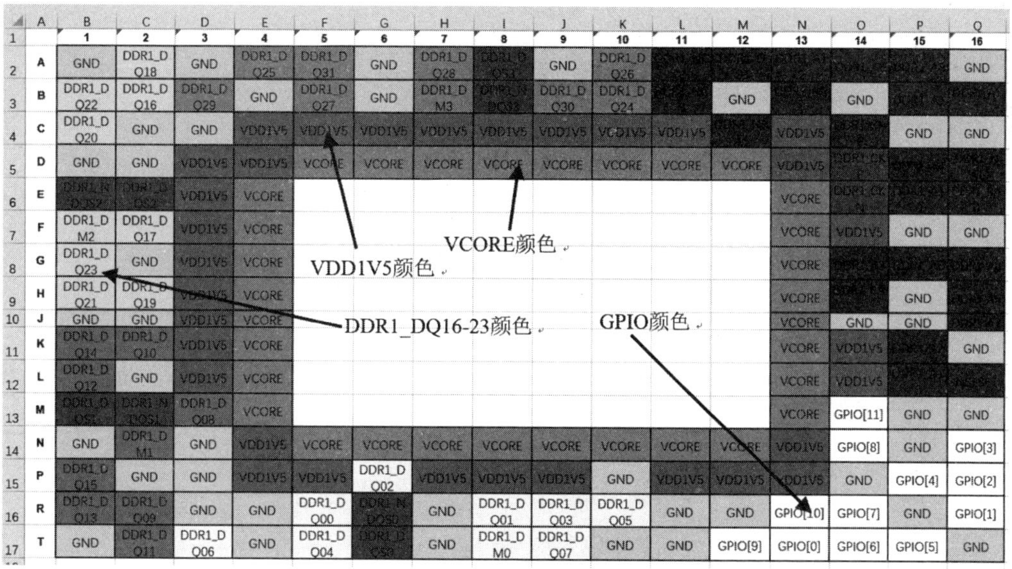

图 4.34　BGA Ball Map 导出表

从图 4.33 的输出选项设置中可以发现，在输出时还可以实现下面的两项功能。

- 输出不同的翻转及角度。
- 连同颜色一起输入及输出。

4.3 层叠、过孔与规则设置

4.3.1 层叠设置

通过下面的步骤进行层叠的设置。

（1）执行菜单 Setup→Cross-section，如图 4.35 所示。

（2）增加或删除层。右击一个层，通过弹出的菜单可以实现增加或删除层，如图 4.36 所示。

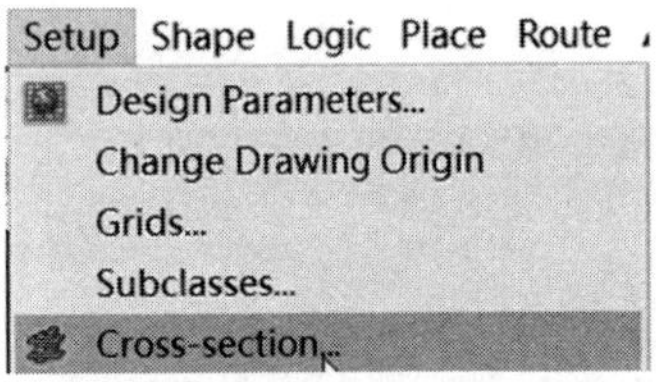

图 4.35 基板层叠设置命令

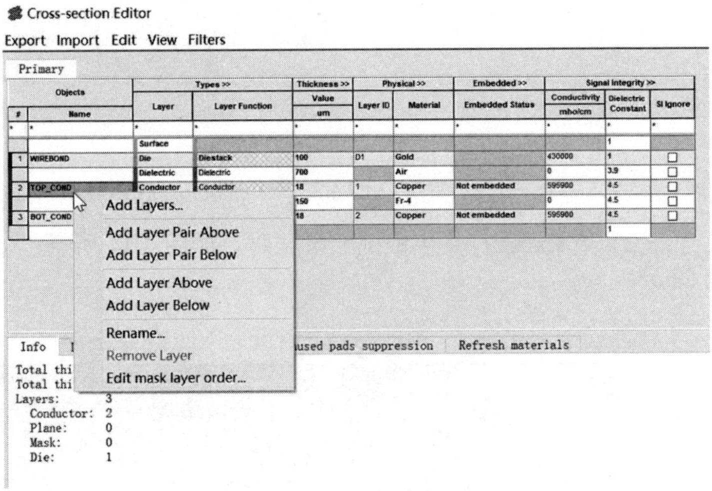

图 4.36 增加层菜单

（3）修改层名及厚度，修改成图 4.37 所示的参数及名称。

执行菜单 View→Shown All Column 显示所有参数，如图 4.37 所示。

其中的各参数说明如下。

- ❑ Objects（Name）：将其中两层名字改为 GND 和 POWER，作为基板的地和电源平面层。
- ❑ Types（Layer）：将这两层改为 Plane 属性。
- ❑ Thickness：修改每一层的厚度。
- ❑ Dielectric Constant：修改介电常数
- ❑ Loss Tangent：损耗角正切。

在右下角选中 Show Single Impedance 和 Show Diff Impedance 复选框，就可以修改 CONDUCTOR 层的线宽线距，查看单端阻抗和差分阻抗。根据叠层结构调整线宽线距，达到阻抗要求，后续把这些参数写进约束规则里，约束走线。

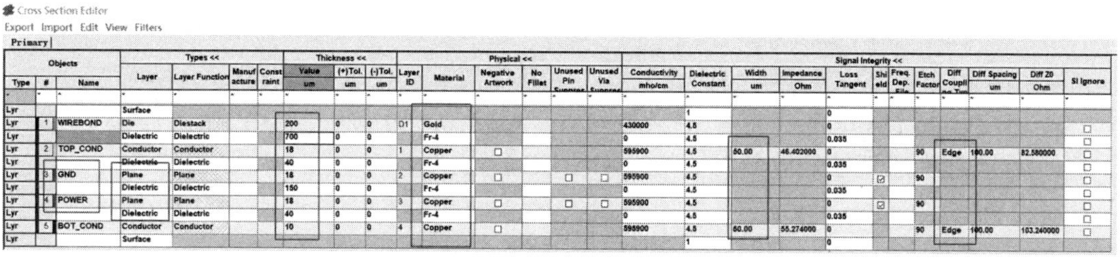

图 4.37　叠层结构样例说明

注：如果本例从成本考虑只做两层基板，最后的的层叠如图 4.38 所示。

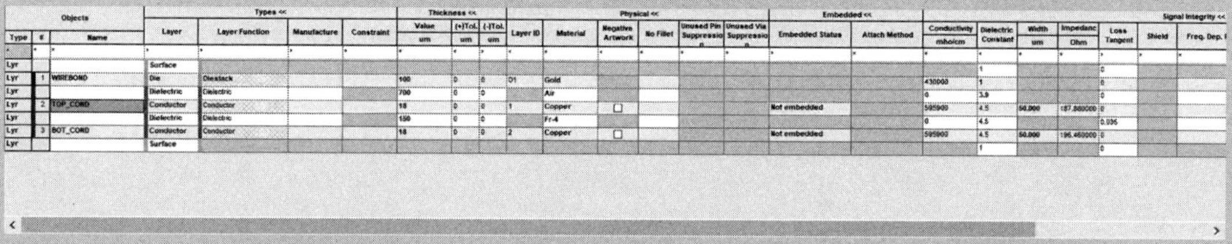

图 4.38　最终层叠

4.3.2　定义差分对

先对差分线进行定义以方便后面的规则设置，定义方式分为手动定义和自动定义，自动定义差分线的步骤如下所示。

（1）执行菜单 Logic→Assign Differential Pair，进入差分信号定义对话框，如图 4.39（a）所示。

（2）单击 Auto Generate，在弹出的对话框中填写正负极的后缀。

（3）单击 Generate 后结果如图 4.39（b）所示，Diff Pairs 栏中列出了自动生成的符合规则的差分对。

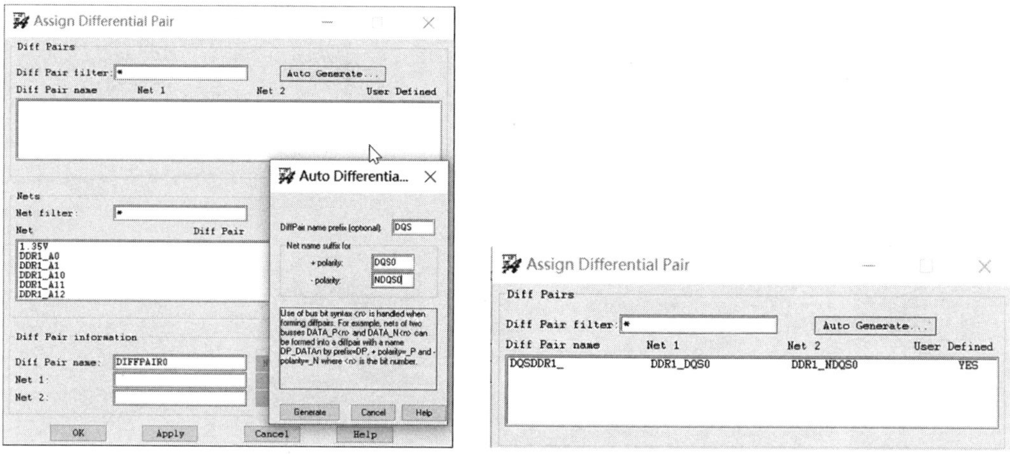

（a）　　　　（b）

图 4.39　差分信号定义对话框

差分对分配定义中的各项说明。

- ❑ Diff Pairs 栏：显示现有的差分对，可以使用过滤设置（Diff Pair filter）。
- ❑ Diff Pair information 栏：定义差分对，差分信号可以从 Nets 栏中选择。

（4）同理生成其他的差分对，结果如图 4.40 所示。

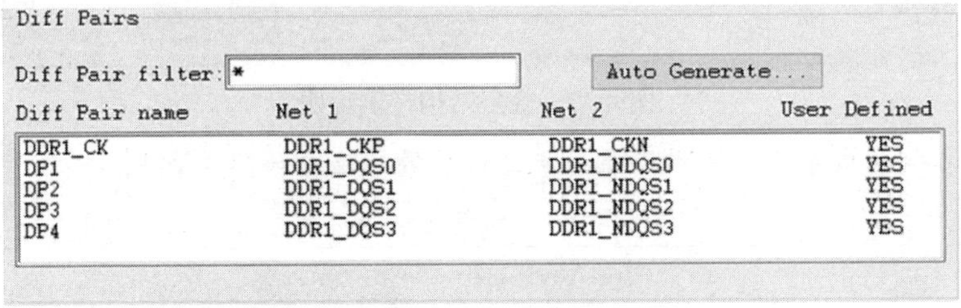

图 4.40　所有自动生成的差分对

4.3.3　电源网络标识

本节将对电源网络进行标识处理，方便以后的布线或仿真，步骤如下所示。

（1）执行菜单 Logic→Identify DC Nets 进入对话框，如图 4.41 所示。

（2）在 Net 列表中选择网络，在右侧 Voltage 文本框内填上对应的电压，如图 4.42（a）所示。

- ❑ GND：0V
- ❑ VCORE：1V
- ❑ VDD1V5：1.5V

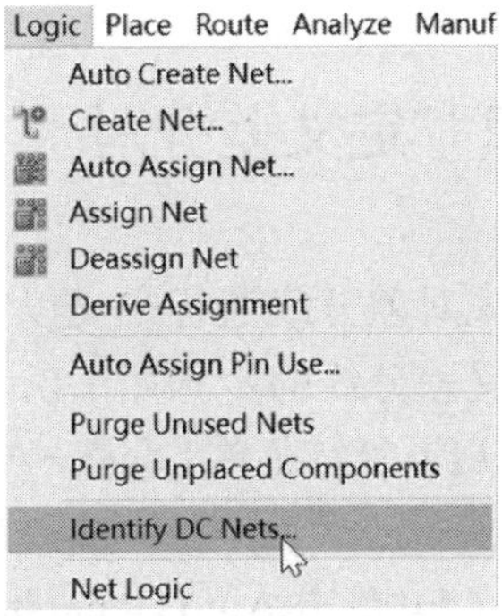

图 4.41　标识电源网络命令

（3）单击 Apply 后，则相应的网络被设置成电源（Power），GND 会有 Power 属性，如图 4.42（b）所示。

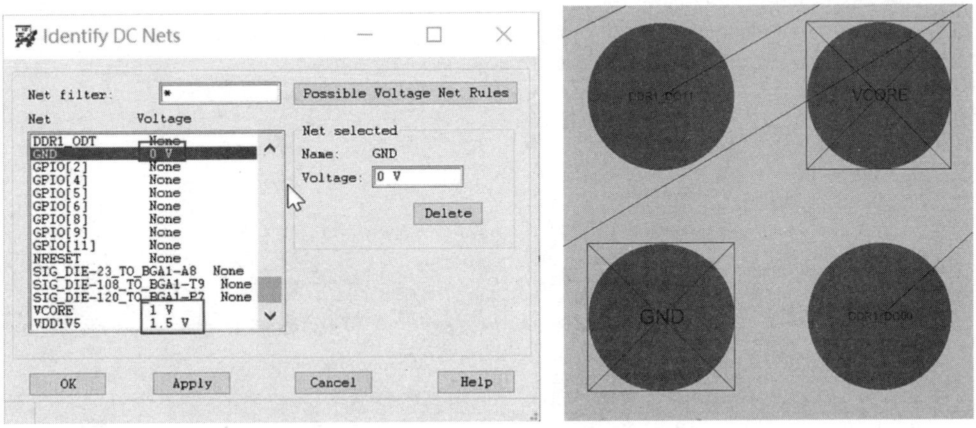

（a）　　　　　　　　　　　　　　　　（b）

图 4.42　标识电源网络对话框

4.3.4　过孔、金手指创建

在开始布线前，需要准备一些必需的库，如 Drill Hole（过孔）、Finger（金手指）等，下面是创建过孔及金手指的详细过程。

1．创建过孔

创建过孔的具体过程如下。

（1）菜单上执行 Tools→Padstack→Modify Design Padstack，如图 4.43 所示。

（2）右侧 Options 栏中，选择 BGA_PAD 后单击 Edit，如图 4.44 所示。

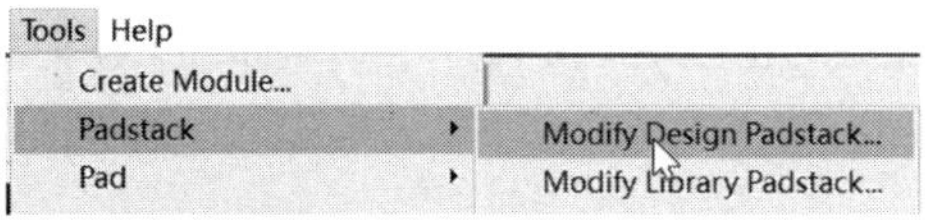

图 4.43　执行 Padstack 命令

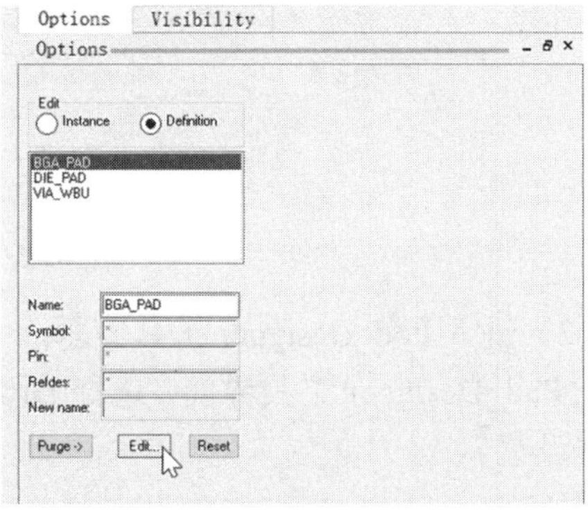

图 4.44　Options 选项及修改命令菜单

（3）进入 Pad_Designer 工具界面。

在 Pad_Designer 工具界面，分别在 Drill 及 Design Layer 选项卡中按如图 4.45 显示的数据设置钻孔与焊盘的大小。

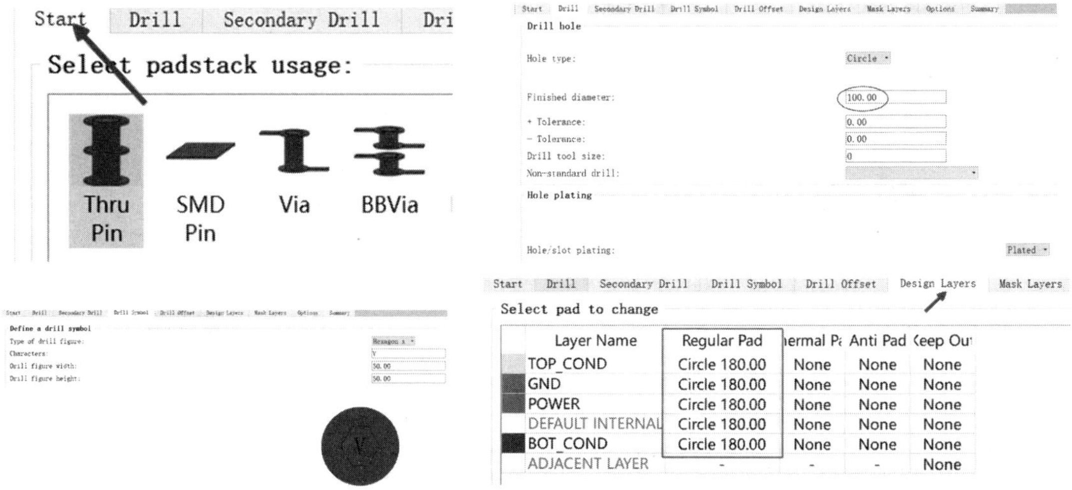

图 4.45　Pad_Designer 工具界面-过孔 Parameters 设置

（4）完成后保存。

2．创建 Finger

创建 Finger 的过程可以在默认焊盘上进行修改，步骤如下。

（1）执行菜单 Tools→Padstack→Modify Design Padstack。

（2）在 Options 选项卡中，选择 BGA_PAD 后单击 Edit，如图 4.46 所示。

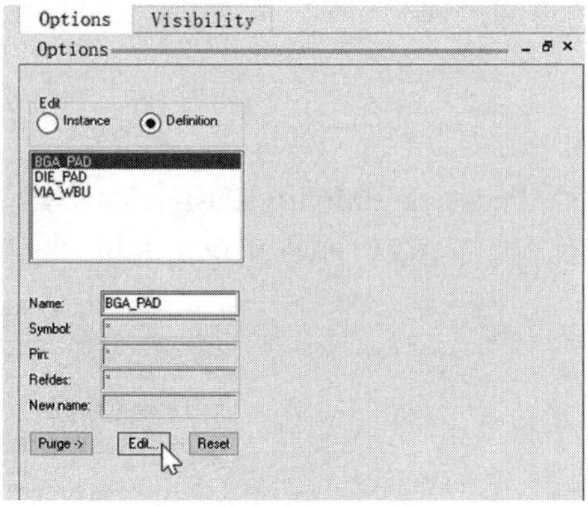

图 4.46　Options 选项卡

（3）进入 Pad_Designer 工具界面。

在 Pad_Designer 工具界面，选择 Drill 和 Design Layer 选项卡，分别按如图 4.47 所示的数据设置。

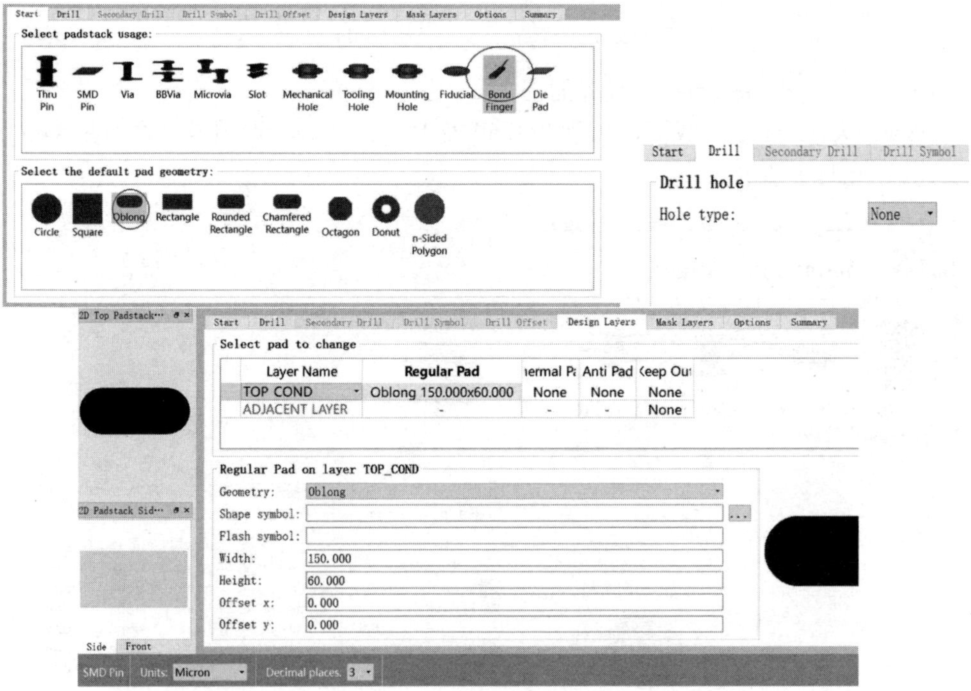

图 4.47　Pad_Designer 工具界面-Finger Parameters 设置

（4）完成后保存，名称为 BF1.pad，关闭 Pad_Designer 工具界面。

3. 创建 Pointpad

有时需要把 Wire bond 线打在铜皮的某点上，需要创建一个比线径稍大的焊盘，使设计文件更加整洁，创建步骤如下。

（1）执行菜单 Tools→Padstack→Modify Design Padstack。

（2）在 Options 选项卡中，选择 BGA_PAD 后单击 Edit。

（3）进入 Pad_Designer 工具界面。

在 Pad_Designer 工具界面，选择 Start、Drill 和 Design Layer 选项卡分别按如图 4.48 所示的数据设置。

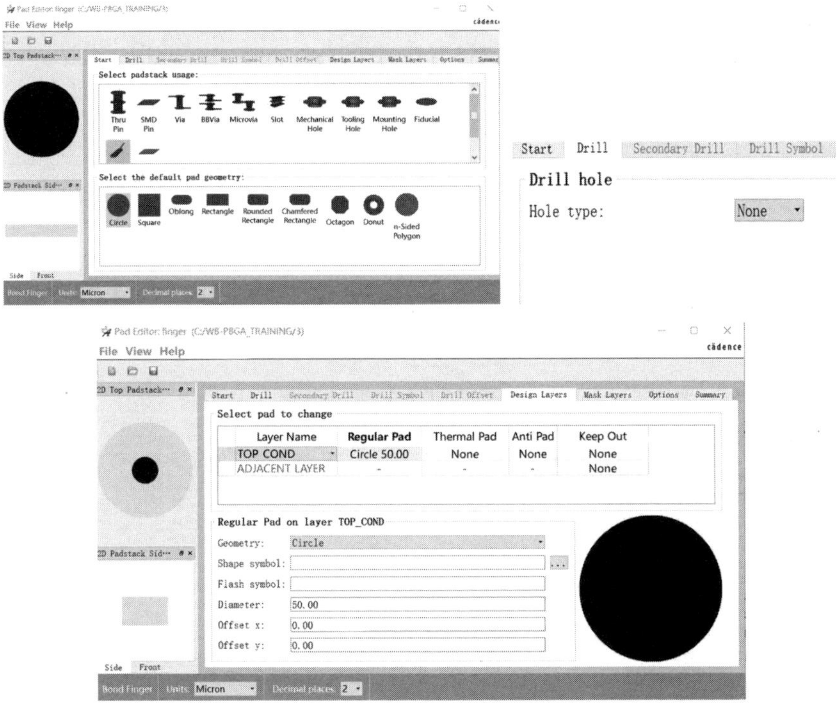

图 4.48　Pad_Designer 编辑界面-T-POINT Parameters 设置

（4）完成后保存，名称为 WB_TACKPOINT.pad，关闭 Pad_Designer。

4.3.5　规则设置

信号的线宽、间距，差分对的线宽、间距、等长余量及总线长度，总线间的间距等规则是基板设计中的重要部分，设置后可以由软件自动检查布线是否符合规格。

1. 设置线宽及间距

设置线宽及间距的详细步骤如下所示。

（1）执行菜单 Setup→Constraints→Physical，如图 4.49 所示。进入 Allegro 约束规则管理器（Allegro Constraint Manager）。

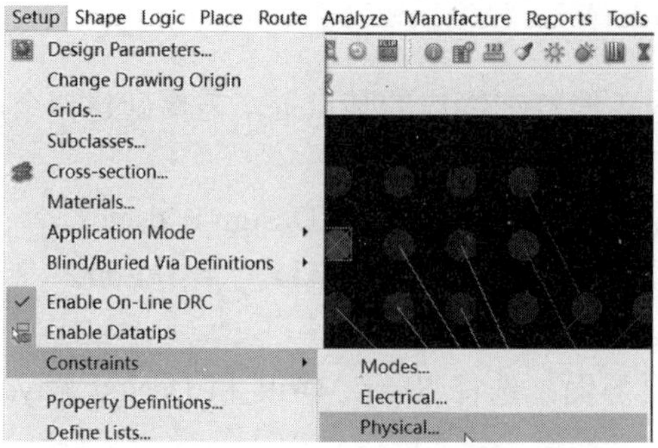

图 4.49 进入约束管理器命令

（2）在约束规则管理器中，在 Worksheet Selector 导航栏中选择 Physical 选项。按如图 4.50 所示数据设置各层走线线宽，其他暂时采用默认设置。

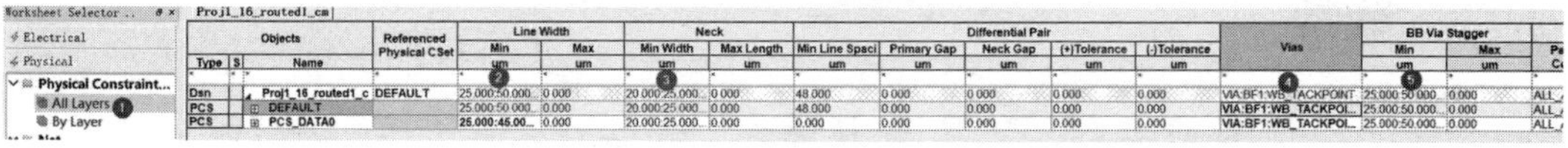

图 4.50 约束管理器 Physical 规则设置

（3）点击空白单元格 Vias 选项，进入过孔选择对话框。选择步骤（2）创建的过孔，如图 4.51 所示。在对话框底部的切面示意图中看到该过孔连接的层。

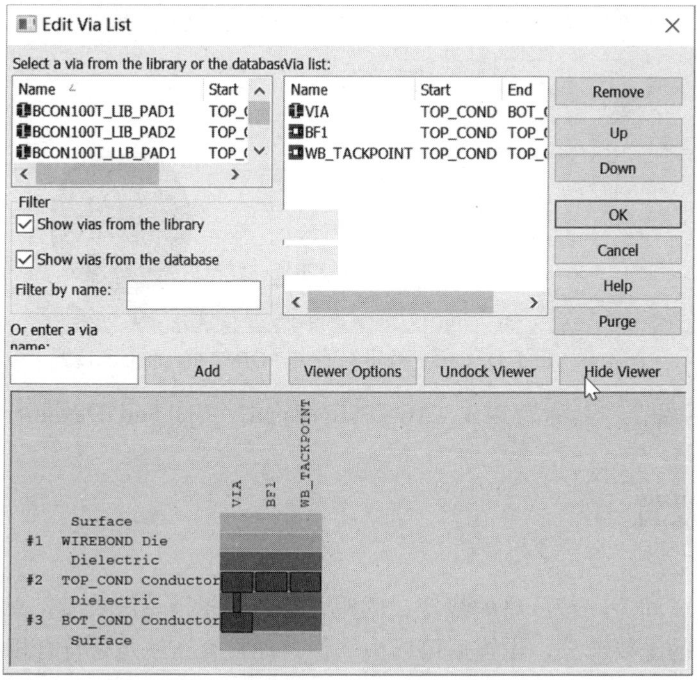

图 4.51 Via 选择对话框

（4）单击 OK，返回约束规则管理器。

（5）在 Worksheet Selector 导航栏中选择 Spacing 选项，按如图 4.52 所示的参数进行间距规则设置。

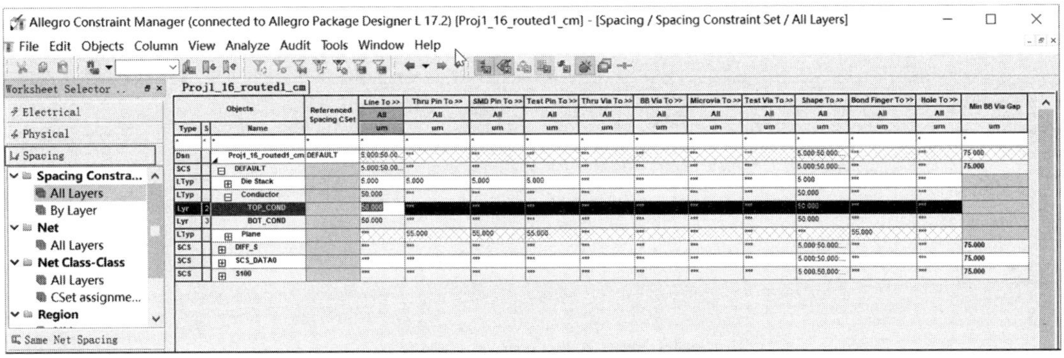

图 4.52　约束管理器-Spacing 规则设置界面

2．设置差分信号规则

差分信号规则的设置步骤如下所示。

（1）在 Worksheet Selector 导航栏中选择 Electrical 选项，选择 Electrical Constraint Set→Routing→Differential Pair 命令。

（2）在右侧列表中设计文件名上右击后选择 Create→Electrical CSet，如图 4.53 所示。

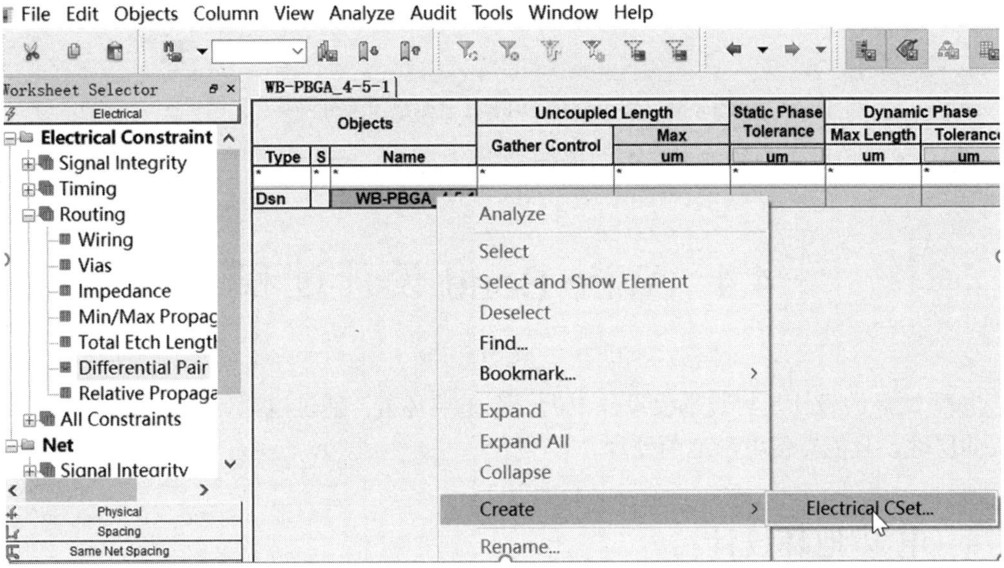

图 4.53　约束管理器-Electrical 规则设置界面及创建规则命令菜单

（3）在弹出的对话框中，输入约束规则的名称 DIFF_E，如图 4.54 所示，单击 OK 后返回列表。

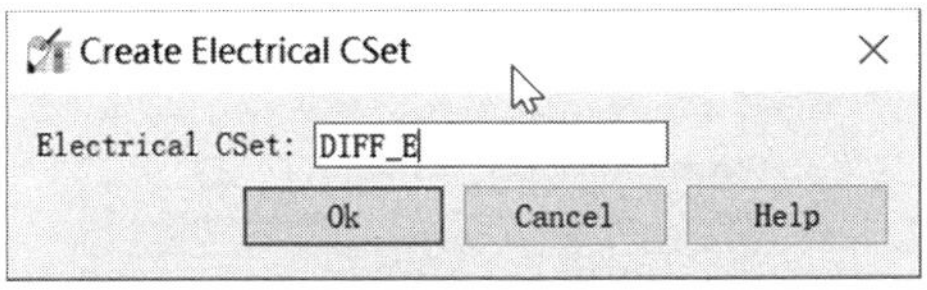

图 4.54　命名创建的 Electrical 规则

（4）给列表中新创建的规则设置参数，如图 4.55 所示。

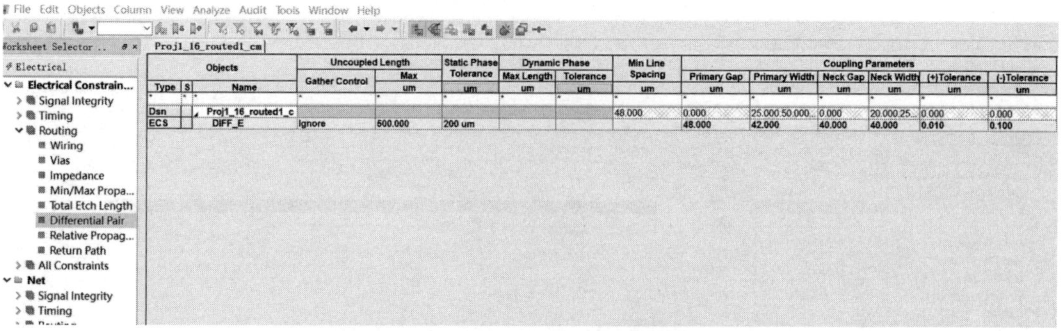

图 4.55　设置 DIFF-E 规则参数

（5）选择 Net→Routing→Differential Pair 命令，在右侧列表中为 DDr 信号的 dqs/ndqs 及 CK 差分信号赋上刚刚创建的 DIFF_E 规则，如图 4.56 所示。

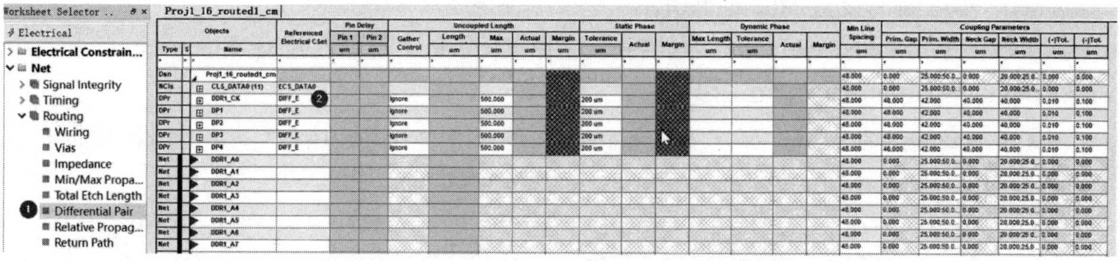

图 4.56　将创建的 DIFF-E 规则赋给差分网络

（6）关闭约束规则管理器，返回设计主窗口。

4.4　Wire Bond 设计过程

电源/地环的设计是封装基板设计中的一个重要环节，通过电源、地环的设计可以减少基板的层数，且能方便电源地的处理。

4.4.1　电源/地环设计

创建电源/地环的过程如下。

（1）设置线宽及间距，菜单中执行 Route→Power/Ground Ring Generator 进入电源/地环设置对话框，如图 4.57 所示。

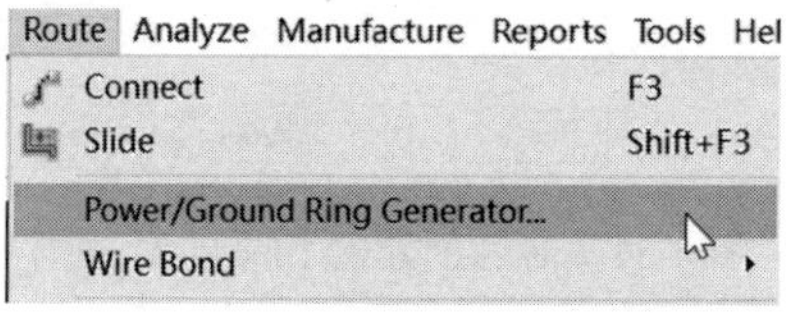

图 4.57　生成电源/地环命令

（2）设置电源/地环的数量和位置，参数按如图 4.58（a）所示设置，单击 Next 进入下一步。

图中的参数描述如下。

- Current Ring and Placement Selection：电源/地环的示意图，会随后面 3 个选项的调整而实时变化，使设计者更直观地了解设置情况。
- Number of Rings：电源/地环的数量。
- Place with respect to：电源/地环的放置方法，以芯片原点、芯片边界或最近的引脚为参考点。
- Basic configuration：其他设置，此选项中的内容会随上一选项的内容变动。
- Ref Des：指定电源/地环的芯片，从下拉菜单选择要设置的芯片位号。
- Distance D1：芯片边界到环的距离。
- Create first ring as die flag：将第一环作为放置芯片的 Die Flag。
- Create ring(s)/flag as static shoops, not dynamic：将环设为静态铜皮，默认为动态铜皮。
- Group ring(s) and flag with die：将环与相应的芯片打包成一个 Group。

（3）设置第一电源/地环或 Die Flag，如图 4.58（b）所示。

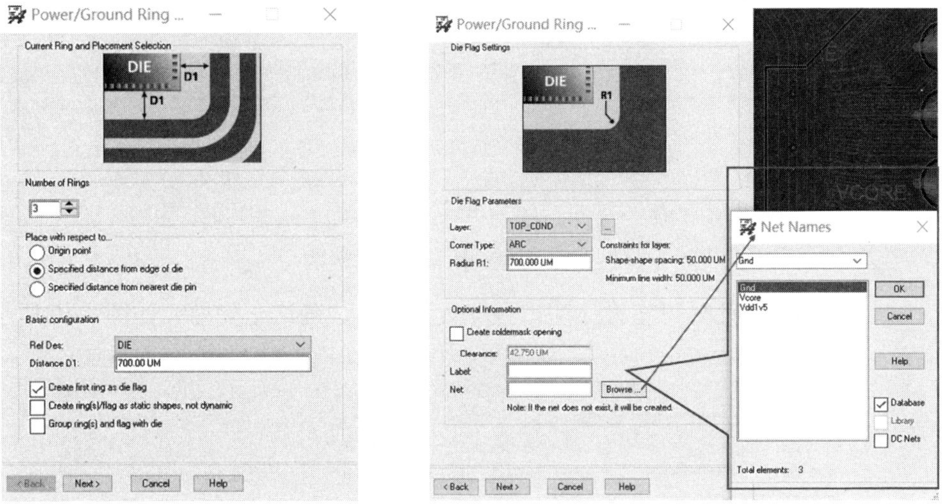

（a）　　　　　　　　　　　　（b）

图 4.58　电源/地环设置及 Die Flag 设置对话框

图中的参数描述如下所示。

- Die Flag Settings：Die Flag 设置示意图，会随步骤（2）中选项的调整而变化（若是上一步中第一环不作为 Die Flag，则本选项变更为 Ring1 Radius and Width 设置）。
- Die Flag Parameters：Die Flag 参数设置。
- Layer：Die Flag 放置层。
- Corner Type：拐角模式分为 3 种，圆角（Arc）、直角（Right Angle）和切角（Chamfer）。
- Radius R1：设置 Die Flag 拐角的半径（在 Arc 和 Chamfer 模式下本选项有效）。
- Optional Information：附加选项。

- Create soldermask opening：选中后为 Die Flag 创建阻焊开窗。
- Net：为 Die Flag 指定信号网络，单击 Browse 后，从 Net Names 窗口选择 Gnd 网络，单击 OK 后将 Gnd 网络属性赋给 Die Flag。

（4）设置下一电源/地环，参数按如图 4.59（a）所示设置，单击 Next 进行下一步。参照步骤（3）设置另外两环的参数，包括环宽、环间距等，并分别赋上 VCORE 和 VDD1V5 网络。

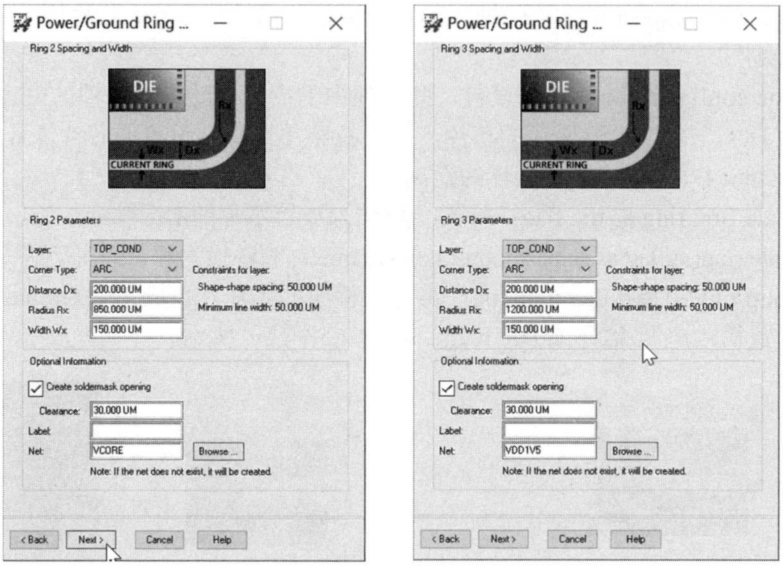

（a）　　　　（b）

图 4.59　电源/地环设置对话框

（5）最终确认。此时可在设计窗口预览设置结果，确认正确性，如图 4.60 所示。

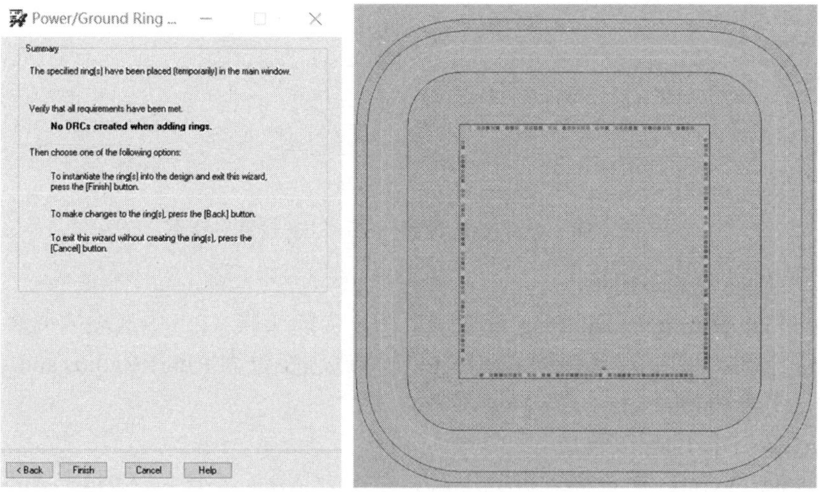

图 4.60　确认电源/地环设置结果

确认后单击 Finish 完成电源、地环的设计。

4.4.2 设置 Wire Bond 辅助线 WB Guide Line

辅助线可以提高 Wire Bond 设计效率，具体的过程与步骤如下所示。

（1）执行菜单 Edit→Z-Copy 命令，如图 4.61（a）所示。

在 Options 选项卡中设置 Copy to Class/Subclass 为 Substrate Geometry/WB_GUIDE_LINE。在 Shape Options 选项栏内，设置 Size 为 Contract（内缩），Offset 值为 75，如图 4.61（b）所示。

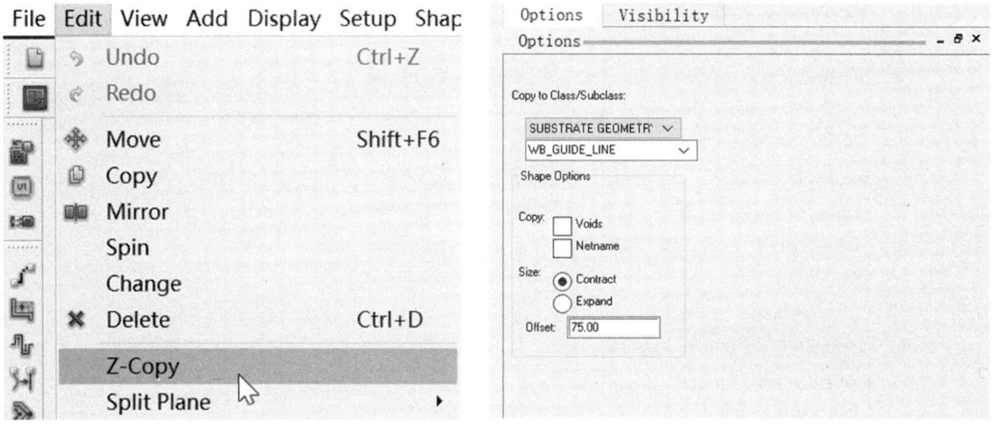

（a） （b）

图 4.61 Z-copy 命令及 Options 选项栏

单击 Die Flag 的铜皮，则在当前层（Substrate Geometry / WB_GUIDE_LINE）复制出相对源铜皮内缩 75μm 的图形（Shape），如图 4.62 所示。

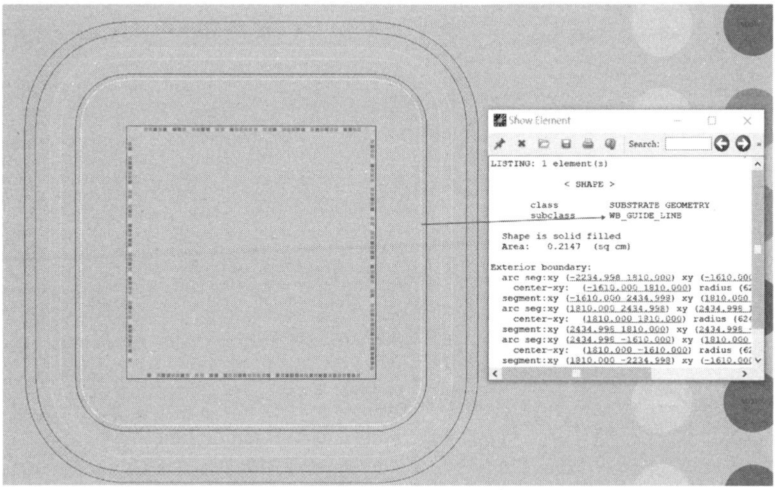

图 4.62 Z-Copy 到 WB_GUIDE_LINE 层的 Shape

下面将把复制的 Shape 变为线框边沿。

（2）执行菜单 Shape→Decompose Shape，如图 4.63（a）所示。

a．在 Options 选项卡中将 Copy to layer 设为 Substrate Geometry/Wb_Guide_Line。

b．选中 Delete shape after decompose 复选框（打散命令后删除源 Shape），如图 4.63（b）所示。

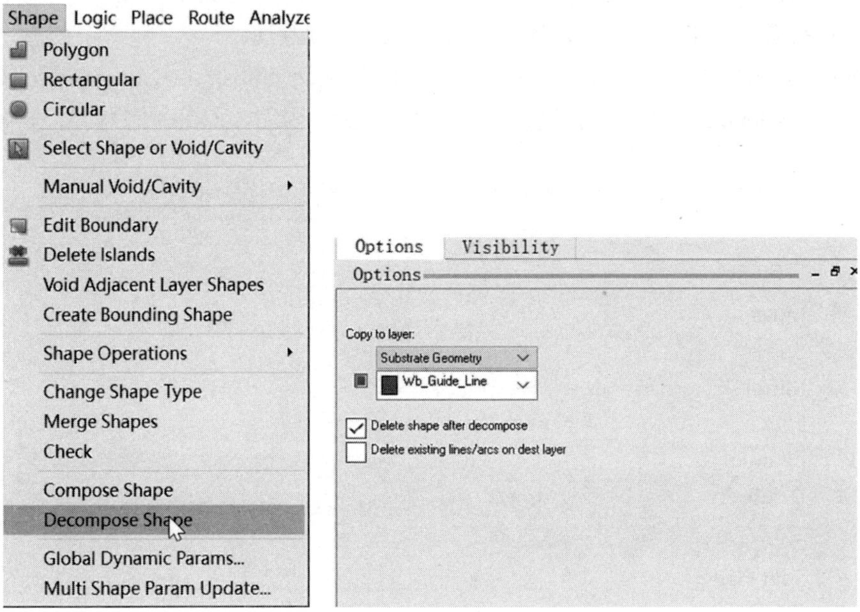

（a） （b）

图 4.63 Decompose Shape 命令及 Options 选项卡

c. 选择 Z-copy 的 Shape，则 Shape 在当前层被打散成 Line，此 Line 即可作为 WB Guide Line，如图 4.64 所示。

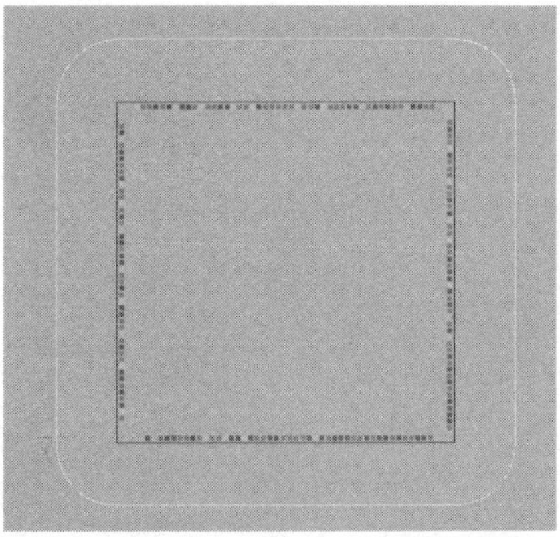

图 4.64 打散 Shape 后生成的 WB Guide Line

（3）重复步骤（1）、（2），分别为 Z-copy 电源环创建不同的 Wb Guide Line，确保它们处在电源环中间，Offset=250μm；再把面变成环，最终创建 4 条从内到外依次是为 VSS，VCORE，VDD1V5，SIGNAL 网络的 WB Guide Line，如图 4.65 所示。

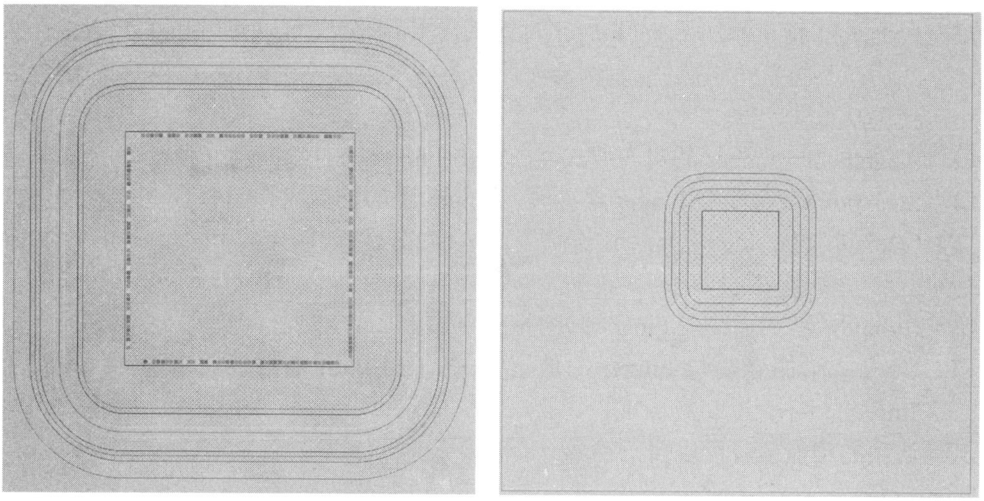

图 4.65　生成的全部 WB Guide Line 及电源/地环

4.4.3　设置 Wire Bond 参数

在进行 Wire Bond 设计前，需要设置好相应的参数，具体操作步骤如下。

（1）执行菜单 Route→Wire Bond→Settings，如图 4.66 所示，进入 Wire Bond 设置界面。

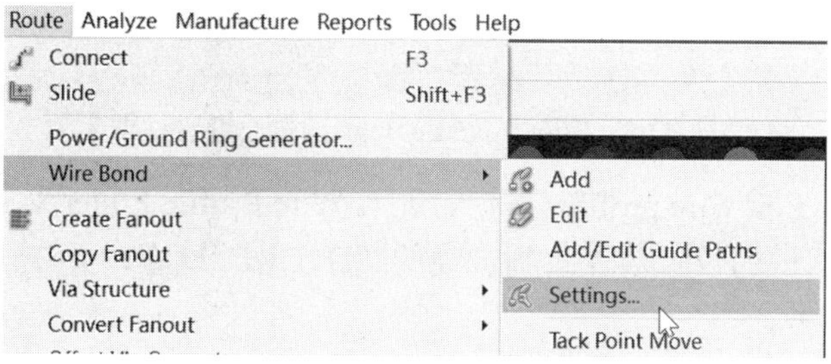

图 4.66　Wire Bond 参数设置命令

（2）Wire Bond Setting 对话框如图 4.67 所示，按图中数据输入。本对话框有 5 个类别，基本包含了有关 Wire Bond 的所有设置。具体的参数解释如下所示。

- Default Wire Options：默认金线选项。
- Default Finger Options：默认金手指（Bond Finger）选项。
- Default Placement Options：默认的放置选项。
- Pre-defined Settings Groups：Group 设置选项，将以上 3 项设置成不同的组合（Group），以便调用。
- Feasibility：定义 Wire Bond 的约束规则。

（3）Default Finger Options 选项：此选项的设置如图 4.67 所示，其中的详细说明如下所示。

- Padstack：指在添加 Bond Finger 时默认使用的焊盘，可以使用 Pad Designer 创建，然后在下拉菜单中选择。本例会在后续步骤中更改这个设定，所以这里不做设置，使用默认值。
- Alignment：Finger 的对齐方式，图示中 Finger 与打线方向一致。
- Snap point：金线与 Finger 连接时，Finger 上的捕捉点。

（4）Default Placement Options 选项：此选项的设置如图 4.67 所示，其中的详细说明如下所示。

- Bubble：添加金线与 Finger 时的推挤方式。
- Style：添加金线与 Finger 的放置方式，On Path 是指放置在 Wire Bond guide line 上。

其他选项的功能读者可以自己摸索。

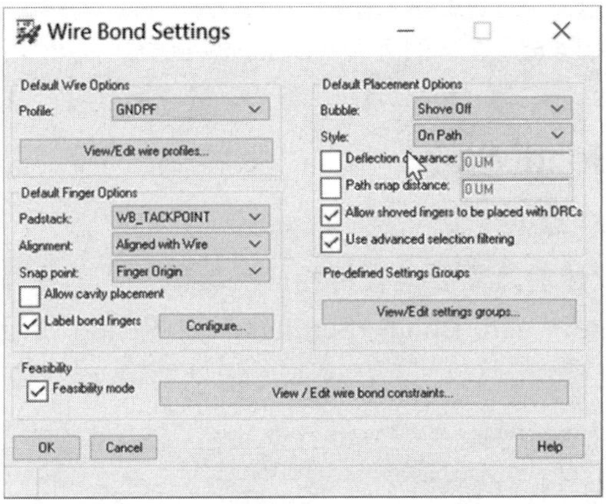

图 4.67 Wire Bond Settings 参数设置对话框

（5）单击 View/Edit wire profiles 按钮，进入 Wire Profile Editer 对话框，按照如图 4.68 所示的数据填写，这里的设置会影响到金线的 3D DRC 检查，并在一定程度上可以作为 Wire Bond 工艺的参考。

- Active Profile：选择 GNDPF，编辑当前的线型。

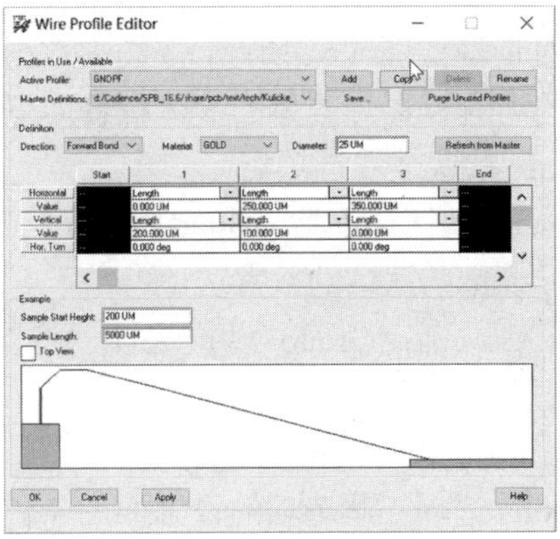

图 4.68 Wire Bond 线型设置对话框 1

- Definition：参照图 4.68 定义金线的方向（Direction）、材料（Material）、直径（Diameter），并在下面的表格中定义每段线弧的形状；右击表头，可以为线型插入弧段并编辑。编辑的同时可以在 Example 栏预览效果。

读者也可以在 Profiles in Use/Available 栏 Master Definitions 选项的下拉菜单中选择 Kulicke And Soffa Certified Wire Profiles，并在下拉菜单中选择相应的弧型，如图 4.69 所示。弧型设置完毕，单击 OK 后返回 Wire Bond Settings 对话框。

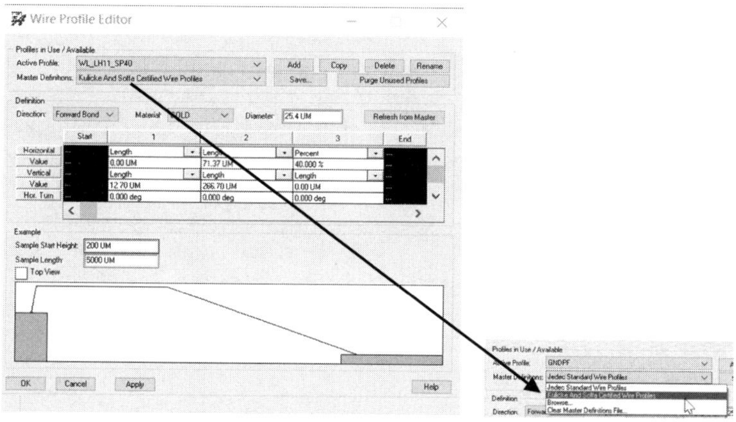

图 4.69　Wire Bond 线型设置对话框 2

（6）单击 View/Edit setting groups 进入 Pre-defined Wirebond Settings 对话框，单击 Add 按钮，按如图 4.70 所示填写数据。

在这里可以把不同的设置组合定义成 Group，在后续做金线互连时直接调用，简化操作。如图 4.70 所示是名称为 WB1 的 Group 设置，仅做参考，也可为此 Group 指定 Master Definitions。

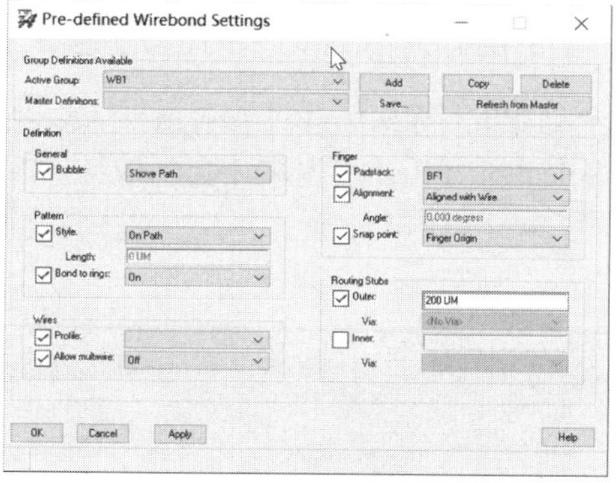

图 4.70　Wire Bond 参数设置编组对话框

（7）在 Feasibility 选项栏下，选中 Feasibility Mode 复选框，使约束规则生效后再单击 View/Edit Wire Bond constraints，进入 Global Wire Bond Constraints 对话框，如图 4.71（a）所示。

本对话框有 Fingers 和 Wires 两个标签页，分别对应金手指和金线的规则设置。参照图 4.71 中数据进行设置，各参数的意义在对话框右侧 Description 栏中有图示和说明。

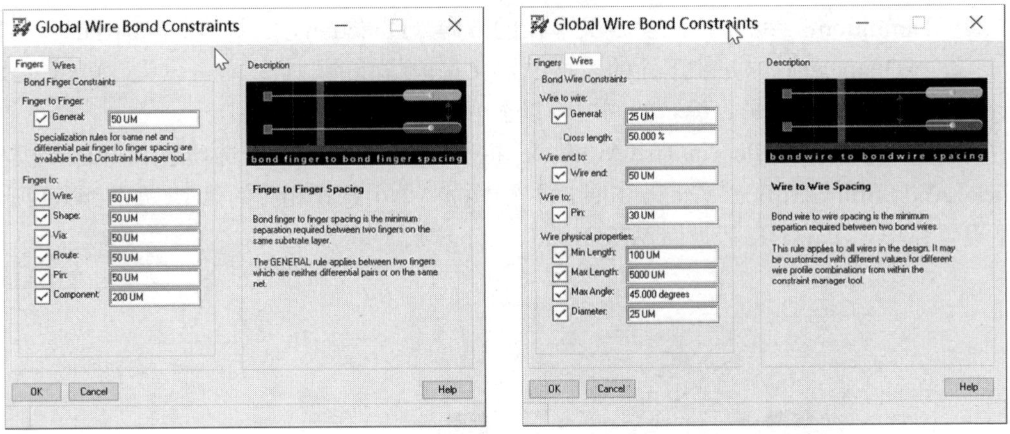

（a） （b）

图 4.71　Wire Bond 约束规则设置对话框

4.4.4　添加金线

Wire Bond 的设计是整个项目设计中的一个重要环节，复杂的 Wire Bond 设计往往决定了封装方案的选择。下面详细讲解 Wire Bond 的设计过程与步骤。

（1）执行菜单 Route→Wire Bond→Add，如图 4.72 所示。

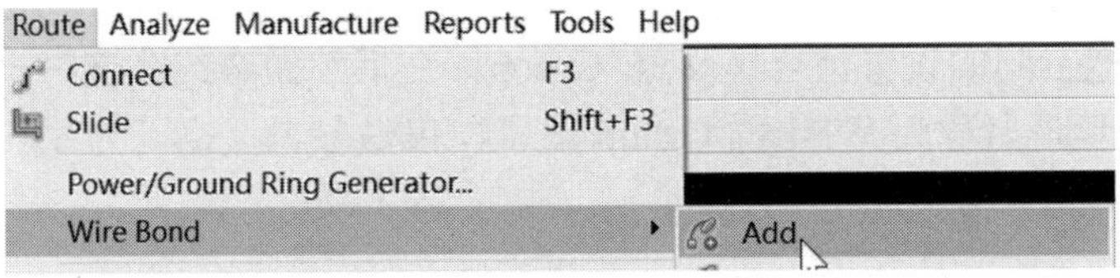

图 4.72　添加 Wire Bond 命令

（2）选中芯片最右侧一排 Pin，进入选择过滤对话框（必须在 Wire Bond Settings 对话框中，选中 Use advanced Selection filtering 选项才会生效），如图 4.73 所示，只选择 GND 网络。

（3）单击 OK。

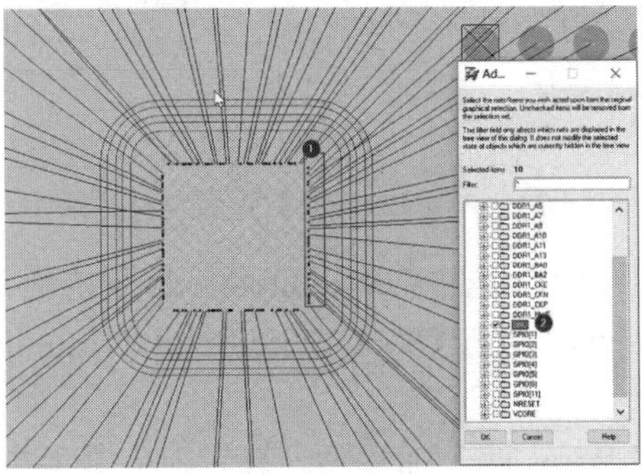

图 4.73　Wire Bond 高级过滤对话框

（4）在右侧 Options 选项卡中，默认设置如图 4.74（a）所示数据。Options 选项栏在这里添加新的 Bond Finger。

（5）在 Finger 栏中，单击 Add 按钮，进入 Bond Finger Padstack Information 设置对话框，如图 4.74（b）所示；如前面没有预先定义 Finger，可以在此定义。

定义新 Finger 参考说明如下所示。

- ❑ Method：选择 New，新建。
- ❑ Specigications：Name = BF1，Layer = Top_Cond；Padstack 中，Shape 选 Oblong（椭圆形），Width=150μm，Height=50μm。

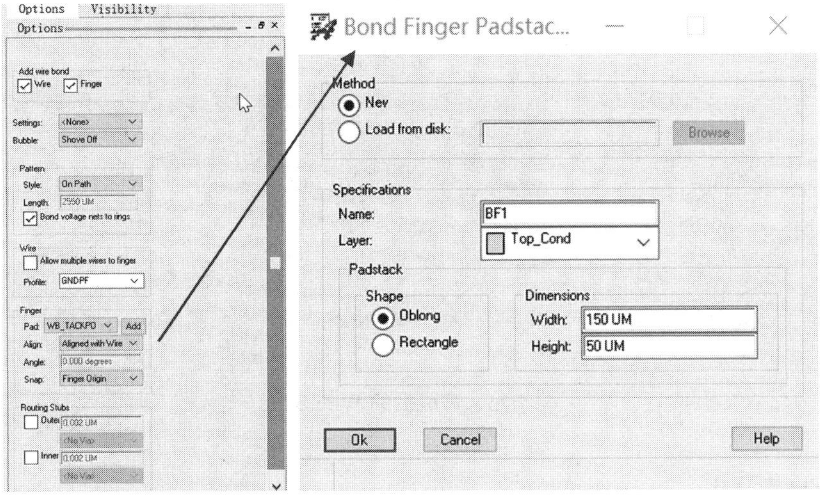

（a）　　　　　　　　　　　　（b）

图 4.74　Bond Finger Padstack Information 对话框

（6）单击 OK，返回添加金线的窗口。此时 Finger 栏中，Pad 选项下拉菜单中会出现刚创建的 WB_TACKPOINT，如图 4.75 所示。

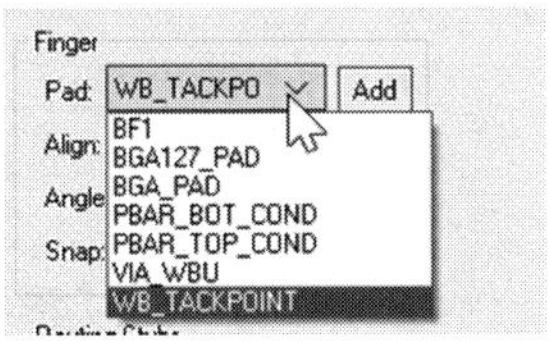

图 4.75　选择 Bond Finger 菜单

（7）主界面中拖动鼠标将 Wire Bond 和 Finger 放置在 Vss 的 Bond Guide Line 上，完成 GND 网络的 Wire 和 Finger 的添加，如图 4.76（a）所示，图中使用的是一个 WB_Tackpoint 的手指。

（8）重复步骤（1）～（7），分别向 VCORE、VDD1V5 和信号网络依次添加 Wire Bond 和 Finger。

其中 VCORE 和 VDD1V5 各自放置在自己的电源环上，使用 Finger 的焊盘为 WB_Tackpoint。信号放置在最外层的 Bond Guide Line 上，所用 Finger 为 BF1，效果如图 4.76（b）所示。

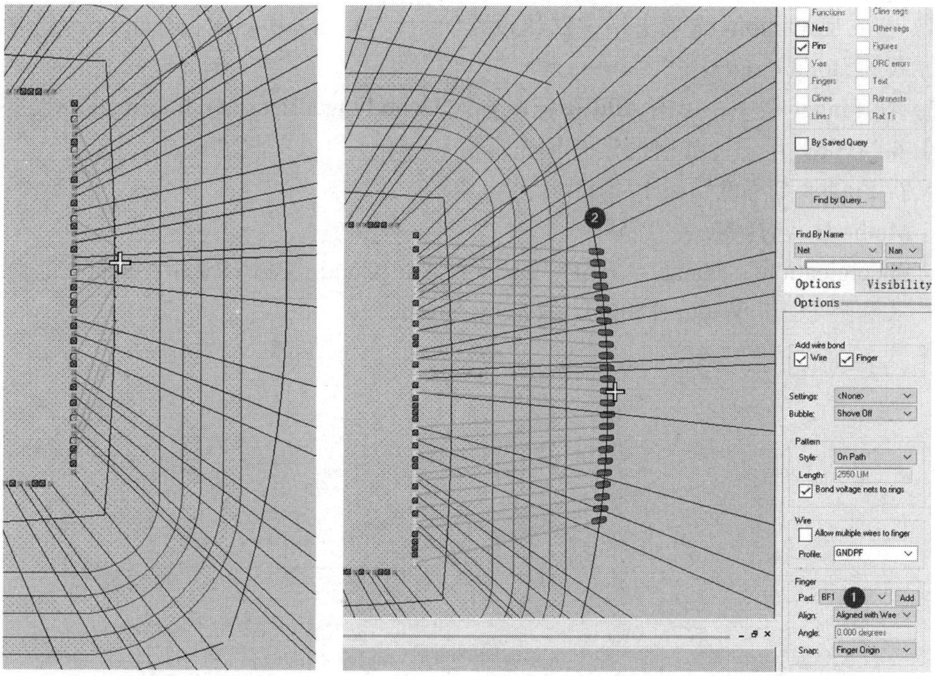

（a）（b）

图 4.76 完成后的 Wire Bond

4.4.5 编辑 Wire Bond

自动完成的 Wire Bond，有些出于高速或可加工性方面考虑需要进行优化，移动及调整过程的操作步骤如下所示。

（1）执行菜单 Route→Wire Bond→Edit，如图 4.77 所示。

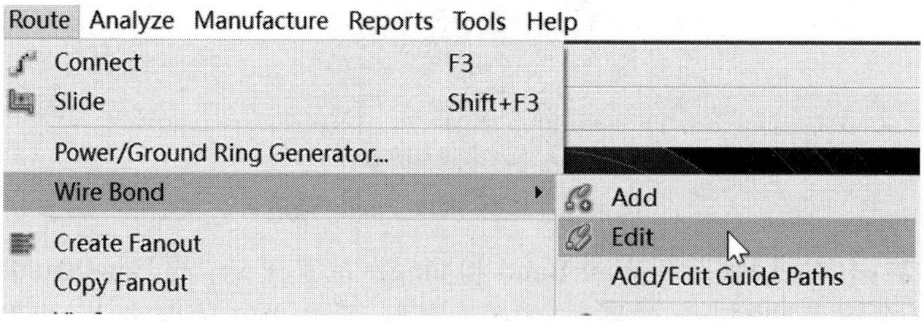

图 4.77 选择 Wire Bond 移动

（2）框选需要编辑的线，右击打开快捷菜单，选择 Move 命令，如图 4.78（a）所示，效果如图 4.78（b）所示。

（3）参照步骤（1）、（2），继续为芯片其他各边的 Pin 添加 Wire 和 Finger，完成整个芯片的扇出，最终效果如图 4.79 所示。

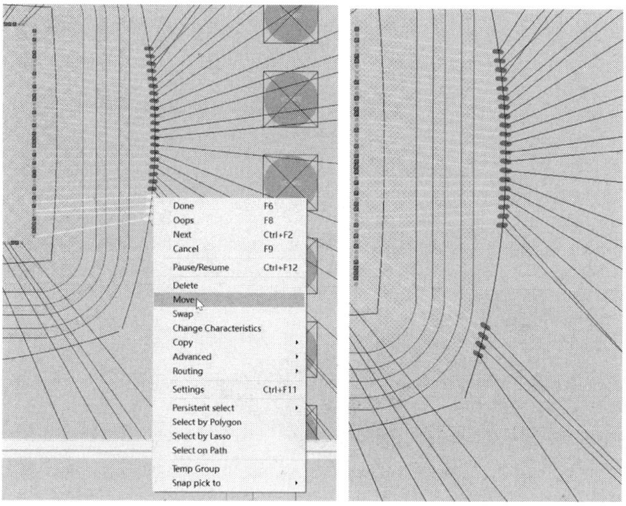

（a）　　（b）

图 4.78　编辑 Wire Bond 菜单及编辑后的结果

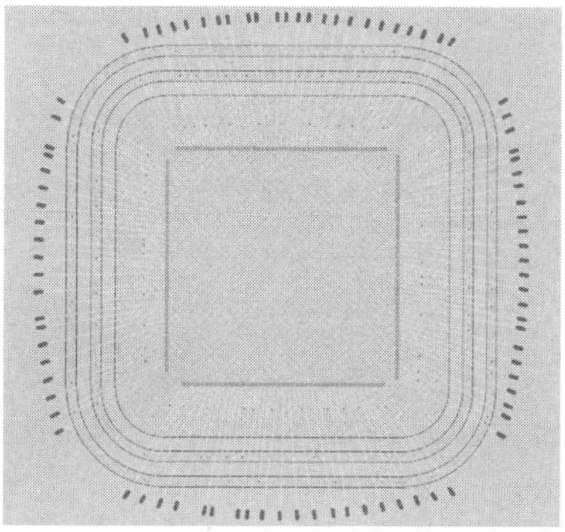

图 4.79　Wire Bond 完成后的芯片

4.4.6　显示 3D Wire Bond

通过把设计文件以 3D 的形式显示，可以更方便地查看设计的结构是否合理。具体步骤与过程如下所示。

（1）执行菜单 View→3D Model，如图 4.80 所示。

（2）弹出界面如图 4.81 所示，设置 3D Layer Stackup 中的层，单击 View 完成。DRC Rules 及 Options 的设置可以在单击 View 前完成，也可以在 3D 图形出现后设置，本例在 3D 图形出现后设置。

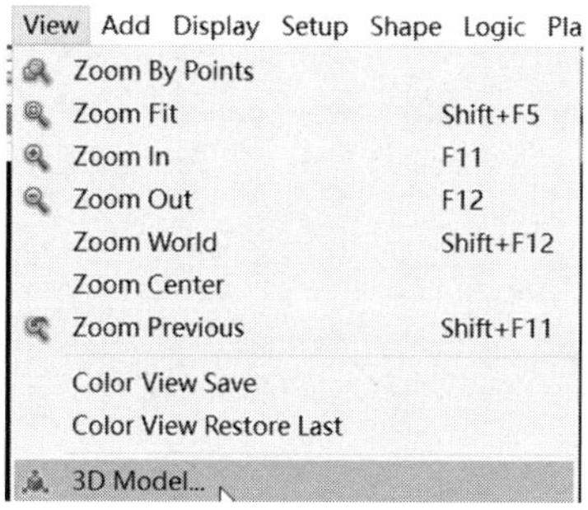

图 4.80　启动 3D Model

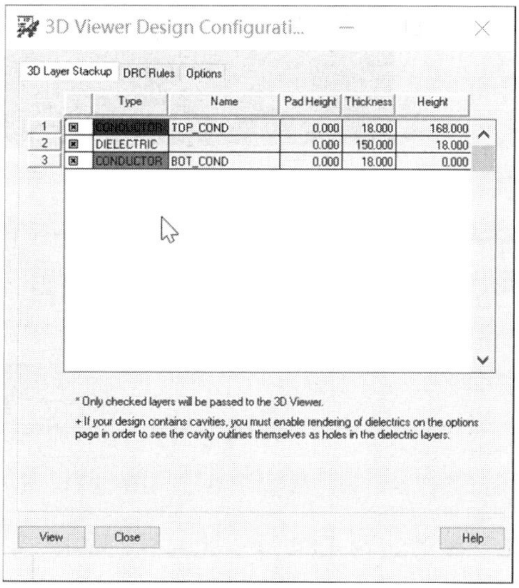

图 4.81　3D 数据设置

（3）3D 图显示后不同角度效果如图 4.82 所示，可以进行放大、缩小及平移等操作。鼠标操作说明如下。

- 左键：旋转。
- Ctrl+左键：快速旋转。
- 中键：平移。
- 右键：缩放。

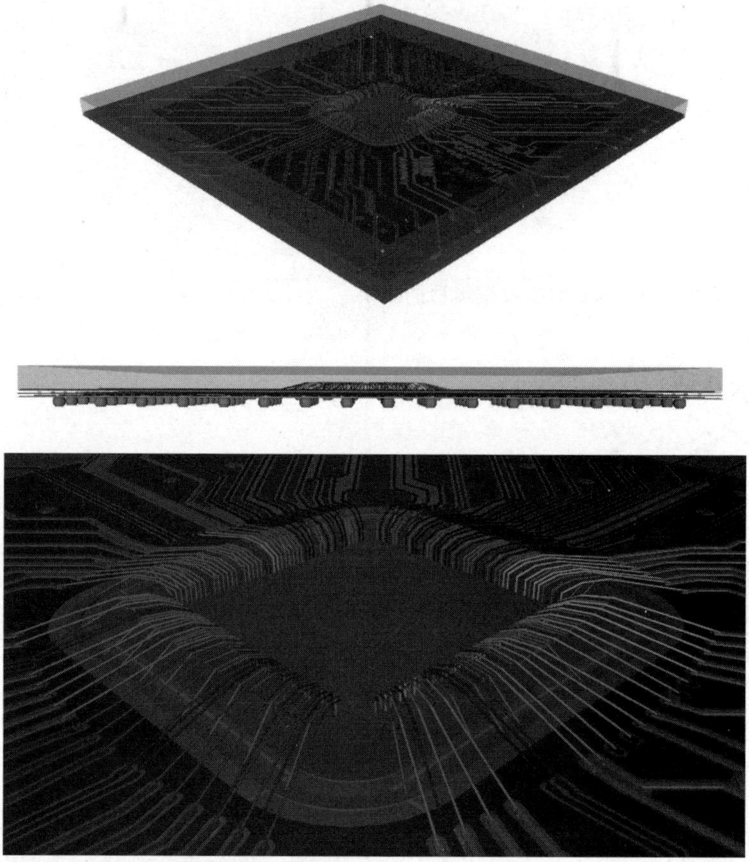

图 4.82　不同角度的 3D 显示效果

（4）设置检查规则。在 3D 显示界面下，还可以输入及修改规则，步骤如下所示。

a．菜单 DRC→Rules，如图 4.83 所示。

图 4.83　创建 3D 检查规则

b．参考如图 4.84 所示的数据及顺序进行相应的设置。

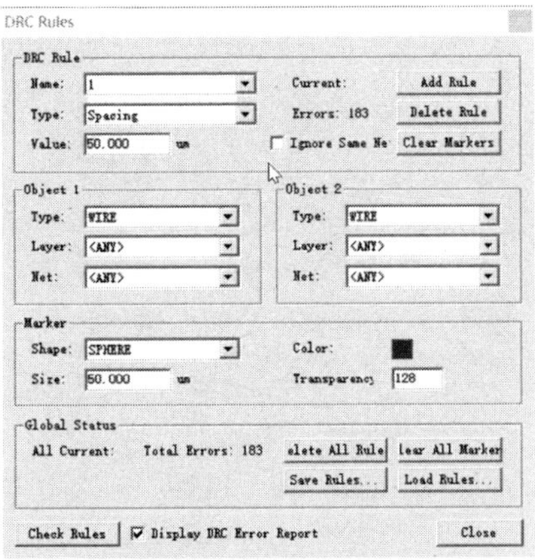

图 4.84　检查规则设置

c．单击 Check Rules 按钮，执行规则检查。

d．单击菜单 DRC→Report，生成检查报告。

如果选中图 4.84 中的 Display DRC Error Report 复选框，也会自动生成检查报告。检查报告的样例如图 4.85 所示。

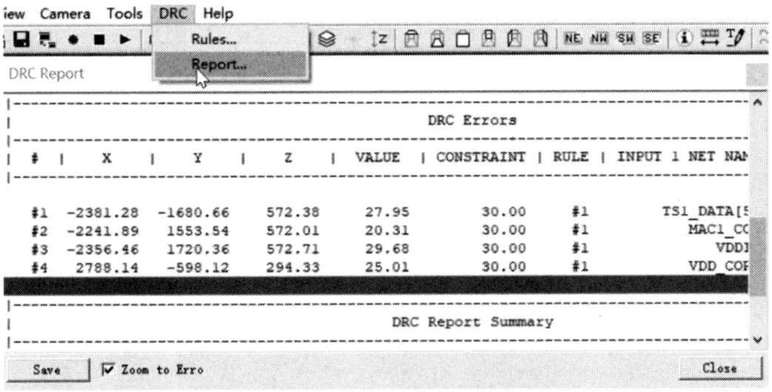

图 4.85　3D 检查报告样例

4.5　布　　线

金手指摆放时角度一般是与 Wire Bond 线同一个方向的任意角度，为从金手指引出线并使该线与金手指在同一个方向，可以通过特定的功能进行设置。下面介绍从与金手指相同的角度引出一截引线的方法。

4.5.1　基板布线辅助处理

（1）执行菜单 Route→Router→Route Radial。

（2）右边 Options 选项卡按如图 4.86 所示的设置，Route direction 的设置与线所在的方向要一致，每个网络拉出一小截线头，Top 层线宽设成 50μm。

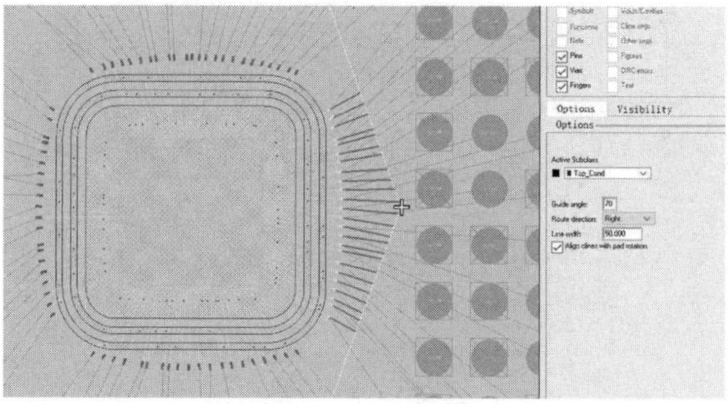

图 4.86　Route Radial

4.5.2　引脚的交换与优化

当一些引脚的网络需要调整位置时，可以使用下面的方法。

（1）执行菜单 Place→Swap→Pins 命令，如图 4.87 所示。

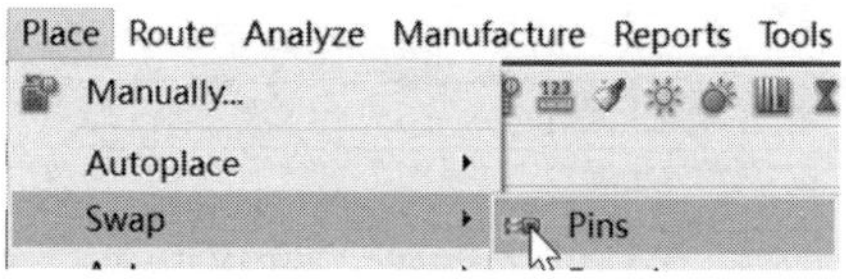

图 4.87　交换引脚命令

（2）根据实际情况进行引脚交换，例如交换两个引脚。

（3）交换前后对比效果如图 4.88 所示，圈内交叉的线已变得通顺。

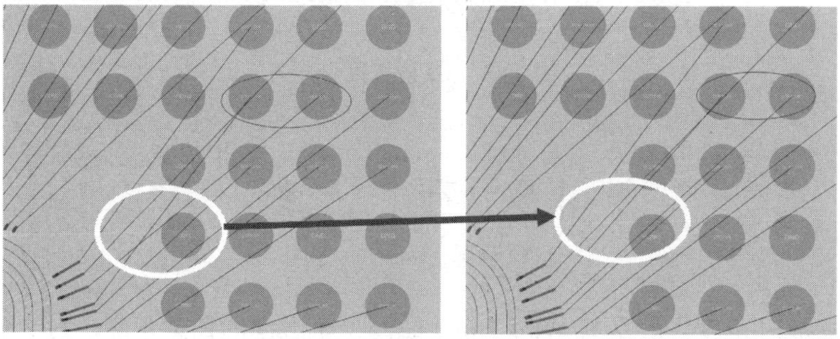

图 4.88　交换结果前后比较

4.5.3　整板布线

设置完成后，接下来就是对整板进行布线，布线过程的主要操作如下所示。

1．复制过孔阵列

（1）执行菜单 Route→Connect 命令，如图 4.89 所示。

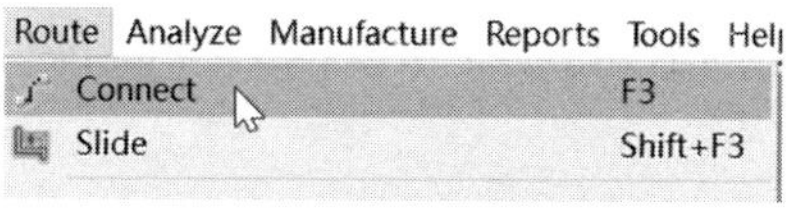

图 4.89　Connect 命令菜单

（2）选中 BGA 左下角的引脚，右击后从菜单选择 Add Via（也可通过双击加入过孔）。如图 4.90（a）所示，则在此 Ball pad 上添加了从 Top_Cond 到 Bot_Cond 层的过孔，如图 4.90（b）所示。

（3）右击后单击 Done 完成。

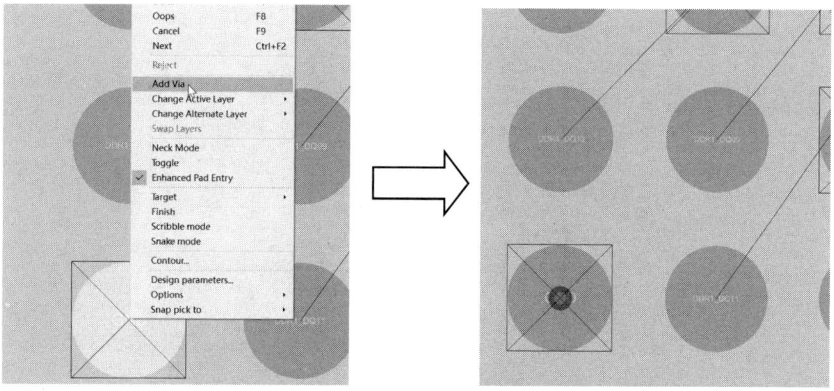

（a）　（b）

图 4.90　添加 Via 菜单及添加后的效果图

（4）单击刚刚添加的过孔（Via），在 Options 选项卡中参照图 4.91（a）的参数设置用于阵列复制。

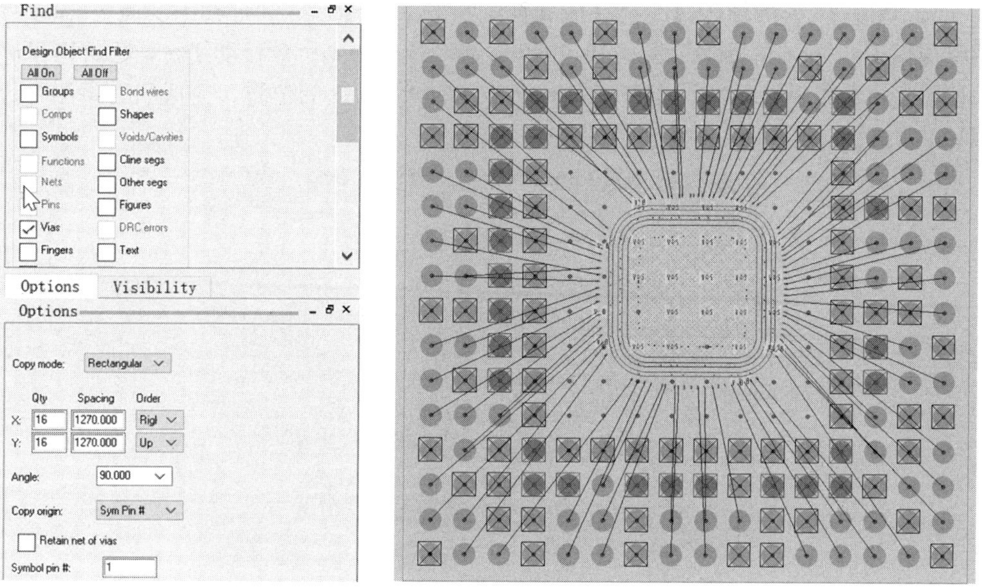

（a）　（b）

图 4.91　阵列复制过孔

（5）单击 BGA 最左下角的 Ball pad，所有的 Ball pad 都添加上了过孔，如图 4.91（b）所示。

（6）右击后单击 Done 结束复制命令。

2. 连接所有信号线

下面将把所有信号线连接起来，布线的操作过程如下所示。

（1）执行菜单 Route→Connect 命令。

（2）连接每个 Finger 与 BGA Ball 间的连线。单击芯片左下角的 Finger 处，拖动走线，连接到对应的 Via，完成一个网络的走线，如图 4.92 所示。

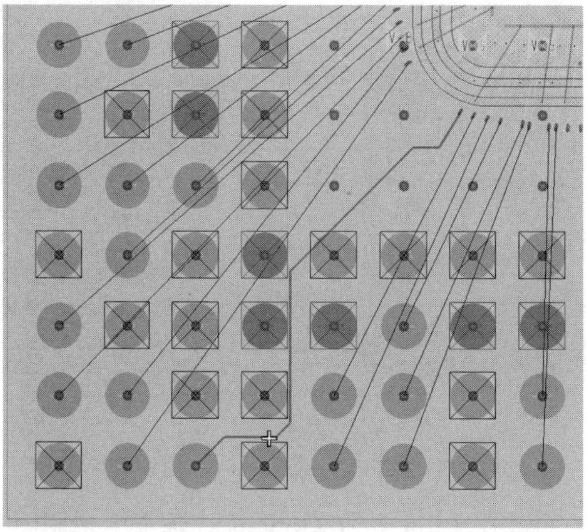

图 4.92　Connect 命令布线 finger 与 via 效果图

（3）重复（2）操作步骤继续完成其他网络的 Layout。这一过程中，通过 Pin swap 命令调整局部 Ball pad 的网络分配，通过 Slide 命令或 Move 命令移动 Trace 走线和 Via 的位置，使 Trace 走线更加顺畅，还需要移动 Wire Bond Finger 的位置，完成所有网络 Layout，过程与 PCB Layout 一样，结果如图 4.93 所示。

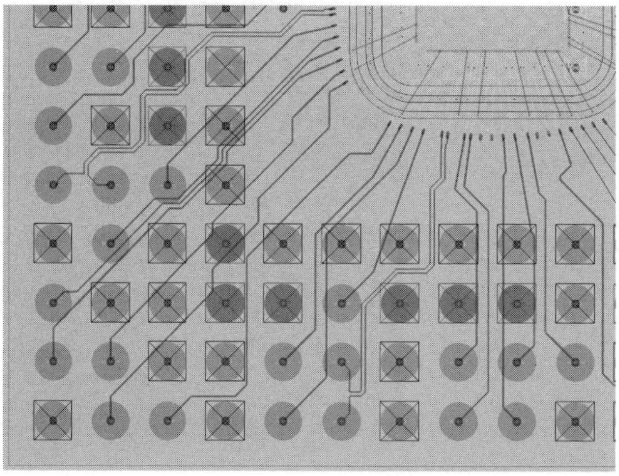

图 4.93　完成全部信号互连后的效果

3. 优化孔及去除 DRC

优化过程包括：去除多余的孔，把孔移动到 POWER RING 上，再去除 DRC，微调 Finger 位置，调整重要信号线，尽量使 POWER RING 完整等。最终布线结果如图 4.94 所示。

注：图 4.94 中的每个 BALL Pad 边上的过孔是通过 FANOUT 的方式产生的，即通过执行菜单命令 Route→Create Fanout 生成，与上面的复制方式不尽相同，实际工程中使用的方法多种多样，不同的封装采用的方式可能会不同。

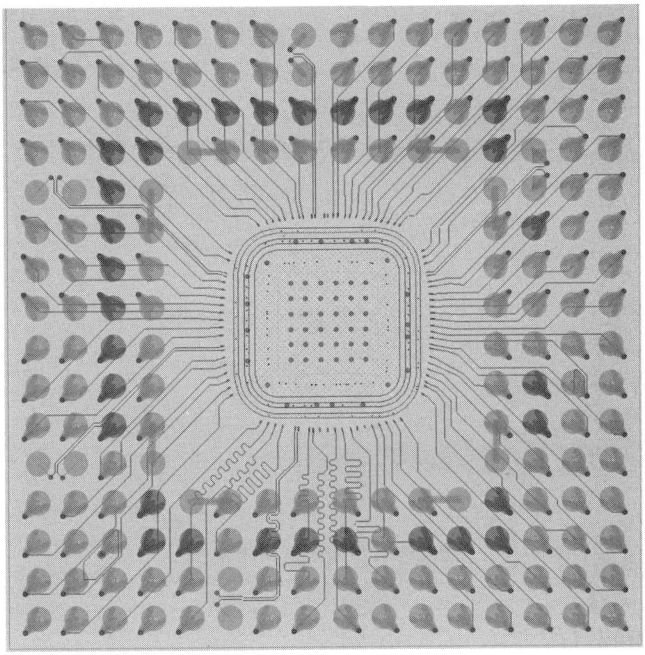

图 4.94　信号布线效果图

4.5.4　铺电源/地平面

电源、地平面及铜皮是封装设计的重要元素，在本例中只有两层，即 Top 层及 Bottom 层，因而电源及地的处理是通过铺铜的方式进行的，铜皮的设计方式多种多样，技巧也很多，要设计成什么形状可根据实际的情况处理。

下面介绍在顶层铺一块铜皮并赋网络属性为 VDD1V5 的过程，操作步骤如下所示。

（1）执行菜单 Edit→Z-Copy，如图 4.95（a）所示。按图 4.95（b）所示对 Options 栏进行设置，然后在主窗口中单击 BGA 的 Outline，则在 Conductor/Top 层复制了一层相对 Outline 内缩 100μm 的平面 Shape。

铜皮复制完成后效果如图 4.95（c）所示，下面将给此铜皮赋上网络属性 VDD1V5。

（2）执行菜单 Shape→Select Shape or Void/Cavity，如图 4.96（a）所示。选中刚刚复制的平面 Shape，在 Options 栏 Assign net name 的下拉菜单选择 VDD1V5，网络，如图 4.96（b）所示，则此平面被附上 VDD1V5 网络属性。

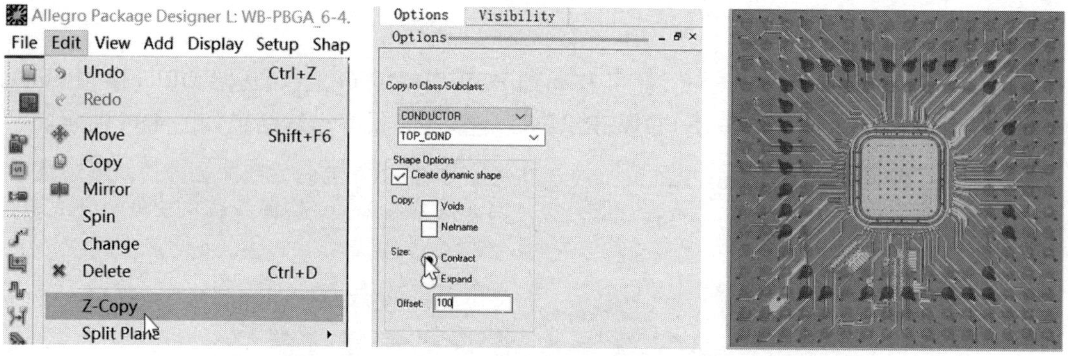

（a） （b） （c）

图 4.95 铜皮 Z-copy 命令菜单及 Options 选项设置

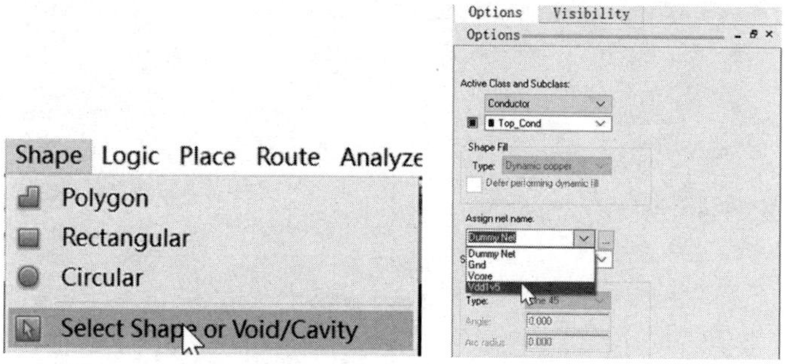

（a） （b）

图 4.96 Shape 赋网络示图

4.5.5 手动创建铜皮

下面介绍手工创建铜皮的方法，在底层创建一小块网络为 VCORE 的铜。

（1）执行菜单 Shape→Polygon，如图 4.97（a）所示。在 Options 栏中将 Assign net name 选择为 VCORE 网络，如图 4.97（b）所示。

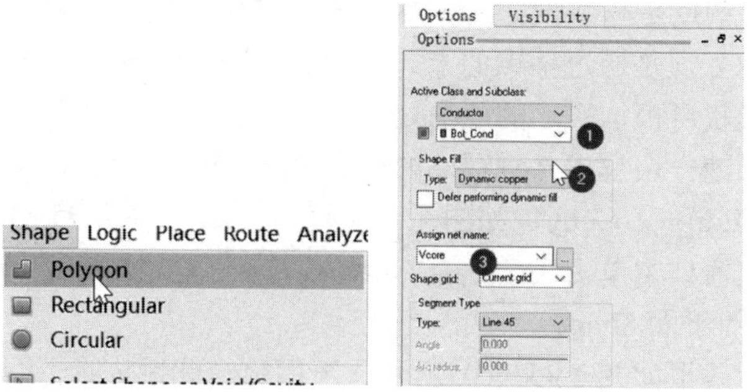

（a） （b）

图 4.97 添加 Shape 命令菜单及 Options 选项设置

（2）在底层画出如图 4.98 所示的效果铜皮。

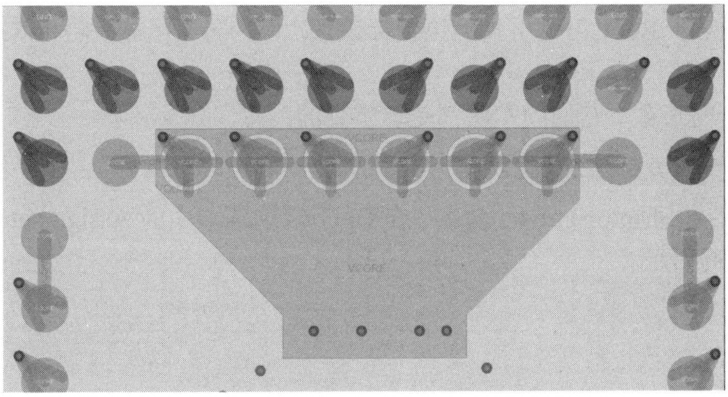

图 4.98　添加 Shape 后的效果图

（3）把图 4.98 中的铜皮上、下、左、右对称复制后，再加入其他的铜皮，最后的整体效果如图 4.99 所示。

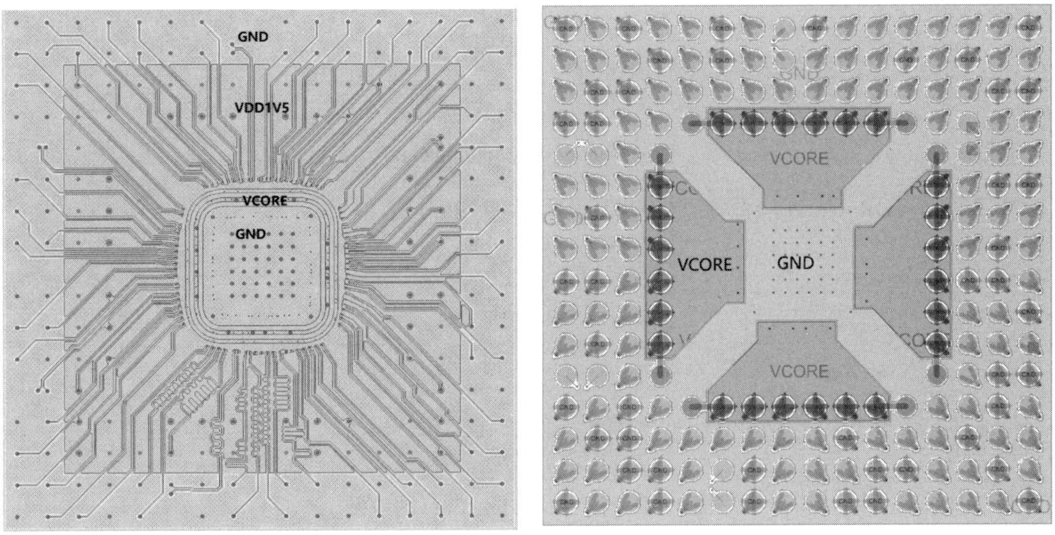

Top Loyer（顶层）　　Botton Layer（底层）

图 4.99　最终顶层及底层铜皮效果

4.6 工程加工设计

4.6.1 工程加工设计过程

添加 Molding Gate 和 Fiducial Mark。

- ❑ Molding Gate：是指封装加工工艺中，进行塑封工序时，注胶的入口。
- ❑ DA Fiducial Mark：在芯片贴装工序（Die Attach）中，作为光学基准定位点。

- Pin1 Mark：BGA 第一引脚的位置标识点，作为防呆措施，防止 SMT 贴装时 BGA 旋转。

从基板的角度来看，它们的本质都是镀了金的铜皮。

1．Molding Gate 的添加过程

（1）执行菜单 Shape→Polyon 命令。在 Options 选项卡中的 Assign net name 选择 GND 网络，如图 4.100 所示。

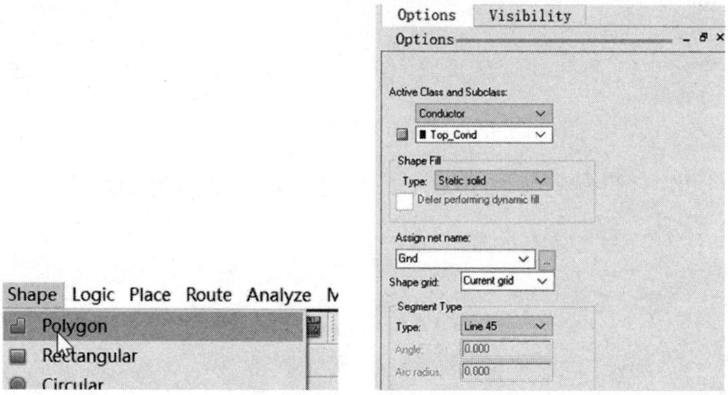

图 4.100　添加 Molding Gate

（2）在 TOP_Cond 层添加如图 4.101 所示的 Shape。

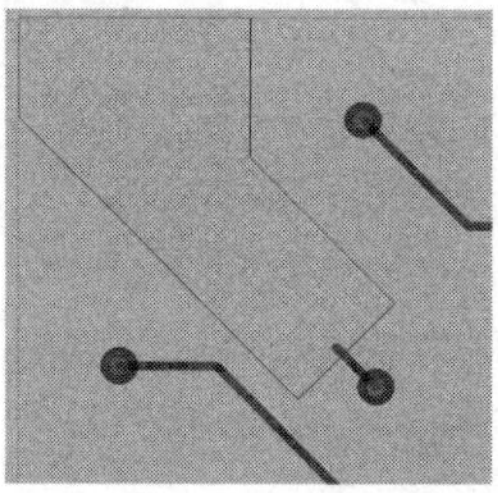

图 4.101　添加 Molding Gate 的效果

2．添加阻焊开窗

为 Molding Gate 添加阻焊开窗，具体步骤如下所示。

（1）执行菜单 Edit→Z-Copy，如图 4.102（a）所示。在 Options 栏中，选择 SUBSTRATE GEOMETRY/SolderMask_Top 层，Offset=35μm，如图 4.102（b）所示。

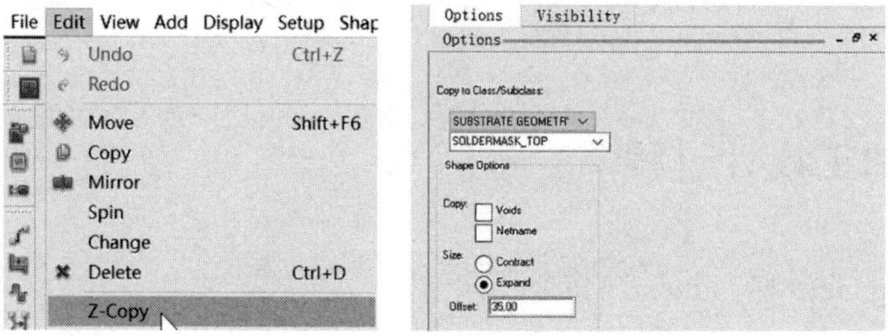

（a）　　　　（b）

图 4.102　添加阻焊开窗命令及设置

（2）单击刚创建的 Molding Gate，单击 Done，完成复制。Substrate Geometry→SolderMask_Top 层复制出了 Molding Gate 的阻焊开窗，如图 4.103 所示。

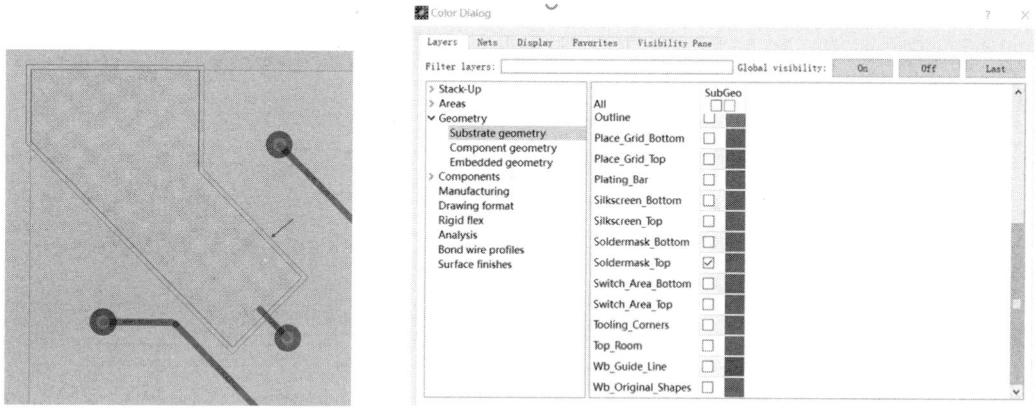

（a）　　　　（b）

图 4.103　Molding Gate 添加阻焊开窗的效果

（3）重复步骤（1）、（2），在芯片的左下角和右上角分别添加铜皮和阻焊开窗作为装配时的 Fiducial Mark，如图 4.104 所示。

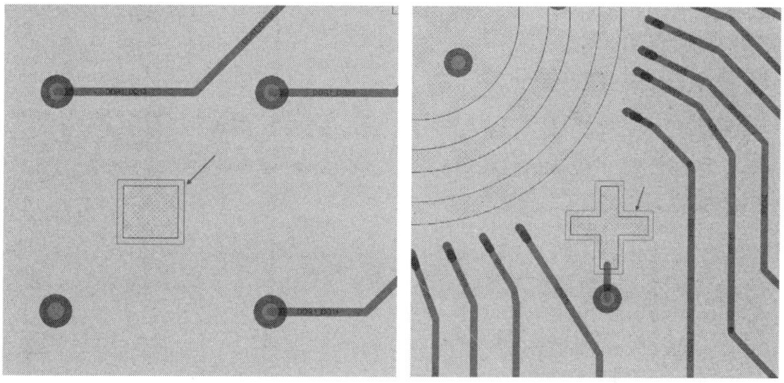

图 4.104　Fiducial Mark 完成后的效果图

（4）在基板底层加入铜皮，并在 Solder Bottom 加入 Offset 为 35μm 的阻焊层，最终效果如图 4.105 所示。

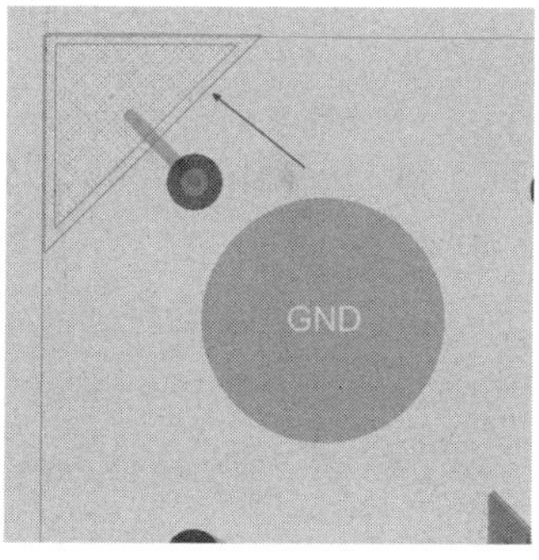

图 4.105　完成 Pin1 Mark 的效果图

4.6.2　添加电镀线

根据电镀工艺选择，每个电镀的网络需要引出一根电镀线（Plating Bar）。下面讲解添加电镀线的具体操作步骤。

1．手动添加电镀线

下面将在 Top_Cond 和 Bot_Cond 层为所有的网络添加走线，并将走线引出板框（Outline）的边沿。引出线宽为 50μm，最长引出长度为 2500μm，如图 4.106 所示。

Objects		Referenced Physical C Set	Line Width		Neck		Min Line	Prima
			Min	Max	Min Width	Max Length		
Type	S	Name	um	um	um	um	um	u
*		*	*	*	*	*	*	*
Dsn		Proj1_16_routed1_cm	DEFAULT	25.000:50.000..	0.000	20.000:25.000..	0.000:2500.00..	48.000	0.000
PCS		DEFAULT		25.000:50.000..	0.000	20.000:25.000..	0.000:2500.00..	48.000	0.000
LTyp		Die Stack		25.000	0.000	20.000	0.000	48.000	0.000
LTyp		Conductor		50.000	0.000	25.000	2500.000	48.000	0.000
Lyr	2	TOP_COND		50.000	0.000	25.000	2500.000	48.000	0.000
Lyr	3	BOT_COND		50.000	0.000	25.000	2500.000	48.000	0.000
LTyp		Plane		50.000	0.000	75.000	0.000	48.000	0.000
PCS		PCS_DATA0		25.000:45.00..	0.000	20.000:25.000..	0.000	0.000	0.000

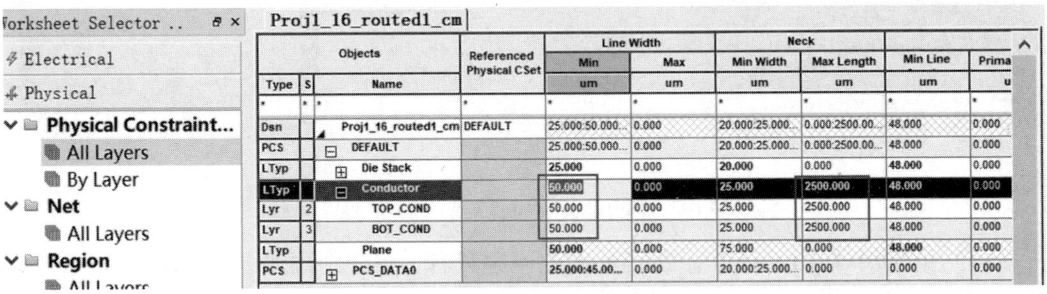

图 4.106　Plating Bar 引出线参数设置

手动添加电镀线的操作如下所示。

（1）执行菜单 Route→Connect。

（2）部分引出线的效果如图 4.107 所示。在实际工程中，所有网络都需引出线。

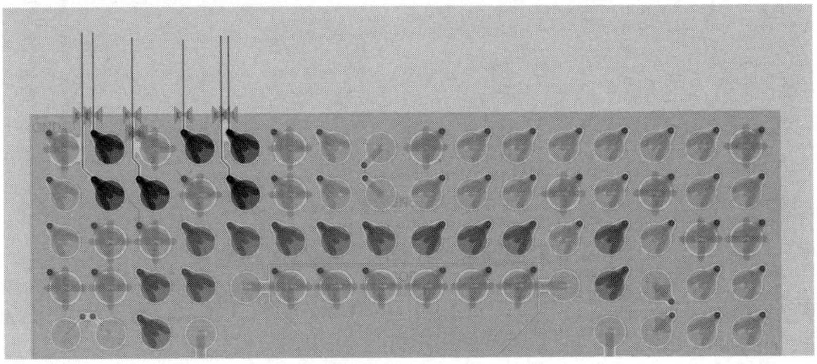

图 4.107　为部分网络添加电镀线的效果

2．创建 Plating Bar

手动把所有网络都引线到板框外后，创建的 Plating Bar，相当于一个元件，执行下面的操作步骤。

（1）执行菜单 Manufacture→Create Plating Bar，如图 4.108 所示。

图 4.108　创建 Plating Bar 命令

进入 Create Plating Bar 对话框，按如图 4.109 所示的参数进行设置。

单击 Create 后 Plating Bar 创建完成，效果如图 4.110 所示。生成一个 Plating Bar 外框，引出的电镀线都接在上面。本例只选几根网络做样例，实际工程中全部网络都要先从顶层或底层引出。生成 Plating Bar 后需要检查是否有网络没有被引出，这时可以使用软件的自动检查功能。

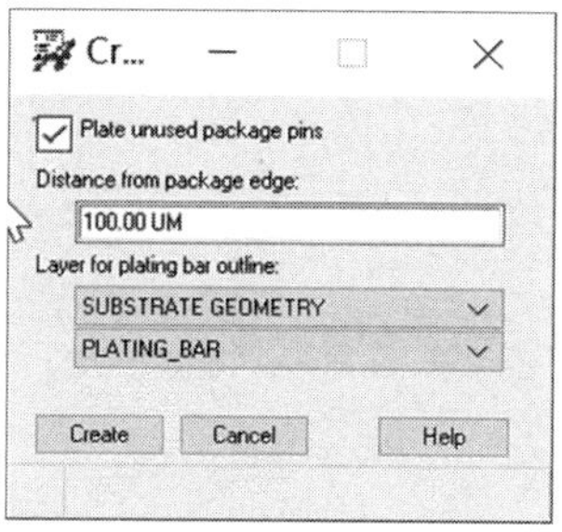

图 4.109　创建 Plating Bar 对话框

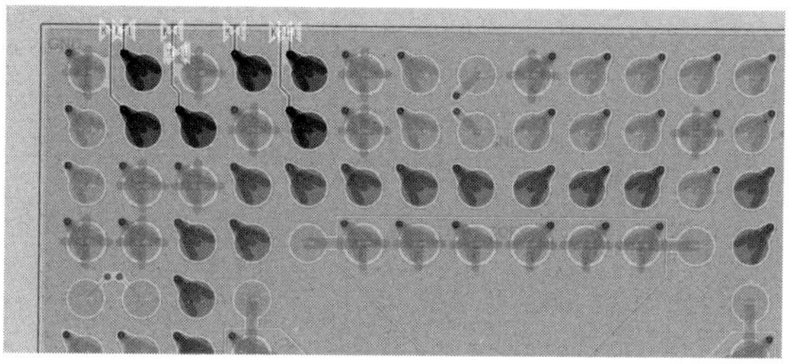

图 4.110　Plating Bar 完成效果

（2）单击菜单 Manufacture→Plating Bar Check，如图 4.111 所示，进入 Plating Bar Check 对话框。

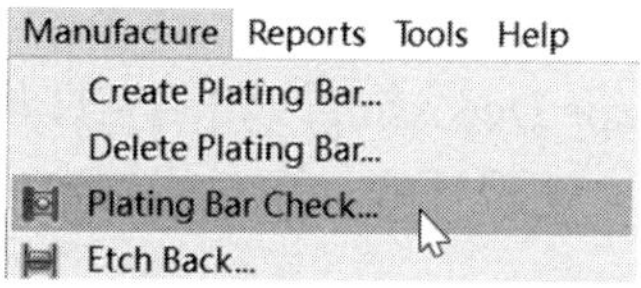

图 4.111　Plating Bar Check 命令

（3）在 Plating Bar Check 对话框中，按如图 4.112 所示参数进行设置。单击 OK，开始检查。

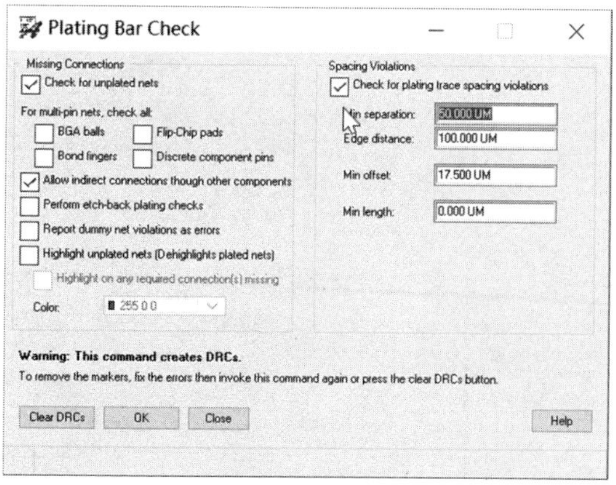

图 4.112　Plating Bar Check 对话框

（4）检查报告。

检查完成后，弹出检测报告，如图 4.113 所示。本例中检测报告显示没有连接到 Plating Bar 的网络，表示该布线在基板加工时不会被镀金。用户需要确认这些错误，判断如何进行修改。

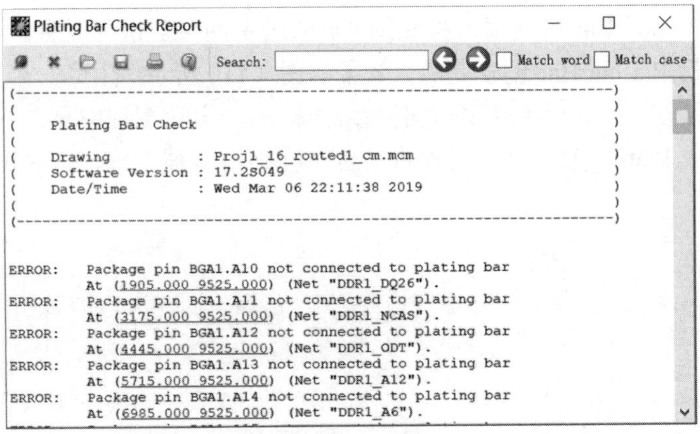

图 4.113 检测报告

4.6.3 添加排气孔

有较大铜皮的表层，需要在铜皮处添加一些排气孔，可以在加工时排除铜皮与 PP 间的空气，具体步骤如下。

（1）单击 Manufacture→Shape Degassing，如图 4.114 所示。

（2）进入 Degassing 对话框，在设计窗口中单击 Die Flag 铜皮，Degassing 的具体设置可以参照图 4.115 的参数。

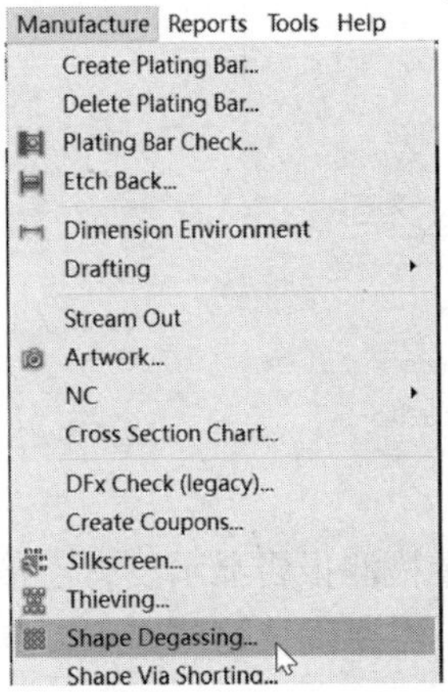

图 4.114 Shape Degassing 命令菜单

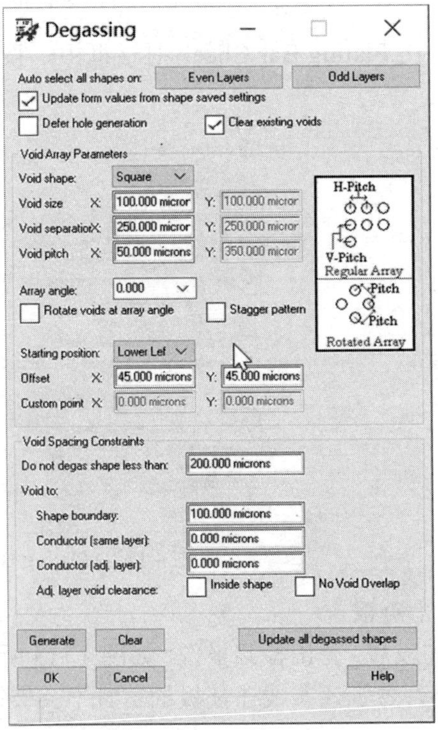

图 4.115 Degassing 对话框

（3）选中 Die 下面的铜皮，单击 Generate，生成 Degas Void，效果如图 4.116 所示。

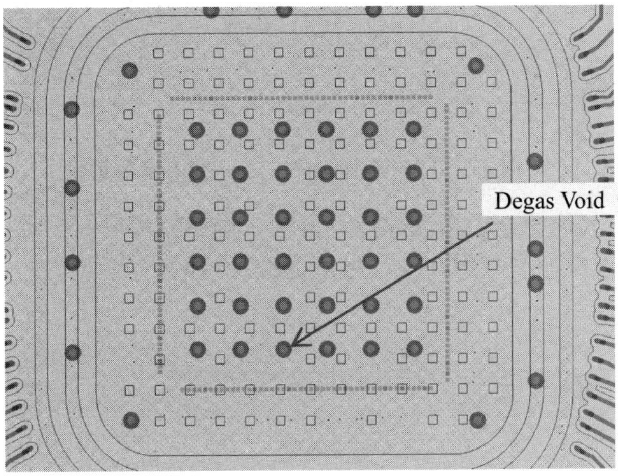

图 4.116　添加排气孔后的 Die Flag

4.6.4　创建阻焊开窗

出于加工等方面的需要，封装时许多地方需开阻焊窗。金手指开阻焊窗的过程如下所示。

（1）单击 Manufacture→Creating Bond Finger Sodermask，在 Options 选项卡中，设置开窗比金手指单边大 35μm，如图 4.117 所示。

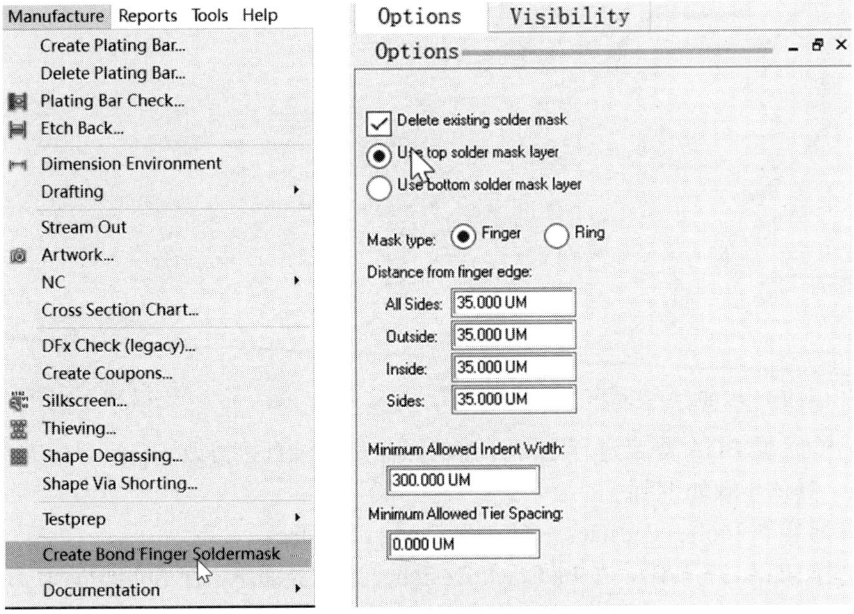

图 4.117　创建金手指阻焊开窗命令

（2）选择金手指进行阻焊开窗。在主窗口按住左键，框选需要创建阻焊开窗的金手指，松开左键，则阻焊开窗被创建，如图 4.118 所示。

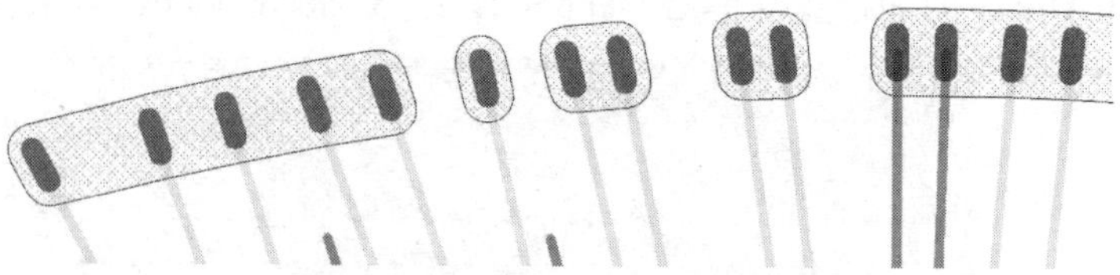

图 4.118　创建 Bond Finger 阻焊开窗效果图

（3）继续框选其他的金手指创建阻焊开窗，全部完成后右击单击 Done 结束命令，则最终所有的金手指都添加了阻焊开窗，效果如图 4.119 所示。

图 4.119　所有金手指阻焊开窗完成的效果图

（4）给铜皮及 Power Ring 增加阻焊开窗。使用 Z-Copy 命令，把对应铜皮复制到 Solder Mask 层，分别对 Die Flag 和 Power/Ground Ring 创建阻焊开窗，效果如图 4.120 所示，顶层所有阻焊开窗完成的效果如图 4.121 所示。

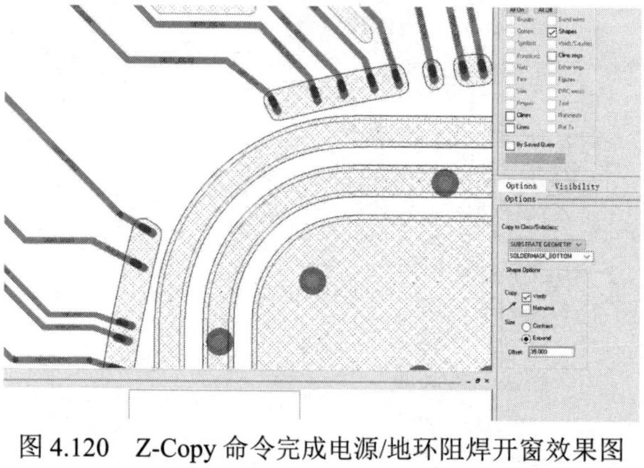

图 4.120　Z-Copy 命令完成电源/地环阻焊开窗效果图

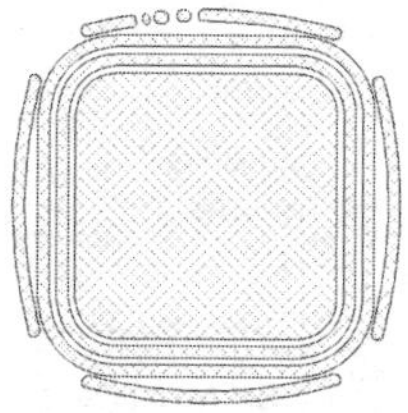

图 4.121　顶层开窗

（5）给底层 BGA 焊盘进行阻焊开窗的操作是通过直接修改 BGA 焊盘的库阻焊层的大小而成。具体步骤如下所示。

a．执行菜单 Tools→Padstack→Modify Design Padstack。

b．选择 BGA127_PAD，在 Padstack Designer 工具界面下，在 Soldermask_Bottom 为其添加阻焊开窗，如图 4.122 所示。

c．修改完后执行菜单，File→Update to Design 命令更新到设计文件，关闭 Padstack Designer 工具界面。

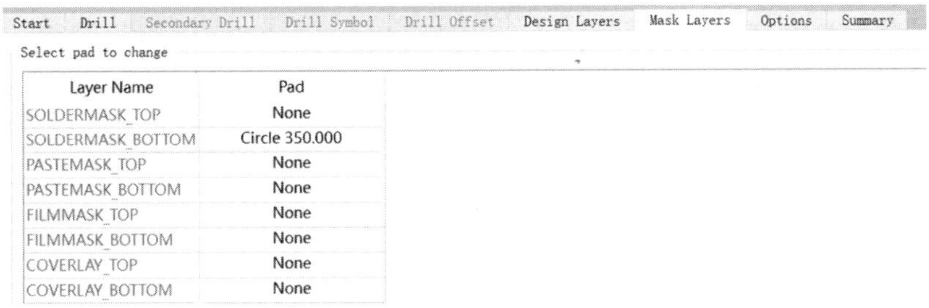

图 4.122　Padstack Designer 修改 BGA 焊盘阻焊开窗界面

4.6.5　最终检查

全部设计完成后，需要对设计进行最终检查，确保不存在未连接的网络和孤立的铜皮，并对 DRC 进行确认。

（1）单击 Display→Status，在如图 4.123 所示的 Status 对话框中，确认 Symbols and nets 和 Shapes 栏是否都为绿色，如不是绿色则需要根据经验及实际情况确认是否需要修正。

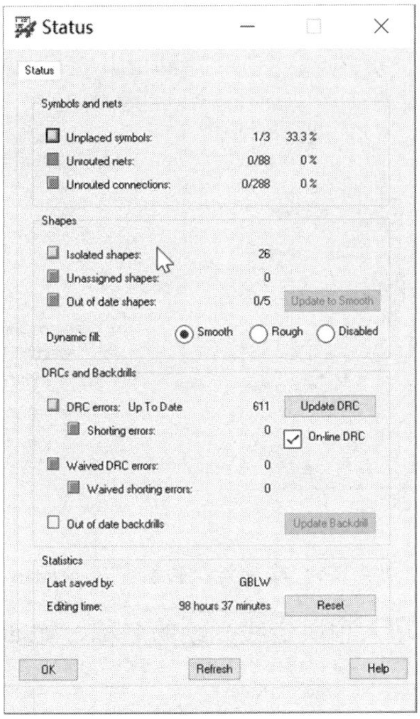

图 4.123　Status 对话框

4.6.6　创建光绘文件

设计完成后，需要制作光绘文件及加工文件，光绘文件会送到工厂进行生产，创建过程如下。

1. 设置各层光绘文件

（1）执行菜单 Manufacture→Artwork 命令，如图 4.124 所示，进入 Artwork Control Form 对话框。

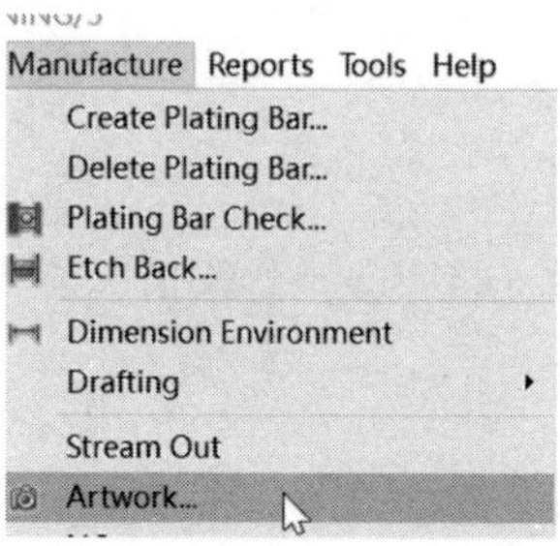

图 4.124　制作光绘文件

（2）顶层布线光绘创建。将所有的顶层走线及铜皮全部显示，同时关闭其他层，如图 4.125（a）所示。然后在已有光绘层任一层上右击，在右键菜单中选择 Add，如图 4.125（b）所示。

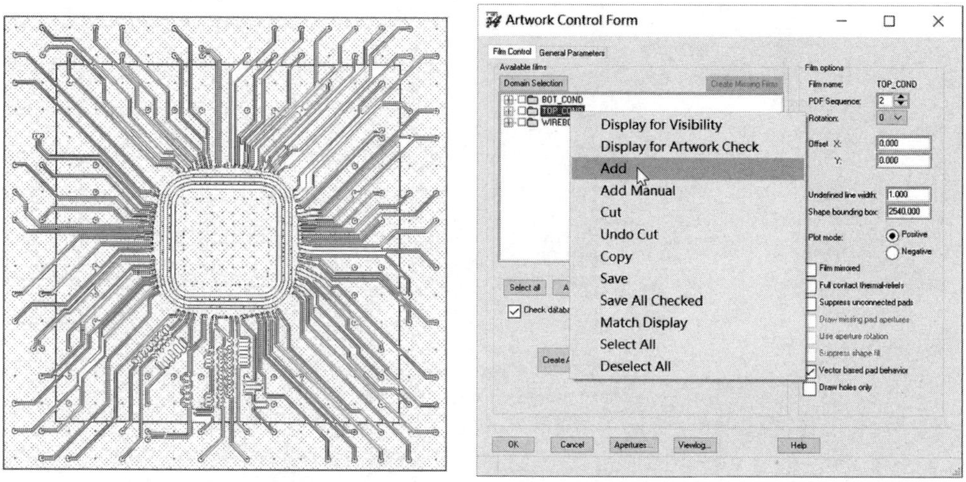

（a）　　　　　　　　　　　　（b）

图 4.125　添加光绘控制菜单及图示

（3）在弹出的对话框里填入顶层走线光绘的名称，如 art01，如图 4.126 所示。

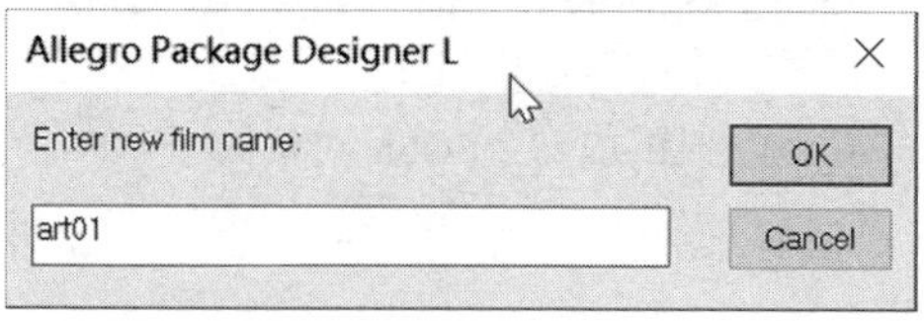

图 4.126　光绘命名对话框

（4）单击 OK 完成。返回到 Artwork Control Form 对话框，可以看到 art01 光绘层已经添加成功，展开目录可以看到其中包含的各层元素，如图 4.127 所示。

（5）重复步骤（1）～（4），可以添加如阻焊、钻孔等的全部光绘层。

2. 光绘输出参数设置

光绘输出参数设置在 General Parameters 选项卡中完成，具体设置参考图 4.128 所示。

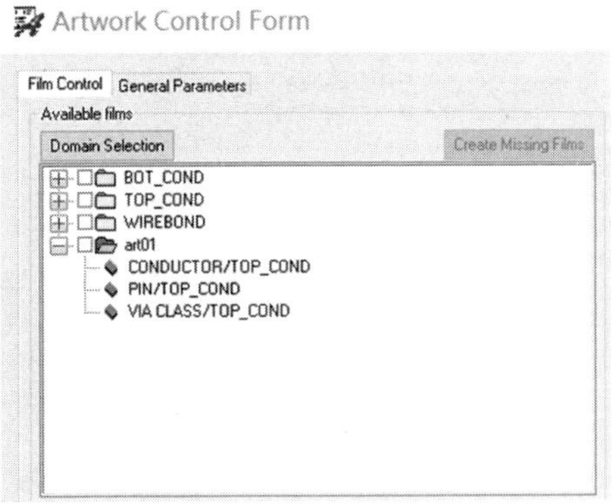

图 4.127　光绘层包含的元素

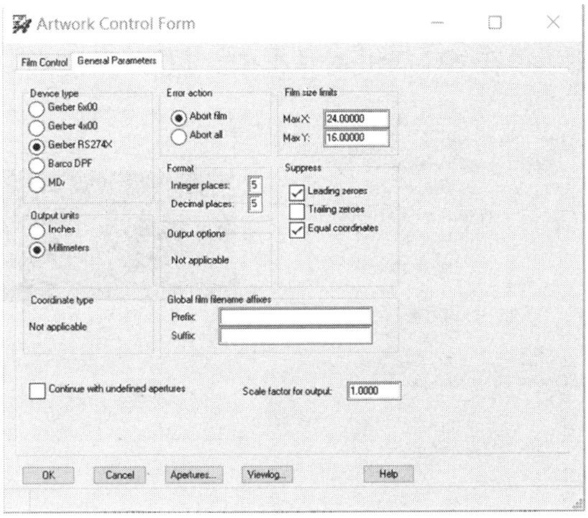

图 4.128　光绘输出的参数设置

3. 生成光绘

以下是生成光绘文件的过程。

（1）执行菜单 Create Artwork 命令。在 Film Control 选项卡中，单击 Select all，选中所有光绘文件，然后单击 Create Artwork，创建光绘。

（2）完成后，单击 OK 退出 Artwork Control Form 对话框。

此时，当前文件夹下生成如图 4.129 选中的 4 个选项所对应的光绘文件 art01.art，BOT_COND.art，TOP_COND.art，WIREBOND.art。

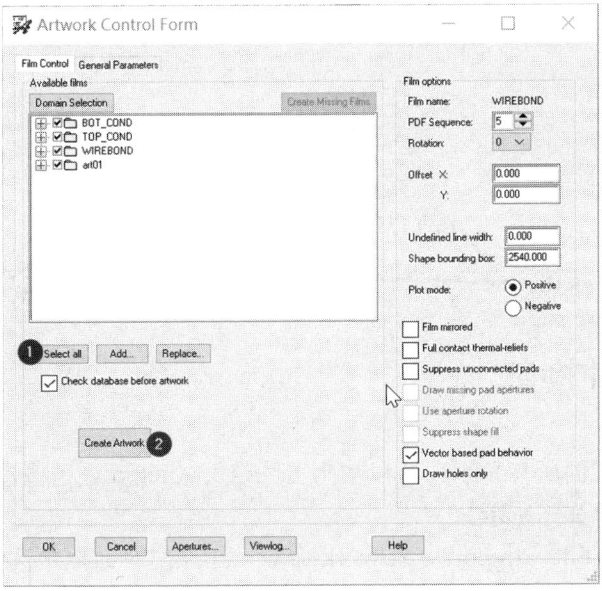

图 4.129　输出光绘命令窗

4．钻孔文件

光绘文件中的钻孔文件通过下面的步骤生成。

（1）执行菜单 Manufacture→NC→NC Drill，进入 NC Drill 对话框，如图 4.130（a）所示。在 NC Drill 对话框中，按图 4.130（b）所示参数进行设置。

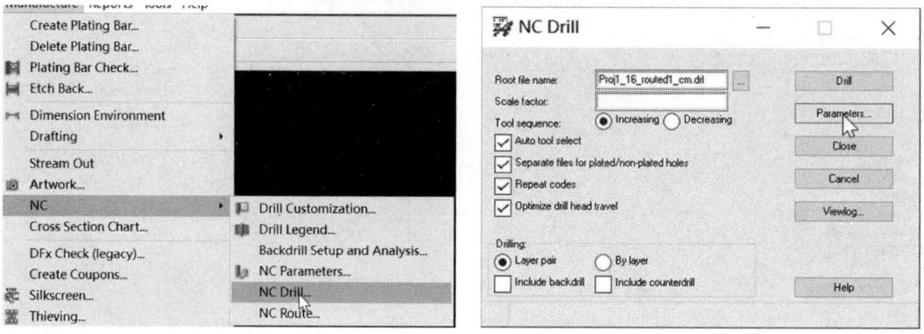

（a）　　　　　　　　（b）

图 4.130　输出钻孔命令参数

（2）单击 NC Parameters 按钮，在 NC Parameters 对话框中对钻孔参数进行设置。可参照图 4.131 中内容设置，完成后单击 OK，返回 NC Drill 对话框。

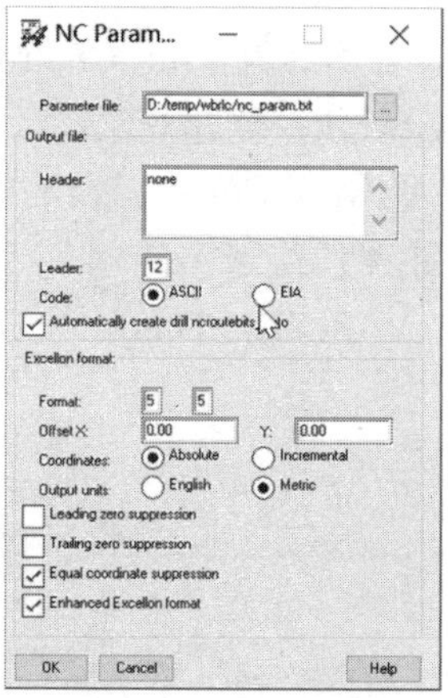

图 4.131　钻孔参数设置对话框

（3）单击 Drill 按钮，在当前文件夹下生成后缀名为.drl 的钻孔文件。

4.6.7　制造文件检查

将前两节中生成的所有光绘文件和钻孔文件导入 Allegro 进行检查，确认所生成的制造文件无误，具体步骤如下所示。

（1）执行菜单 File→Import→Artwork 命令，在弹出对话框中选择 art01.art 文件，如图 4.132 所示。

（2）单击 Load file，则把此层光绘导入 APD 主界面中，再导入底层光绘，效果如

图 4.133 所示，其他层的光绘也可使用同样的方法导入。

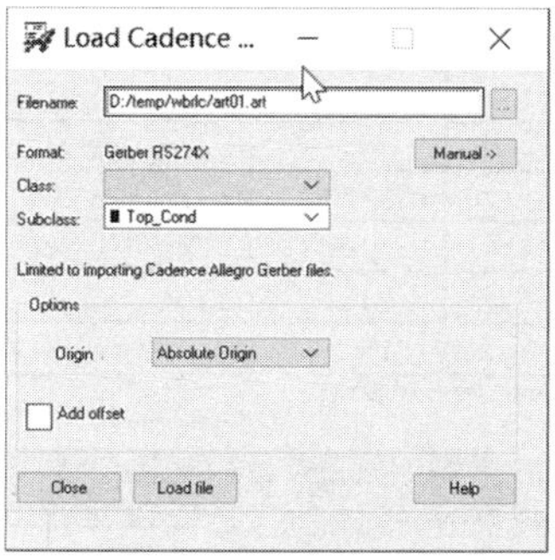

图 4.132　导入光绘文件

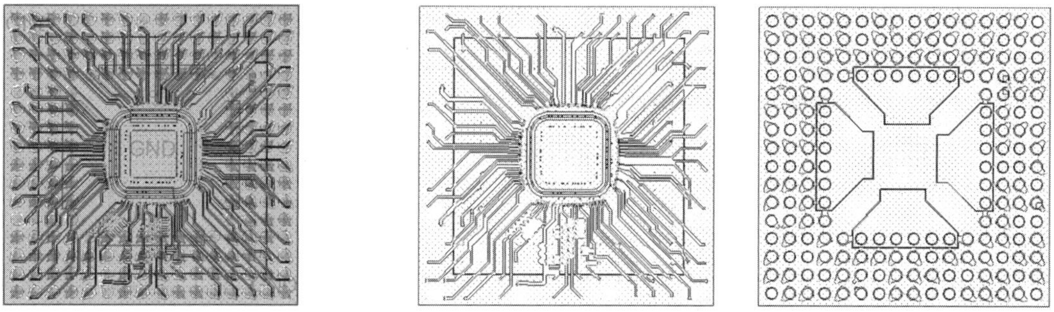

原图　顶层光绘　底层光绘

图 4.133　顶、底层光绘导入

4.6.8　基板加工文件

基板加工需要的文件至少包括以下几项。

- ❑ 基板光绘文件和钻孔文件。
- ❑ 基板的 Strip 排版文件（如图 4.134 所示，来自封装厂）。
- ❑ 叠层材料、结构、工艺要求、接收规格等（一般在设计开始前已与基板厂沟通好）。

将以上文件发给基板加工厂，确认完毕后，基板厂就可以开料加工了。

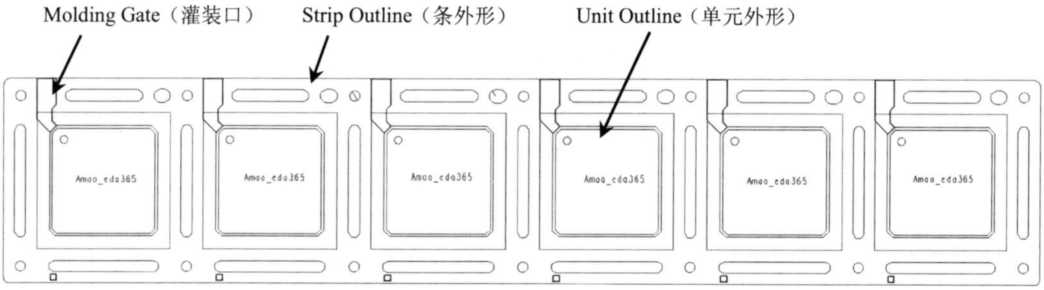

图 4.134　Strip 排版文件

叠层结构以及加工要求文件（部分）如图 4.135 所示。

层叠	材料	厚度(um)
SolderMask Top(顶层阻焊)	PRS4000 AUS308	20 +/-10
Conductor Top（顶层导体）	Copper+Plating Ni/Au	23 +/-5
Core（芯材层）	CCL-HL832NX-A	100
Conductor Bottom（底层导体）	Copper+Plating Ni/Au	23 +/-5
SolderMask Bottom(底层阻焊)	PRS4000 AUS308	20 +/-10
总厚度		186+/-50um

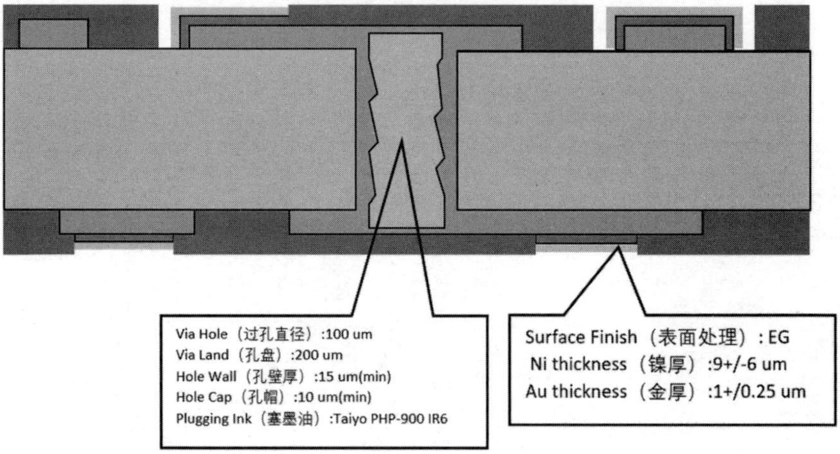

图 4.135　基板加工叠层结构信息

4.6.9　生成 Bond Finger 标签

给每个 Bond Finger 生成标签，以便于检查及加工，具体操作步骤如下所示。

（1）执行菜单 Manufacture→Documentation→Bond Finger Text 命令。

（2）按图 4.136 所示设置参数，选中所有 Bond Finger，则 Bond Finger 全部都赋上了一个编号。

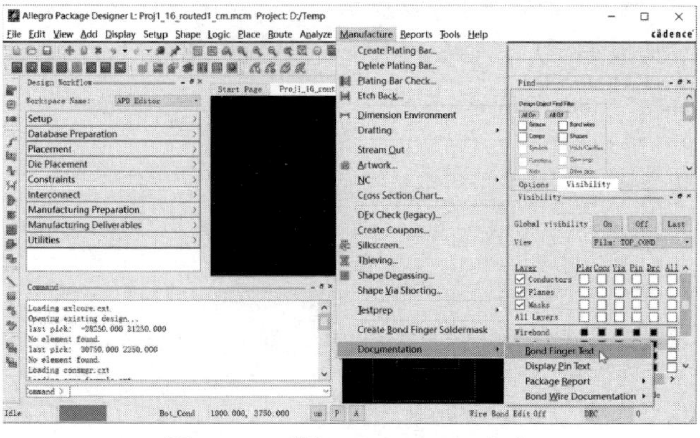

图 4.136　增加 Bond Finger 文本

（3）执行菜单 Manufacture→Documentation→Display Pin Text 命令，打开图 4.137（a）中的文字所在层，则 Bond Finger 标签如图 4.137（b）所示。

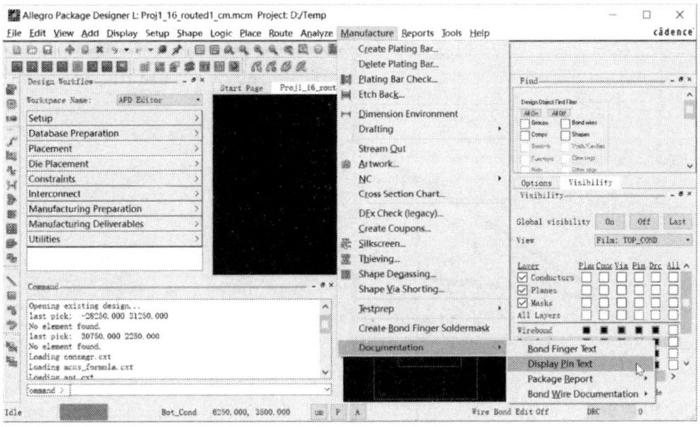

（a）

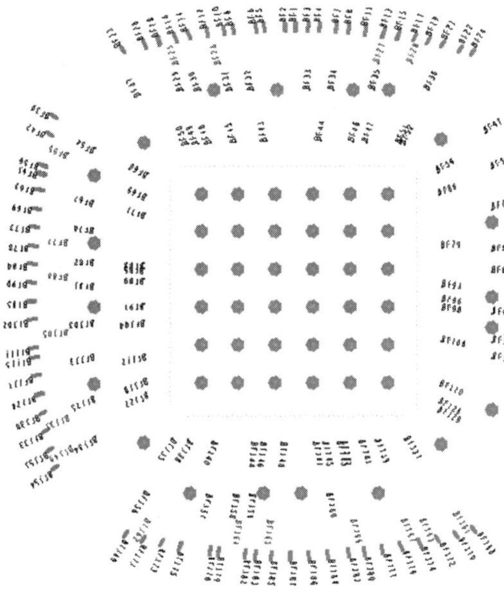

（b）

图 4.137　显示 Bond Finger 标签

4.6.10　加工文件

封装加工需要的文件至少包括以下 4 项。

- ❑ 基板加工文件。
- ❑ 芯片 Datasheet。
- ❑ Wire Bond 打线图、打线要求等。

- ❑ 封装材料、外形、Mark 内容、接收规格等。

将以上文件、要求和物料发给封装厂商进行工程确认，确认无误后开始加工。打线示例如图 4.138 所示。

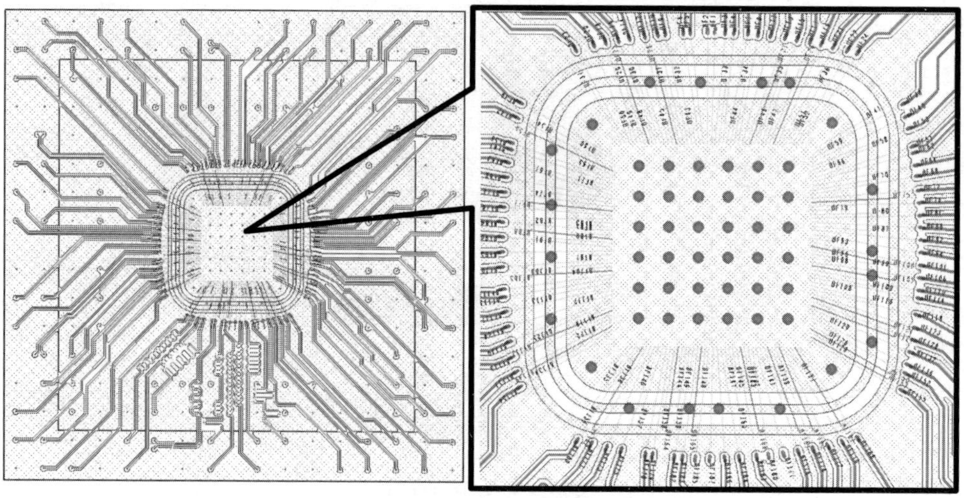

图 4.138　芯片打线图

4.6.11　封装外形尺寸输出

封装加工完成后需要输出尺寸图及 Mark 内容等相关信息，如图 4.139 所示。

顶视图　　底视图

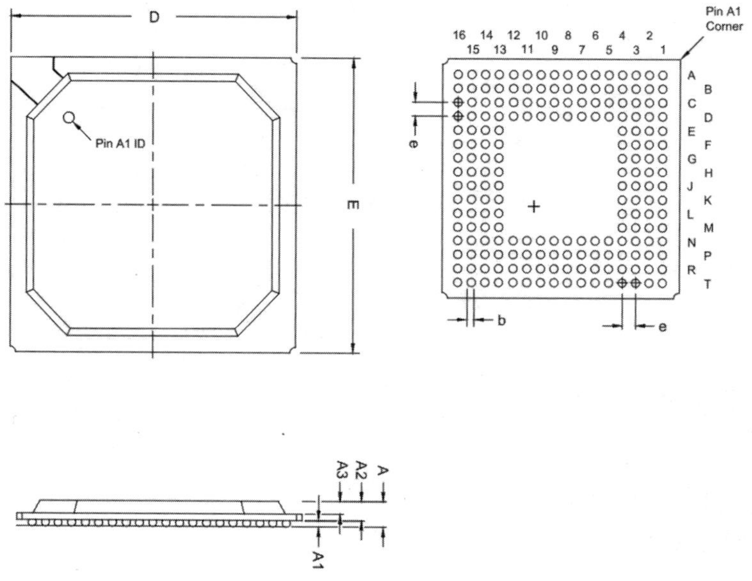

图 4.139　BGA 封装外形尺寸

Package Outline Dimension Table			
Symbol	Millimeters		
	Min.	Nom.	Max.
A	—	—	2.60
A1	0.35	—	—
A2	—	—	2.20
A3	—	—	1.80
D	21.00 BSC		
E	21.00 BSC		
b	0.60	0.75	0.90
e	1.27 BSC		

Package Outline Dimension Table：封装外观尺寸表。

图 4.139　BGA 封装外形尺寸（续）

第 5 章　FC 封装项目设计

本章将展示一个 FC-PBGA 封装的设计过程，从使用到自动布线，它为电子工程师提供了一个简单快捷的封装方案评估方法。封装使用的基板可以设计成任意阶埋 6 层盲孔结构，封装结构如图 5.1 所示。

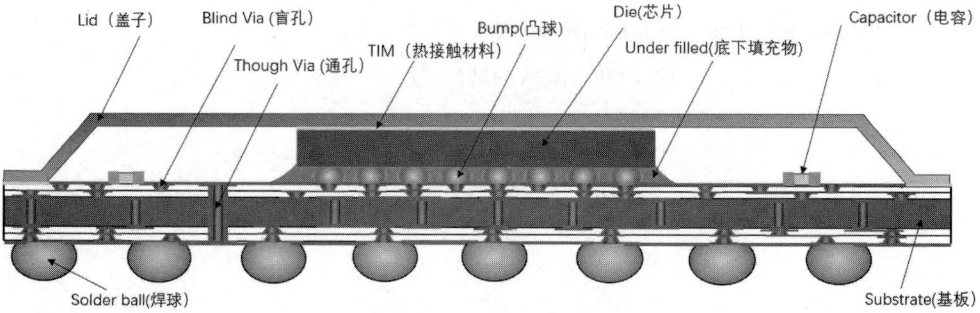

图 5.1　FC-PBGA 封装结构

5.1　FC-PBGA 封装设计

5.1.1　启动新设计

启动新设计的操作步骤如下所示。

（1）执行菜单 File→New 命令，在如图 5.2 所示的界面输入文件名，如 FC-PBGA-CASE.mcm，单击 OK 继续下一步。

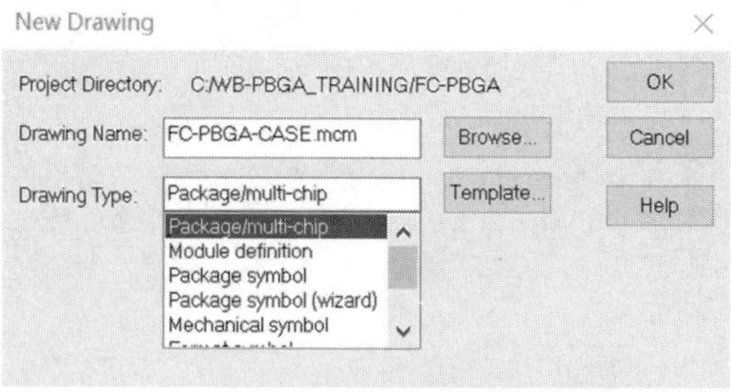

图 5.2　新建项目窗口

（2）封装结构参数如图 5.3 所示，选中 Flip Chip 列下的 Chip-down 项，表示封装为 Flip Chip 的方式，且芯片朝下。

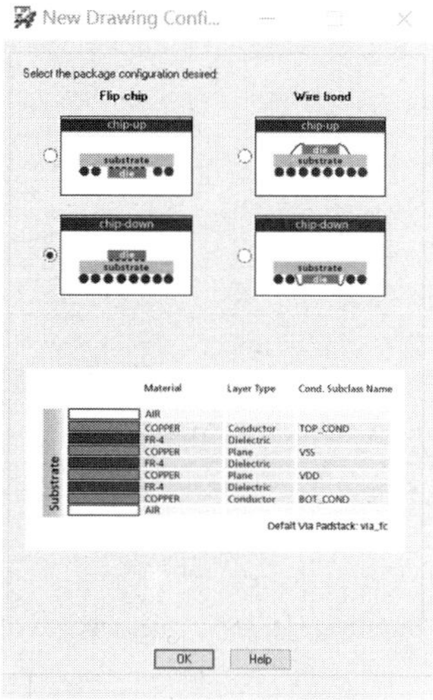

图 5.3　封装结构参数

注：新建的项目默认层数为一个 4 层板，单击 OK 到下一步骤。

（3）单击菜单 Setup→Cross-section，打开层叠设置对话框，确认层数及对应的参数设置。如图 5.4 所示为 4 层，在这里可以通过增加层数的方式加层，5.1.5 节中将会讲解通过导入配置文件的方式加层，这里暂不展开。

Objects		Types >>	
#	Name	Layer	Layer Function
*	*	*	*
		Surface	
1	TOP_COND	Conductor	Conductor
		Dielectric	Dielectric
2	VSS	Plane	Plane
		Dielectric	Dielectric
3	VDD	Plane	Plane
		Dielectric	Dielectric
4	BOT_COND	Conductor	Conductor
		Surface	

图 5.4　默认层叠窗口

5.1.2　导入 BGA 封装

BGA 封装通过导入文件的方式生成，此文件有特定的格式，如需自行构造 BGA 文件，可以分析图 5.5 中的文件结构及格式，文件中必须包含 Pin 的坐标及 Pin Number，导入步骤如下所示。

（1）执行菜单 Add→BGA→BGA Text-In Wizard 命令。

（2）在界面中选择文件，如：BGA1_data.txt。接着在导入界面中选择分隔符，如图 5.6 所示，单击 Open 后再单击 Next 进入下一步。

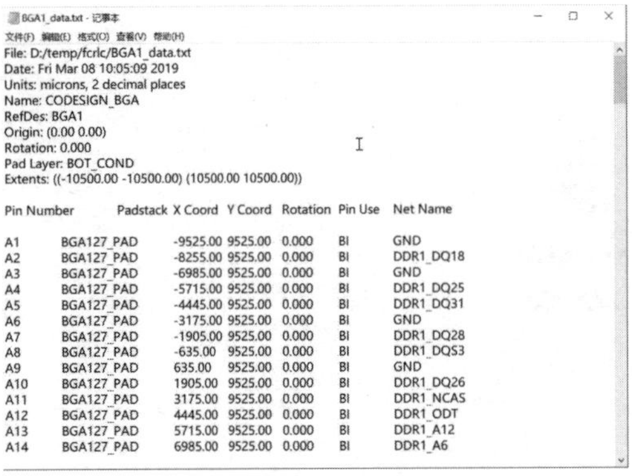

图 5.5 BGA Text-in 文件格式样例

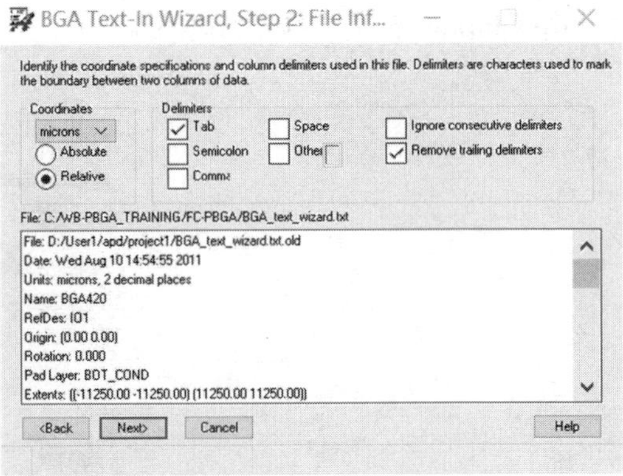

图 5.6 BGA 导入窗口参数选择

（3）设置列信息对应。

图 5.7 中的界面需要设置每列对应的信息，Ignore Row 列复选框被勾选的行表示此行省略，单击 Next 进入下一步。

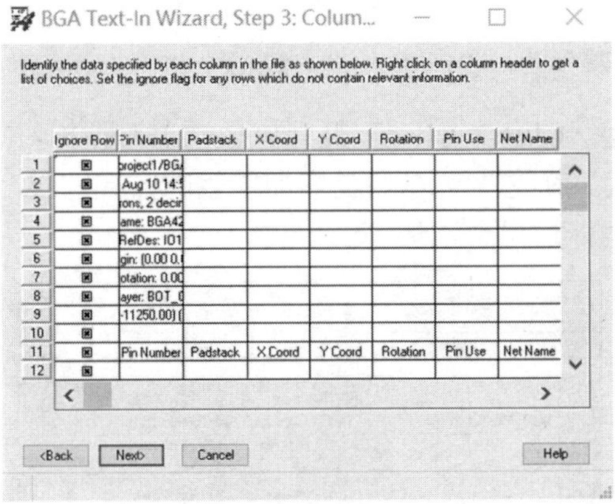

图 5.7 每列设置

由于导入的 txt 文件中指定了封装焊盘 BGA127_PAD，此焊盘库已存在，则可单击 Next 到下一步，如没有指定焊盘可以在界面中指定焊盘的大小。一直单击 Next 向下执行，最后确认无误后单击 Finish 完成，导入的封装效果如图 5.8 所示。

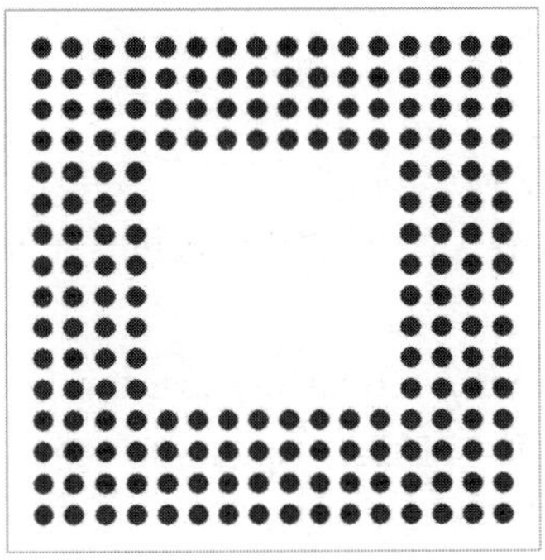

图 5.8 根据文件导入的 BGA 封装效果

5.1.3　导入 Die

芯片也是通过导入文件的方式生成的，此文件有一定的格式，如需自行构造 Die 文件，可以分析图 5.9 所示的导入 Die 的文件结构及格式，操作步骤如下所示。

（1）执行菜单 Add→Standard Die→Die Text-In Wizard，在弹出对话框中选择相应的文件，如 D1_data.txt，然后单击 Open 进入下一步。

（2）设置分配符等参数，如图 5.10 所示，单击 Next 进入下一步。

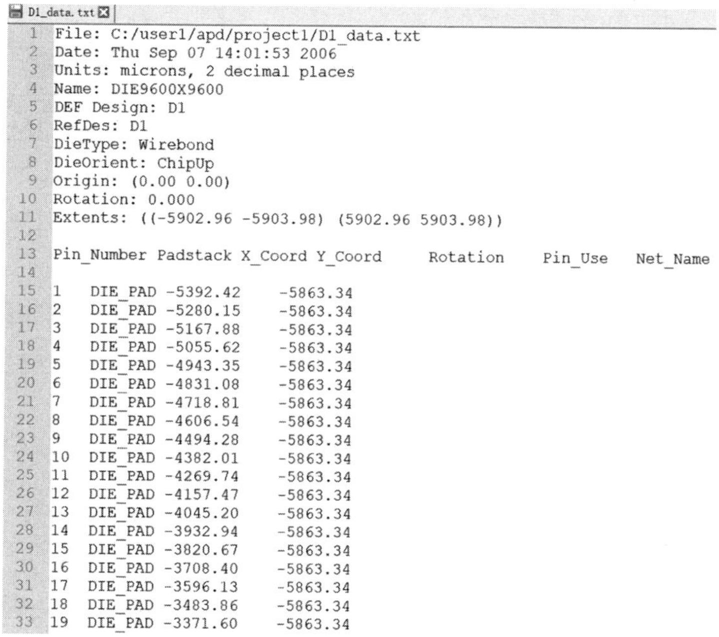

```
D1_data.txt
File: C:/user1/apd/project1/D1_data.txt
Date: Thu Sep 07 14:01:53 2006
Units: microns, 2 decimal places
Name: DIE9600X9600
DEF Design: D1
RefDes: D1
DieType: Wirebond
DieOrient: ChipUp
Origin: (0.00 0.00)
Rotation: 0.000
Extents: ((-5902.96 -5903.98) (5902.96 5903.98))

Pin_Number Padstack X_Coord Y_Coord     Rotation     Pin_Use    Net_Name

1    DIE_PAD -5392.42     -5863.34
2    DIE_PAD -5280.15     -5863.34
3    DIE_PAD -5167.88     -5863.34
4    DIE_PAD -5055.62     -5863.34
5    DIE_PAD -4943.35     -5863.34
6    DIE_PAD -4831.08     -5863.34
7    DIE_PAD -4718.81     -5863.34
8    DIE_PAD -4606.54     -5863.34
9    DIE_PAD -4494.28     -5863.34
10   DIE_PAD -4382.01     -5863.34
11   DIE_PAD -4269.74     -5863.34
12   DIE_PAD -4157.47     -5863.34
13   DIE_PAD -4045.20     -5863.34
14   DIE_PAD -3932.94     -5863.34
15   DIE_PAD -3820.67     -5863.34
16   DIE_PAD -3708.40     -5863.34
17   DIE_PAD -3596.13     -5863.34
18   DIE_PAD -3483.86     -5863.34
19   DIE_PAD -3371.60     -5863.34
```

图 5.9　Die Text-in 文件格式样例

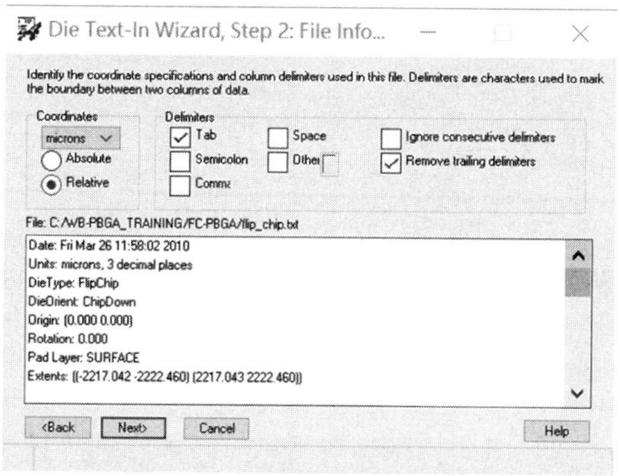

图 5.10　设置分配符参数界面

（3）如图 5.11 所示，给文件中的不同列指定对应的信息如 Pin Number，Padstack，X Coord 等信息，单击 Next 进入下一步。

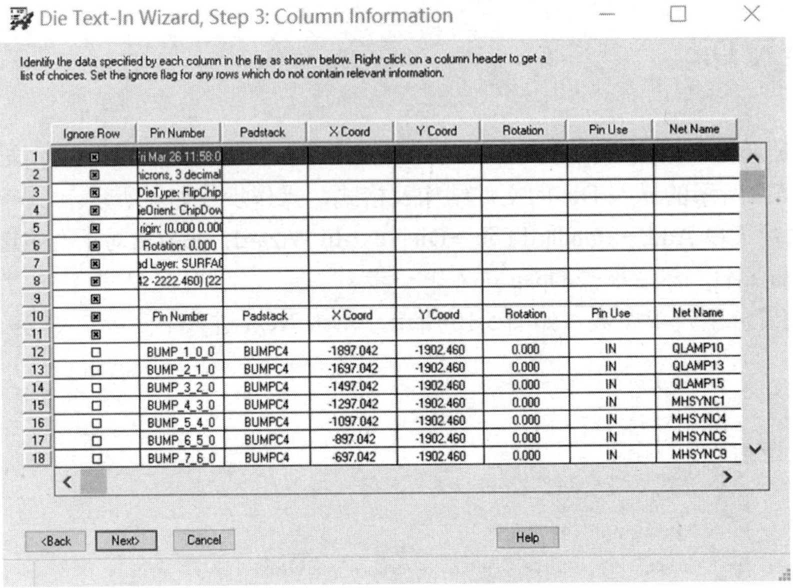

图 5.11 Die 文件信息

（4）创建新焊盘，设置 Pad 的形状为矩形，尺寸为 75μm×75μm，如图 5.12 所示。当然如果有 Padstack（焊盘库），也可以指定，单击 Next 进入下一步。

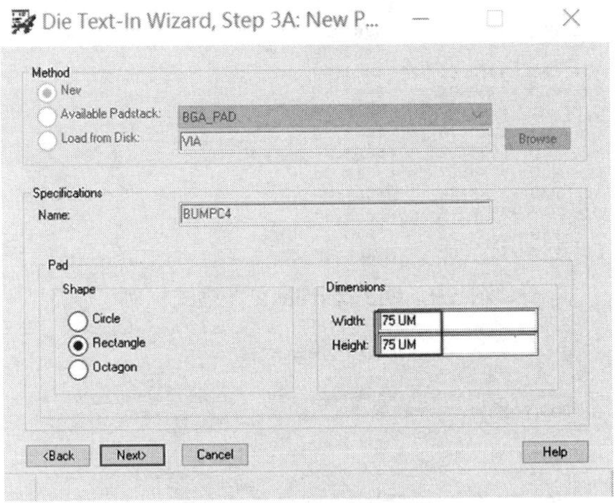

图 5.12 定义 Die PAD

（5）填写封装的名称及标号的信息，如名称为 FLIP_CHIP_240，标号为 D1，如图 5.13 所示。

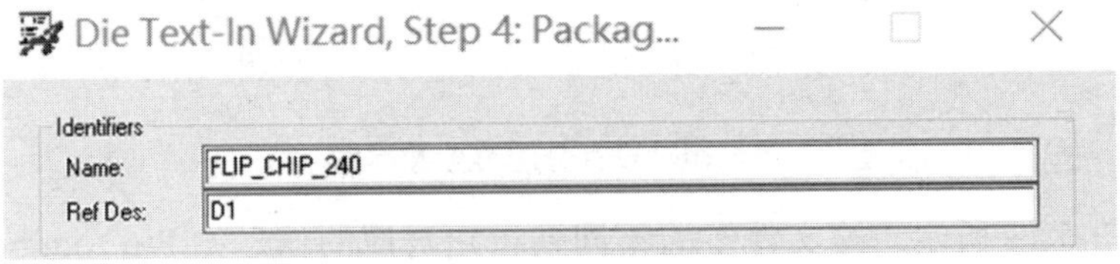

图 5.13 封装名称及标号

（6）设置芯片的放置方式。

芯片的放置方式选择在 Attachment Method 选项组，分别选中 Flip chip 及 Chip down，如图 5.14 所示，表示芯片的接脚朝下，使用倒装芯片方式。

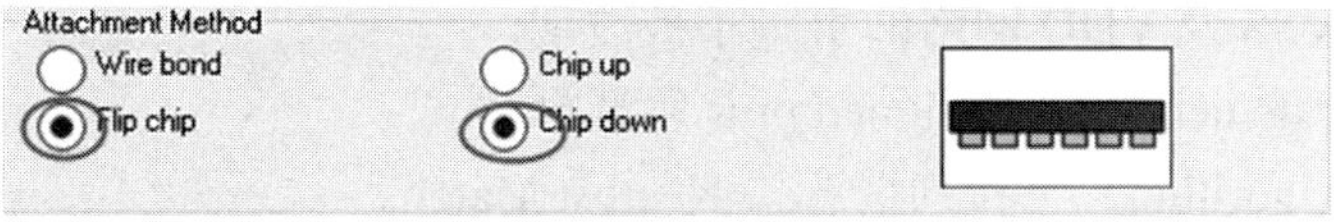

图 5.14　封装结构选项

在高级选项（Advanced Options）选项组，Flip placed symbol 默认处于已选中状态，如图 5.15 所示。单击 Next 进入下一步。

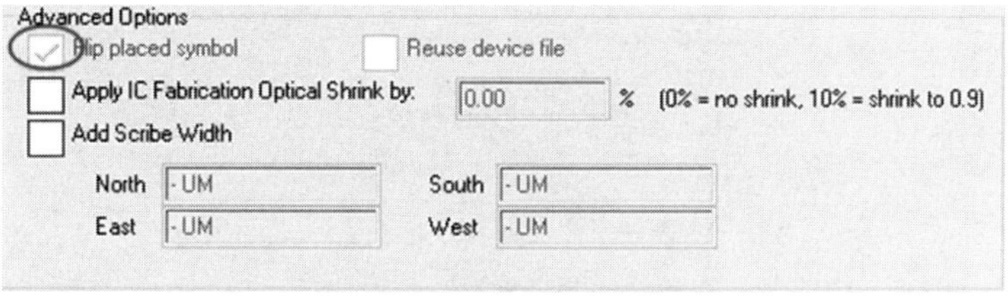

图 5.15　封装结构选项

（7）单击 Finish，完成 Die 的导入。最后导入的芯片与 BGA 的封装的效果如图 5.16 所示，从图中可以看到，导入的 Die 与 BGA 间还没有分配连接关系。

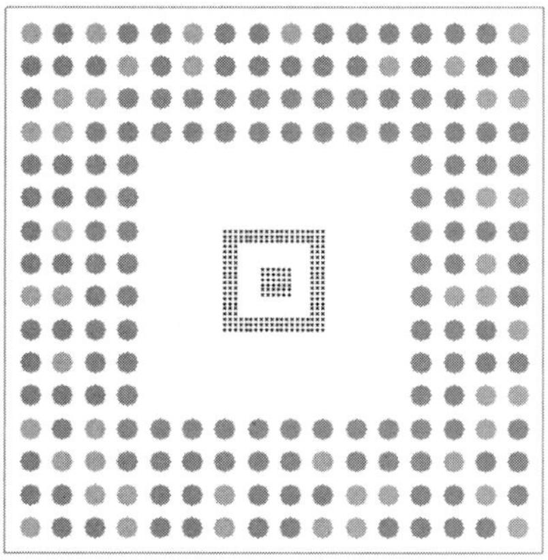

图 5.16　BGA 及 Die 导入效果图

5.1.4　自动分配网络

下面将讲解把 Die 的网络自动分配到封装引脚中的过程。如何连接它们并达到最优化的 Pin 网络分布，这是封装工程中一项非常重要的设计步骤，涉及信号性能、尺寸、成本等多方面的因素，这里只讲自动分配的方法。具体操作步骤如下所示。

（1）执行菜单 Display→Show Rat Lines→All。分配了信号网络的 BGA 的引脚会出现飞线效果。

（2）选择 Logic→Auto Assign Net。

（3）设置 Source field to Die 及 Destination field to Package，如图 5.17 所示。

- ❑ 确认 Net reassignment allowed 选项不被选中，目的是使在创建 BGA 封装时预先分配了 VSS 及 VDD 网络的引脚不被改动。
- ❑ 选中 Create nets for unassigned pins 复选框。
- ❑ 算法（Algorithm）下拉列框选择 Nearest Match。
- ❑ 选中 Find 页中的 Comps 后，单击 Die。从图中可以注意到 Automatic Net Assignment 窗口中提示所选的 Die 有 202 个符合条件的信号 Pin。
- ❑ 单击 BGA 上的任何一个 Pin，可以发现提示有 300 个 Pin 可供分配。

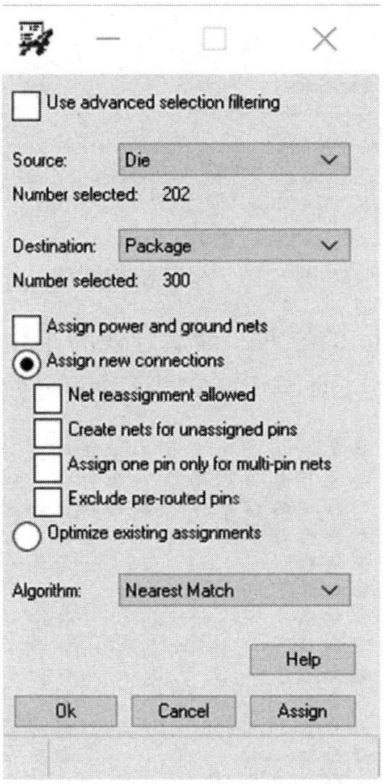

图 5.17　Net Assignment 界面

（4）单击 Assign 则完成了网络自动从 Die 到 Package 的分配操作。

5.1.5　增加布线层

如果之前已有过类似封装设计，可以使用之前设计的布线层结构，即导入之前文件所导出的 Techfile 文件，当然也可以使用手动增加及删除层的方式进行编辑。这里是通过导入其他文件输出的 Techfile 文件方式增加层叠，导入方法与步骤如下所示。

（1）执行菜单 File→Import→Techfile。

（2）选择对应的 tcf 文件，如 fc_route.tcf，单击 Import 进行导入，如图 5.18 所示。

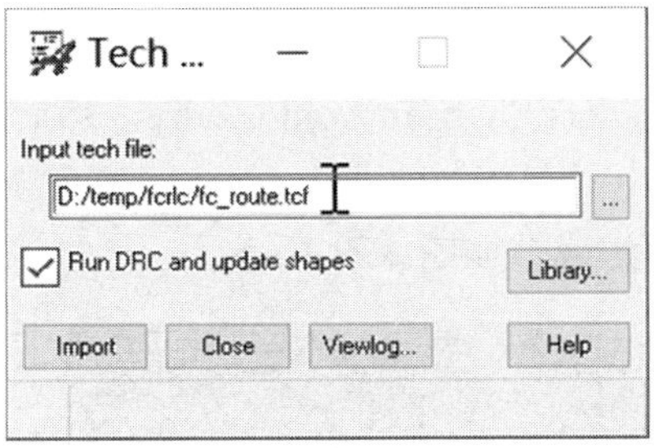

图 5.18　导入 tcf 文件

（3）关闭 Tech file 的窗口。

（4）单击 Setup→Cross-section，观察层的变化，此时可以注意到存在新出现的内层走线层 L2 和 L5，如图 5.19 所示。

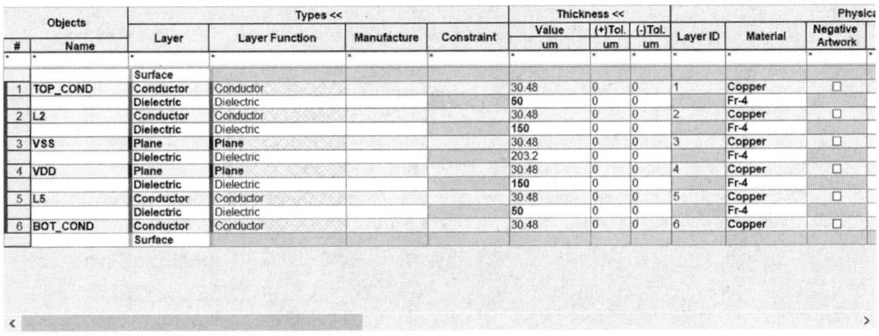

Objects		Types <<				Thickness <<					Physica
#	Name	Layer	Layer Function	Manufacture	Constraint	Value um	(+)Tol. um	(-)Tol. um	Layer ID	Material	Negative Artwork
		Surface									
1	TOP_COND	Conductor	Conductor			30.48	0	0	1	Copper	□
		Dielectric	Dielectric			50	0	0		Fr-4	
2	L2	Conductor	Conductor			30.48	0	0	2	Copper	□
		Dielectric	Dielectric			150	0	0		Fr-4	
3	VSS	Plane	Plane			30.48	0	0	3	Copper	□
		Dielectric	Dielectric			203.2	0	0		Fr-4	
4	VDD	Plane	Plane			30.48	0	0	4	Copper	□
		Dielectric	Dielectric			150	0	0		Fr-4	
5	L5	Conductor	Conductor			30.48	0	0	5	Copper	□
		Dielectric	Dielectric			50	0	0		Fr-4	
6	BOT_COND	Conductor	Conductor			30.48	0	0	6	Copper	□
		Surface									

图 5.19　显示导入 tcf 文件后层的变化情况

5.1.6　创建 VSS 平面的铜皮

平面铜皮产生的方式有很多种，可以使用类似 PCB 设计的平面层分割方法，也可通过铺铜皮的方式实现。下面介绍使用铺铜皮的方式生成 VSS 平面的方法与步骤。

（1）在显示页选中 All，关闭所有的导体层。

（2）同样关闭 VDD 层，仅打开 VSS 层，如图 5.20 左侧所示。

（3）执行菜单 Edit→Z-Copy，参数设置如图 5.20 右侧所示。

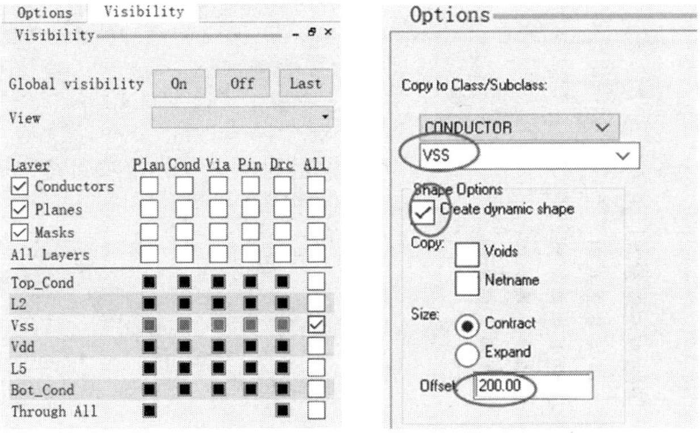

图 5.20　地平面层 Z-Copy

（4）单击封装的外框，创建一块铜皮。

（5）执行菜单 Shape→Select Shape or Void/Cavity，然后单击新创建的铜皮。

（6）在 Options 选项卡中，在 Assign net name 下拉列表框中选 GND，然后从右键菜单中单击 Done，VSS 铜皮即生成，如图 5.21 所示。

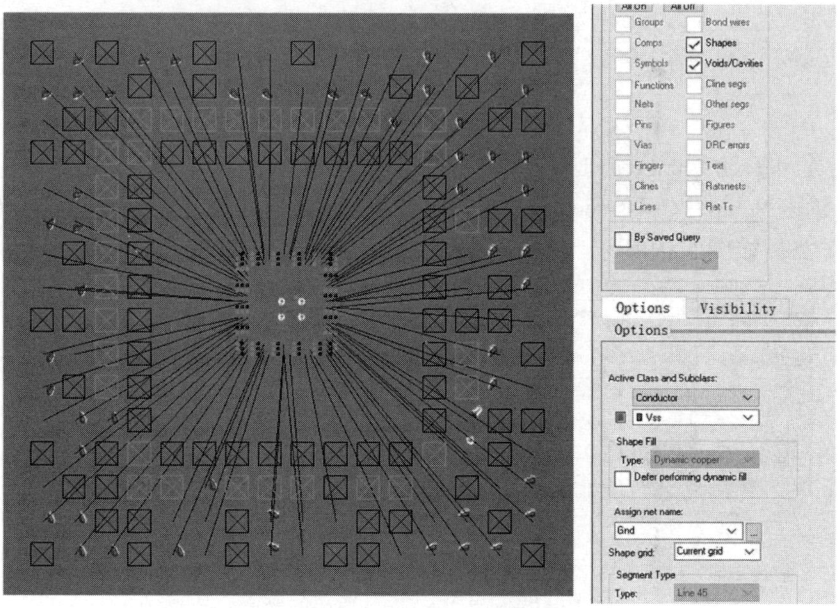

图 5.21 地平面层铜皮赋网络

5.1.7 定义 VDD 平面的铜皮

定义 VDD 的方法与 5.1.6 节定义 VSS 平面铜皮的方法类似，操作步骤如下。

（1）在显示页选中 All，关闭所有的导体层。

（2）同样关闭 VSS 层，仅打开 VDD 层，如图 5.22 左侧所示。

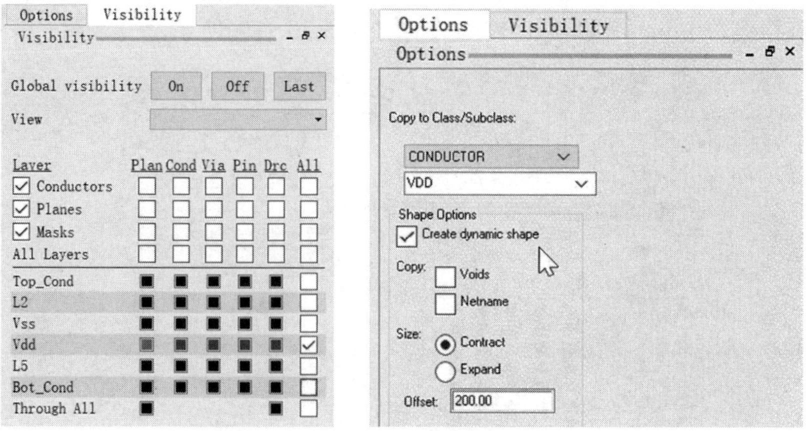

图 5.22 电源平面层铜皮创建

（3）执行菜单 Edit→Z-Copy，参数设置如图 5.22 右侧所示。

（4）单击封装的外框，创建铜皮。

（5）执行菜单 Shape→Select Shape or Void/Cavity，然后单击新建的铜皮

（6）选择 Options 选项卡，在 Assign net name 下拉列表框中选择 VDD，然后从右键菜单中单击 Done。

5.1.8　引脚交换

自动分配网络后，一些网络需要放在特定的 Ball 上，或一些信号线出现交叉需要调整引脚位置，可以按下面的方法进行引脚的交换。

具体操作如下所示。

（1）打开飞线。

（2）执行菜单 Place→Swap→Pins。

（3）在 Options 选项卡中，取消选中 Ripup on swap option。

（4）单击一个有交叉的封装 Pin，其他可换的 Pin 会高亮显示。

（5）单击一个高亮的 Pin。

（6）从右键菜单中单击 Done 完成交换。

5.2　增加分立元件

向封装中增加电容分立元件，改善封装的电源特性是一种常用的手法。电容既可以通过原理图的修改导入，也可以直接在软件中增加。由于增加的电容较少，本节将使用直接加入的方式，具体过程与步骤如下所示。

5.2.1　增加电容到设计中

（1）执行菜单 Logic→Edit Parts List，此时设计文件中只有 Die 及 BGA 两个元件。

（2）单击图 5.23 中 Physical Devices 选项，APD 会把境变量 DEVPATH 下的所有元件的 Device 文件显示出来，以供选择。

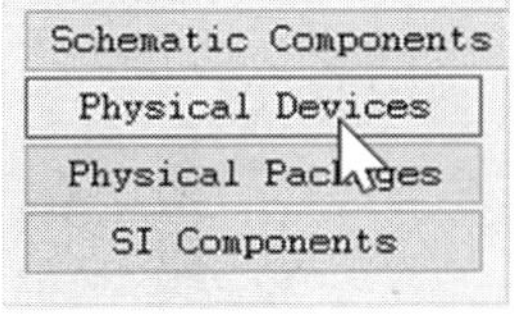

图 5.23　增加分立元件菜单

（3）高亮一个电容的 Device 文件，如 0402_smd.txt，单击 OK。

在元件编辑区域，Device，Class，Pin Count 和 Package Fields 区域的信息都已被自动填写，如图 5.24 所示，表明写入的元件使用这个 Device 的信息。从图 5.24 所示中 Package 文本框中已填写的 C0402 可见，当放入电容时 APD 会自动寻找环境变量 PSMPATH 指定目录下的文件 C0402.psm。

（4）在元件标号区域（Refdes）文本框中输入 C1-4，表示要加入 4 个电容。

（5）在 Value 文本框中输入 100PF，Tolerance 文本框中输入 10。

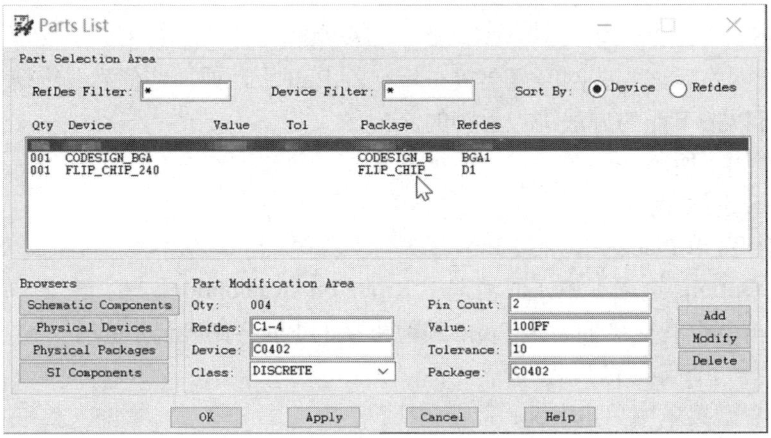

图 5.24　增加元件时信息栏

（6）单击 Add 后注意到 4 个电容已被加到 Parts List 中了，单击 OK 完成。

5.2.2　放置新增电容

电容加进来后，元件还在软件的后台没有被放置，下面是把电容放置到封装的过程，具体步骤如下所示。

（1）执行菜单 Place→Manually。

（2）在元件放置列表窗口会出现 4 个未放置的电容，如图 5.25 所示。

（3）展开 Components by refdes 选项卡，所有未放置的元件都在光标上了。

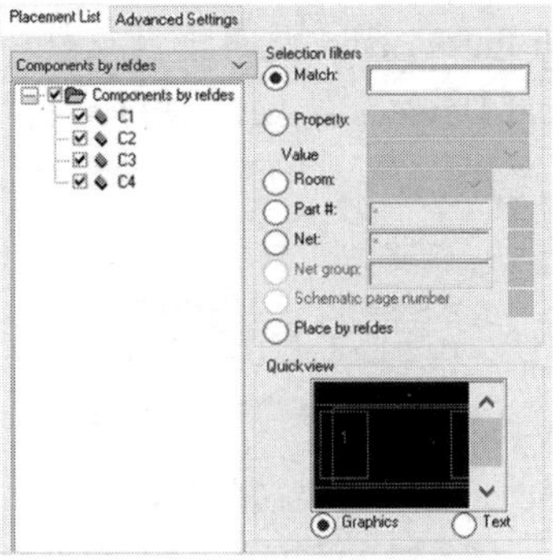

图 5.25　选中未放置元件

（4）在放置的窗口中单击 Hide，则窗口关闭后还可保留在 Placement 的状态。

（5）把电容放置在如图 5.26 所示的位置。

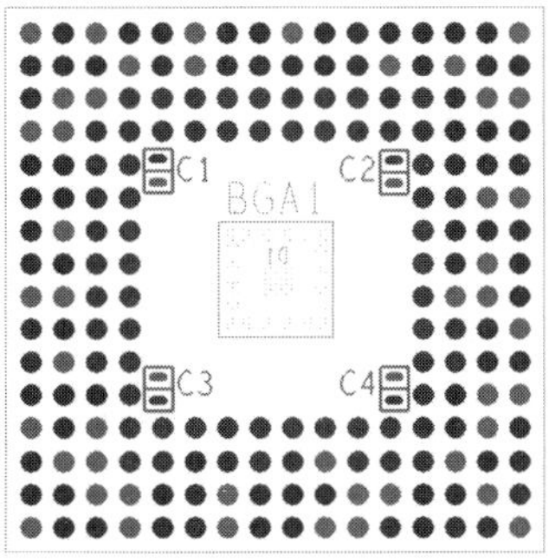

图 5.26　增加电容后的摆放效果

（6）全部放置以后，从右键菜单中单击 Done，完成电容放置。

5.2.3　电容引脚分配电源、地网络

电容放置完成后，下一步是给电容两端接上相应的网络，步骤如下所示。

（1）执行菜单 Logic→Assign Net 命令，分配 GND 到 4 个电容的 1 脚，如图 5.27 所示。先选择一个 BGA 上对应的 Pin，再分别选择需分配到这个网络的电容 Pin。

（2）使用同样的方法分配 VCORE 及 VDD1V5 到电容的 2 脚。

图 5.27　电容引脚分配网络

5.3　创建布线用盲孔

5.3.1　手动生成盲埋孔

创建过孔的界面有两种启动方法，如下所示。

（1）从菜单启动，单击 Padstack Editor 按钮
。

（2）通过在设计界面中修改某个焊盘参数的方式，修改完成后另存过孔。

5.3.2 创建焊盘库

1. 创建一个名为 via.pad 的焊盘

（1）在界面中按图 5.28 所示的参数新建过孔。

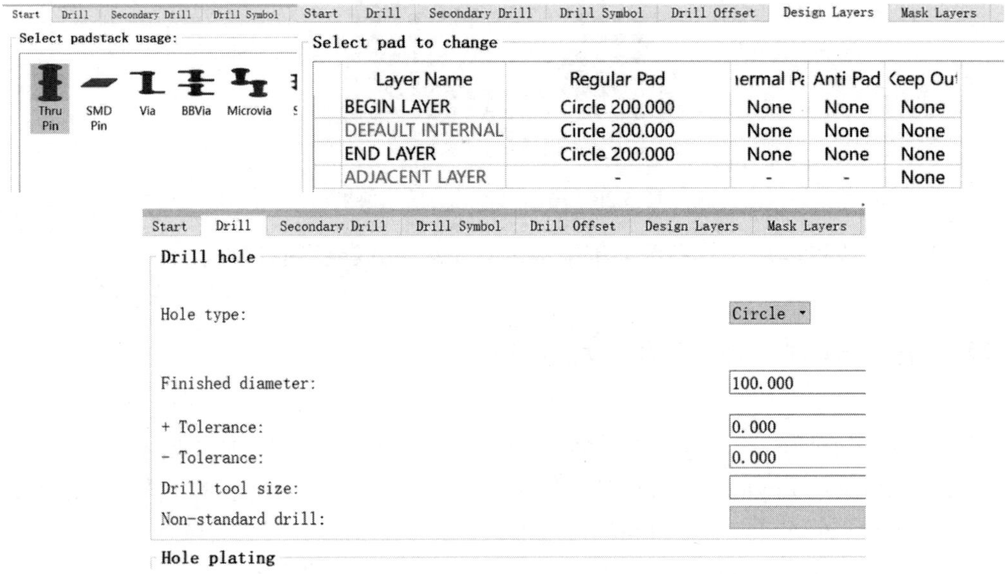

图 5.28 Via 焊盘参数

（2）完成后保存，名称为 via.pad。

2. 创建一个名为 via_fc_100_50.pad 的焊盘

（1）在界面中按图 5.29 的参数新建焊盘。

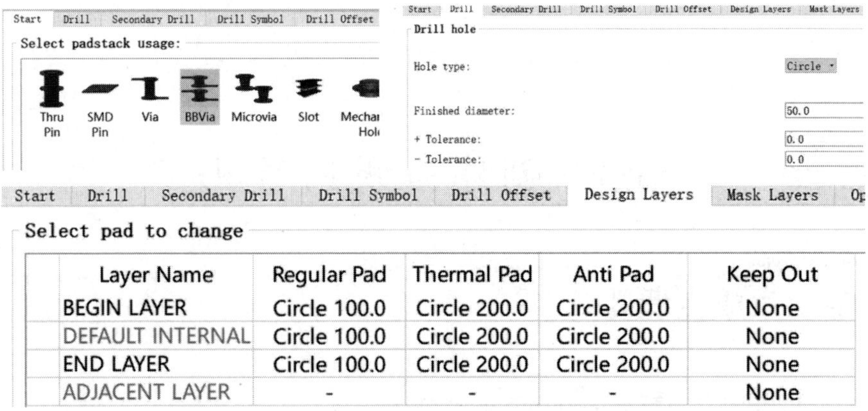

图 5.29 via_fc_100_50 焊盘参数

（2）完成后保存，名称为 via_fc_100_50.pad。

3．创建一个名为 via_fc_200_100.pad 的焊盘

（1）在界面中按图 5.30 所示的参数新建焊盘。

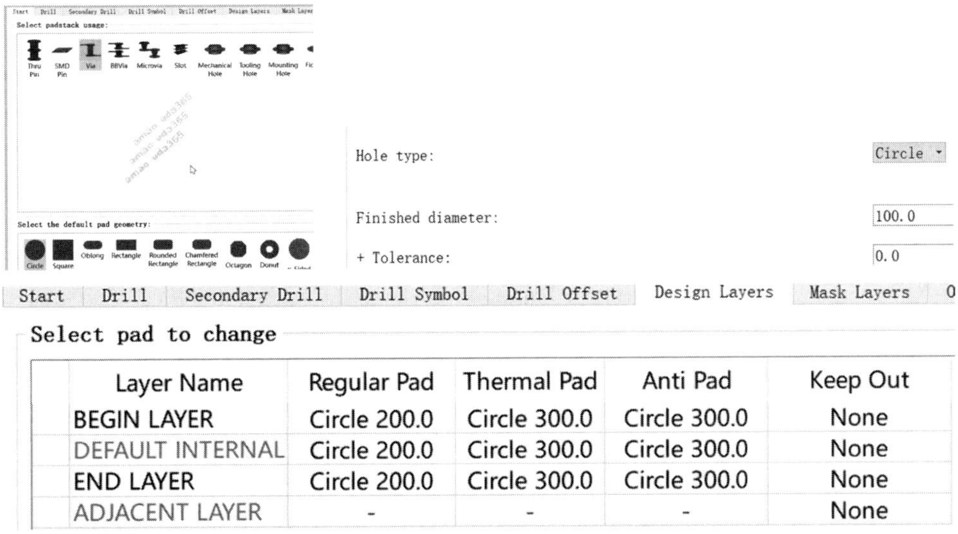

Layer Name	Regular Pad	Thermal Pad	Anti Pad	Keep Out
BEGIN LAYER	Circle 200.0	Circle 300.0	Circle 300.0	None
DEFAULT INTERNAL	Circle 200.0	Circle 300.0	Circle 300.0	None
END LAYER	Circle 200.0	Circle 300.0	Circle 300.0	None
ADJACENT LAYER	-	-	-	None

图 5.30　via_fc_200_100.pad 焊盘参数

（2）完成后保存，名称为 via_fc_200_100.pad。

5.3.3　手动创建一阶埋盲孔

利用上面创建的焊盘，本节将展示创建一阶 6 层埋盲孔的过程，具体的操作步骤如下所示。

（1）执行菜单 Setup→Blind/Buried Via Definitions→Define B/B Via。

（2）单击 Add BBVia 增加新行到窗口中。按图 5.31 所示参数定义所有 6 类孔，并设置相应的焊盘大小。

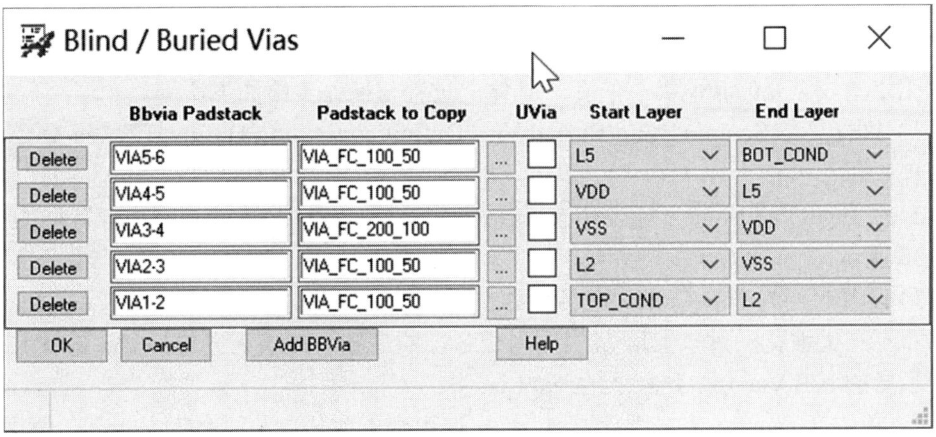

图 5.31　手动定义一阶埋盲孔

5.3.4 修改过孔列表

以上一阶埋盲孔定义完成后，把它们添加到使用的过孔列表中并移除之前列表中的孔，完成效果如图 5.32 所示。

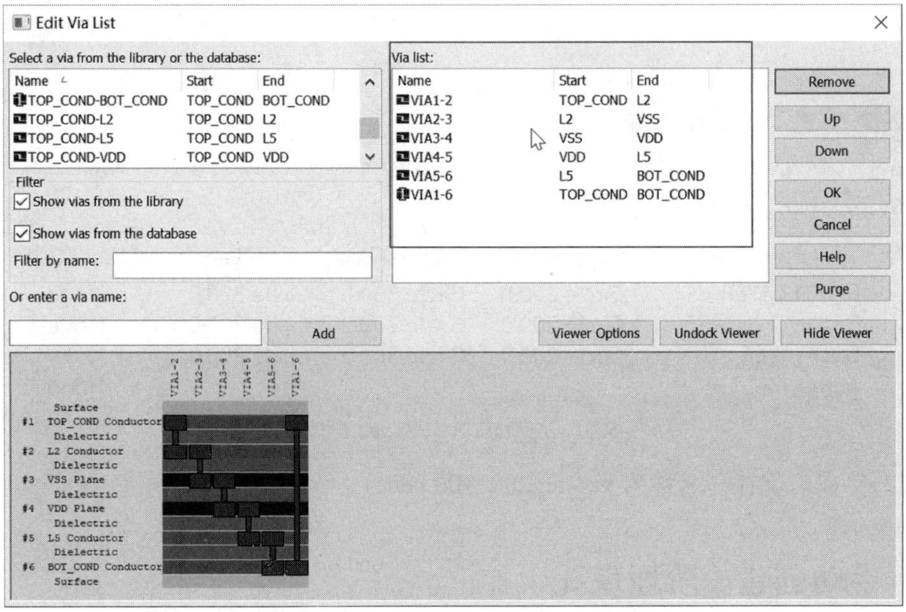

图 5.32 增加过孔到布线过孔列表

完成后单击 OK 关闭 Edit Via List 编辑窗口，并关闭规则管理窗口。这些孔在 5.4 节自动布线时会被调用。

5.3.5 自动生成盲孔（仅做学习参考）

在此 Flip Chip 设计中，用到一个已存在的孔 Via（如 300μm 的通孔），将此通孔作为原始过孔修改成需要的其他类型的孔。具体的过程与操作步骤如下所示。

（1）执行菜单 Setup→Blind/Buried Vias Definitions→Auto Define B/B Via 命令，打开设置窗口。

（2）在 Input Pad Name 栏，使用 Via（需提前设置，为生成顶/底层到内部各层的盲孔），如图 5.33 所示。

（3）设置起层为 Top_Cond，止层为 Bot_Cond。在层部分，选择 Use only external layers 选项，即不产生埋孔，只产生顶/底层到内部各层的盲孔。在规则设置部分，选 DEFAULT 项，表示新的 B/B Via 会加到默认的 Via List 中。

（4）单击 Generate 生成孔。从 Log 文件可查看生成的盲孔的总体状况，如图 5.34 所示。

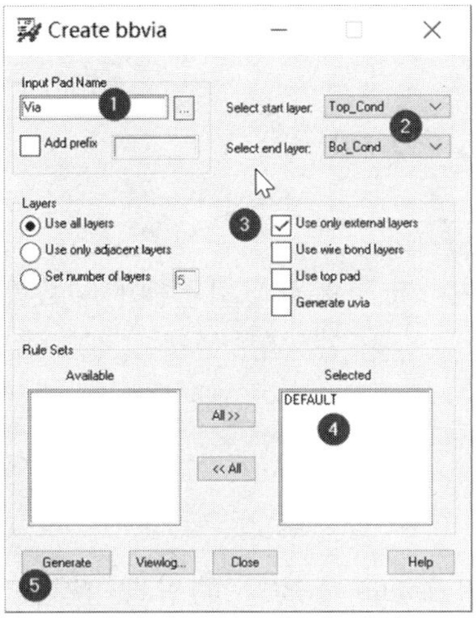

图 5.33　盲孔设置

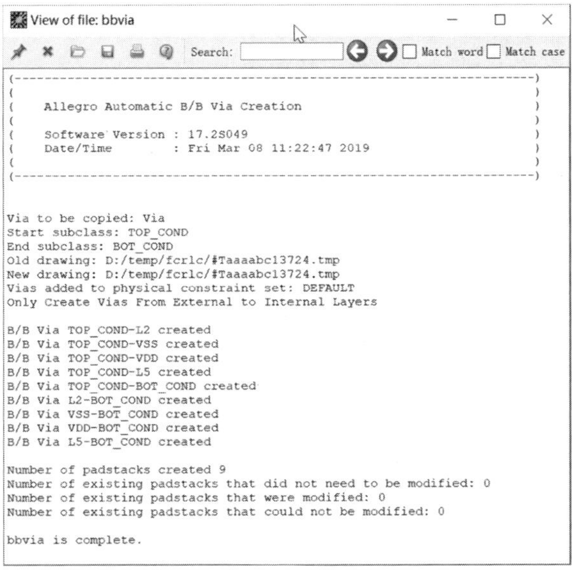
View of file: bbvia

```
(------------------------------------------------------------)
(                                                            )
(    Allegro Automatic B/B Via Creation                      )
(                                                            )
(    Software Version : 17.2S049                             )
(    Date/Time        : Fri Mar 08 11:22:47 2019             )
(                                                            )
(------------------------------------------------------------)

Via to be copied: Via
Start subclass: TOP_COND
End subclass: BOT_COND
Old drawing: D:/temp/fcrlc/#Taaaabc13724.tmp
New drawing: D:/temp/fcrlc/#Taaaabc13724.tmp
Vias added to physical constraint set: DEFAULT
Only Create Vias From External to Internal Layers

B/B Via TOP_COND-L2 created
B/B Via TOP_COND-VSS created
B/B Via TOP_COND-VDD created
B/B Via TOP_COND-L5 created
B/B Via TOP_COND-BOT_COND created
B/B Via L2-BOT_COND created
B/B Via VSS-BOT_COND created
B/B Via VDD-BOT_COND created
B/B Via L5-BOT_COND created

Number of padstacks created 9
Number of existing padstacks that did not need to be modified: 0
Number of existing padstacks that were modified: 0
Number of existing padstacks that could not be modified: 0

bbvia is complete.
```

图 5.34　自动生成过孔 Log 文件

5.3.6　检查 Via 列表

自动过孔列表生成后，如需检查过孔是否在 Via list 的列表中，操作步骤如下所示。

（1）打开规则管理器及检查默认规则项的 Via List，可以发现所有新产生的可用盲孔都在其中，如图 5.35 所示。

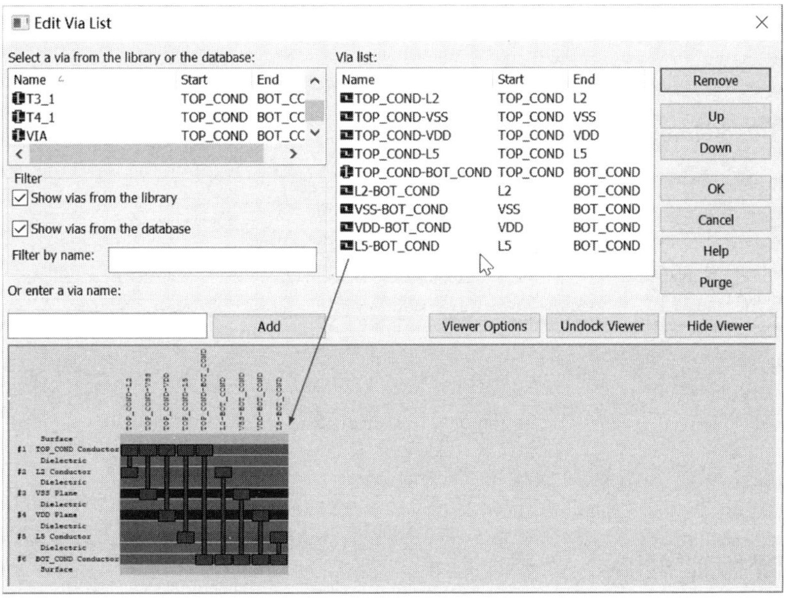

图 5.35　从内层到底层的盲孔

此时可以看到所有内层到外层的孔都已自动生成，左下角有相应的过孔结构示意图。

（2）单击 OK 关闭编辑 Via 窗口，关闭 Constraint Manager，完成检查。

5.4 Flip Chip 设计自动布线

本节将介绍自动布线的过程，自动布线对于快速评估可布通性及使用基板的层数都非常有帮助，详细过程与操作步骤如下所示。

5.4.1 设置为 Pad 布线的过孔规则

在使用 APR 自动布线模块时，如要允许把过孔直接打在 Die 及 BGA 的引脚的焊盘上，需要在规则中进行设置。具体设置过程与操作步骤如下所示。

（1）执行菜单 Setup→Constraints→Physical。弹出规则管理器，在面板的左边，选择 Physical Constraint Set→All Layers，接着修改 BB Via Stagger 框内 Min 的默认值为 0，如图 5.36 所示。这个距离是信号从一层到另一层时的最小距离，实际的值大于 0 时会有 DRC 的错误（该设置表示过孔是从 Pin 中心出孔）。

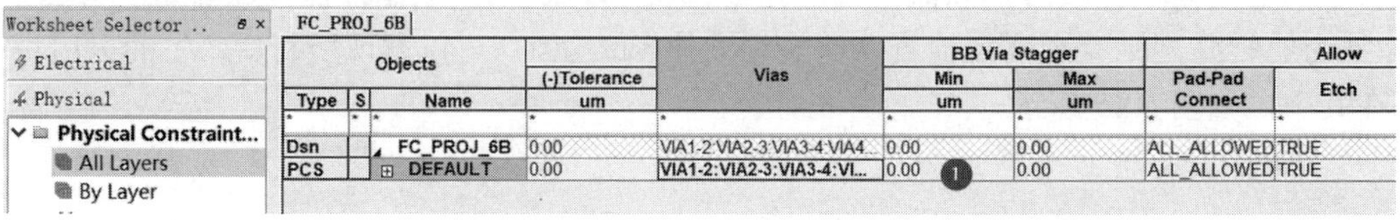

图 5.36　盘中孔 Stagger 设置

注意 Pad-Pad Connect 规则，设置为 ALL_ALLOWED，表示盘中孔及过孔，如图 5.37 所示。

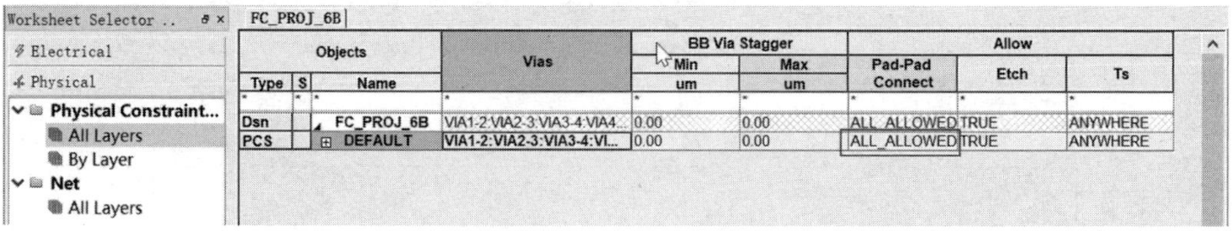

图 5.37　盘中孔设置

（2）设置完成后关闭规则管理器。

5.4.2 设置规则状态

自动布线前，需要设定相应的规则。如同一个网络上的过孔与焊盘的连接设置，过孔在焊盘中心还是离焊盘有一定距离限制等。

详细过程与操作步骤如下所示。

（1）执行菜单 Setup→Constraints→Modes 命令。

（2）在 Physical Modes 的面板中的 Pad-pad direct connect 项上选中 On，如图 5.38 所示。

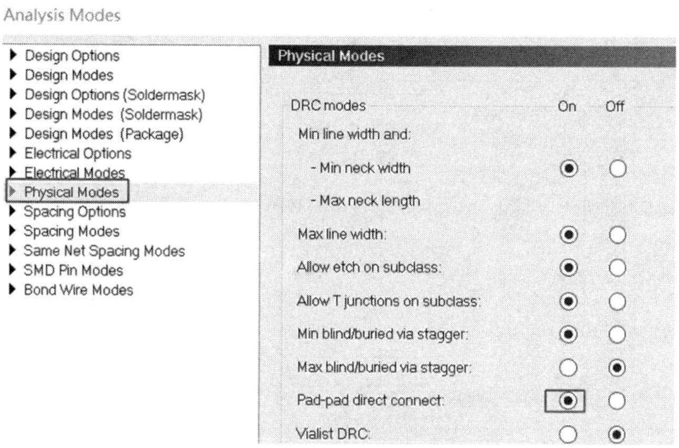

图 5.38　盘中孔规则检查设置

（3）选择左侧 SMD Pin Modes 项，展开右侧 SMD Pin Modes 分支，如图 5.39 所示。

（4）将 Via at SMD pin 和 Via at SMD thru allowed 选项的 On 都选中。

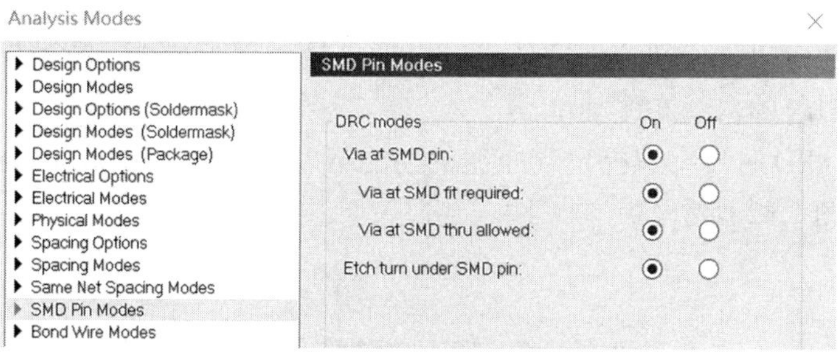

图 5.39　打开检查项

（5）在分析状态窗口单击 OK，完成。

5.4.3　清除 No Route 属性

对于电源及地网络，在布线时如需使用软件自动布线，这时需要把这些电源地的网络清除 No Route 属性，具体操作步骤如下所示。

（1）执行菜单 Edit→Net Properties 命令。

（2）在左侧导航栏中选择 Net→General Properties，如图 5.40 所示。

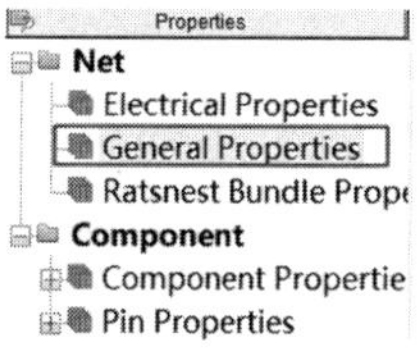

图 5.40　规则表中的 Properties

（3）在信号列表中找到 VDD 及 VSS 网络。

（4）如右边有 No Route 的规则，则需要清除。

清除方法：单击 GND、VDD1V5、VCORE 对应的 No Route 列，如图 5.41 所示，选择 Clear  。完成后关闭 Constraint Manager 项。

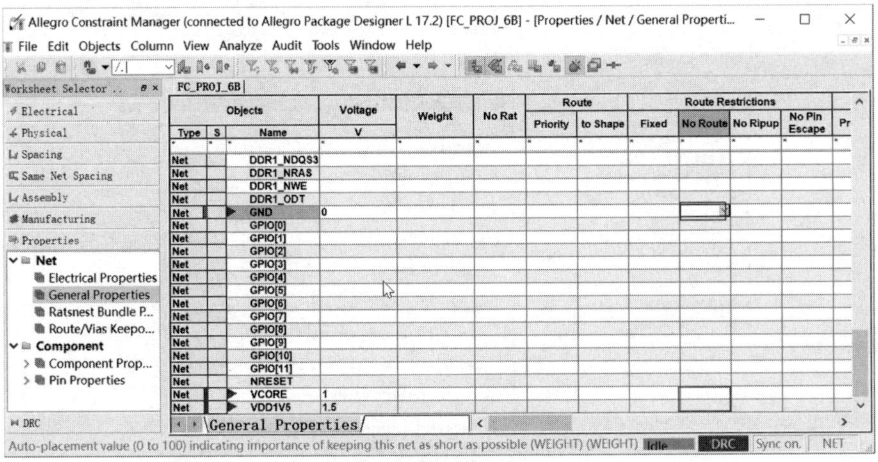

图 5.41　清除 No Route 属性

5.4.4　自动布线

使用自动布线可以方便快速地评估出一个项目是否可能布通。通过使用软件的自动布线模块可以实现封装的自动布线功能。

如果在启动 APD 时没有选择自动布线的功能可以通过执行菜单 File→Change Editor 命令重新选择，如图 5.42 所示。

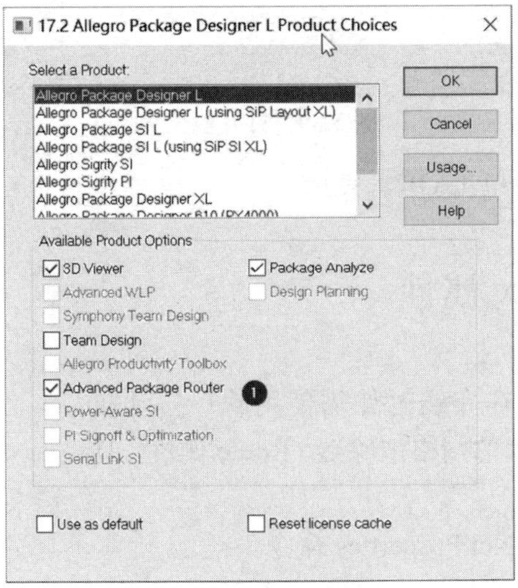

图 5.42　自动布线模块

自动布线的调用与执行过程的步骤如下所示。

（1）执行菜单 Router→Advanced Package Router 命令，自动布线界面如图 5.43（a）所示，按图中所示的选项及参数进行设置，其中的 Via method 选项对应图如图 5.43（b）所示。

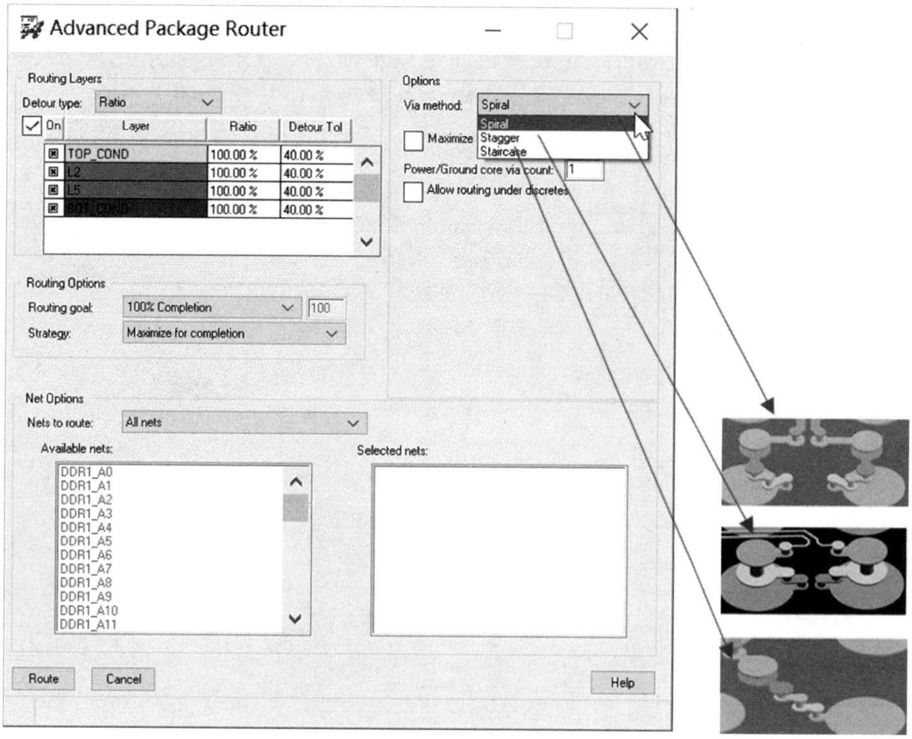

（a）　（b）

图 5.43　自动布线界面

（2）单击 Route，进行自动布线。自动布线的完成状态如图 5.44 所示。

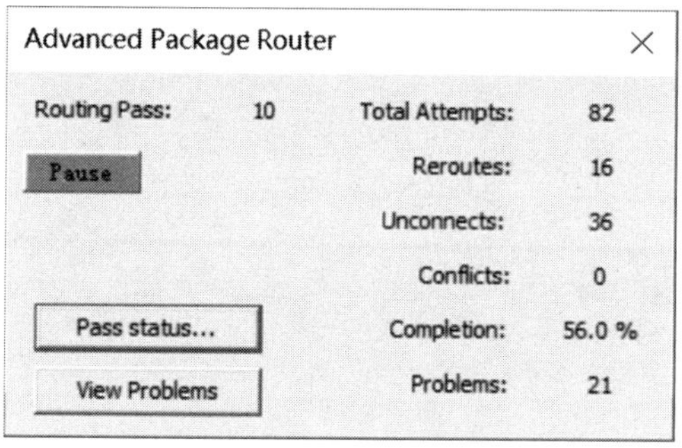

图 5.44　自动布线完成状态

5.4.5　布线结果报告

自动布线完成后，需要检查布线的结果，查看整体的完成率，使用的孔数等综合信息，如果结果不理想可以修改参数后重新自动布线，通过多次迭代找到一组最优的参数或调整布局等。

从如图 5.45 所示的布线结果来看，布线没有 100%完成，只完成了信号线，这是因为电源及地没有布通，如先把电源及地清除后再布线或让电源也参与自动布线就会得到 100%的布通率。自动布线在美观与布线完成率之间难以兼顾，一般采用部分手动介入的情况才会得到用户想要的结果，当然自动布线的快慢与设置的参数及文件的大小有关。

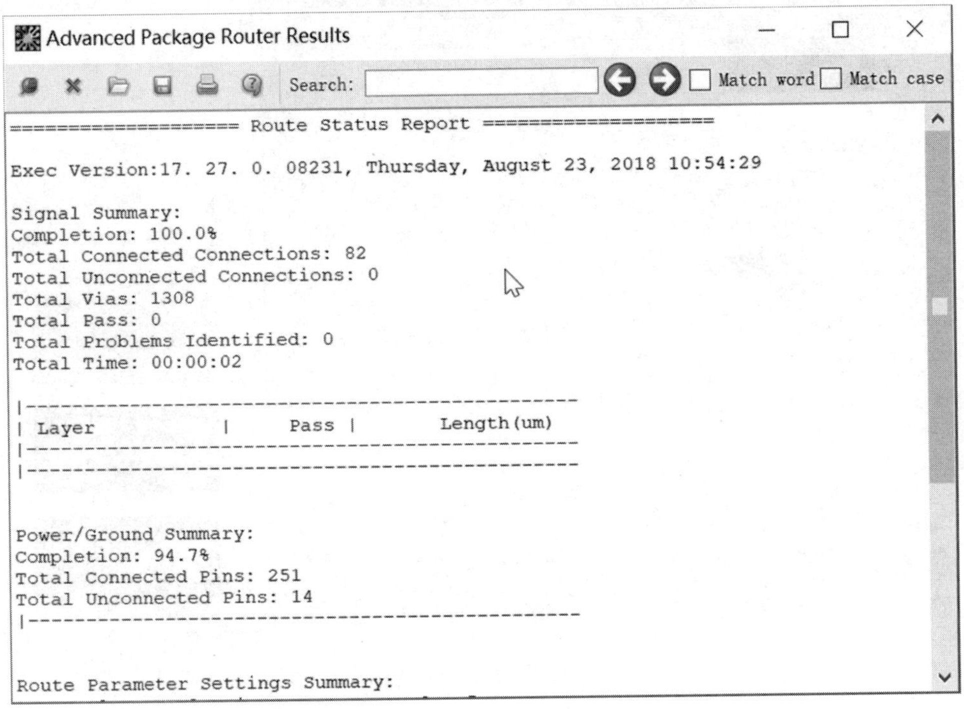

图 5.45 自动布线结果报告

第 6 章　复杂 SIP 类封装设计

前面详细介绍了 Wire Bond 及 Flip Chip 两类封装，而 MCM 或 SIP 封装大多数是由这两类封装混合而成的结构，中间还可能再引入 Spacer、Interposer 或基板内埋元件等，最终形成的封装形式包括堆叠、平铺、内埋等组合方式。组合方式确定以后，基板的设计方法则与前面章节所介绍的大同小异，因而本章主要讲解对芯片进行各种结构上的堆叠等设计，在结构设计完成后具体的布线与输出技巧则可以参考第 4、5 章的相关方法。

图 6.1 所示是一些 SIP/MCM 的结构形式样例。

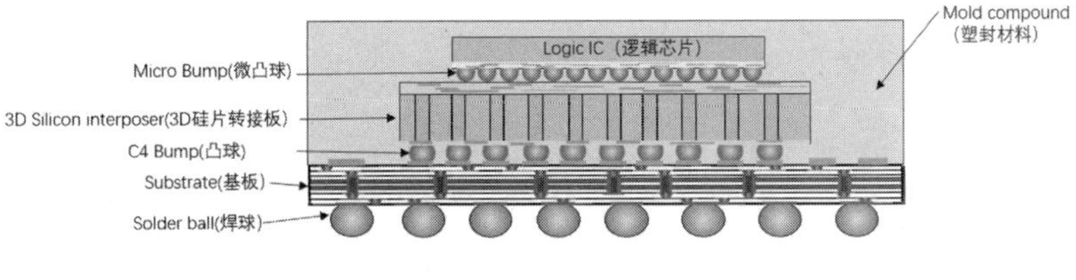

Interposer Stacked SIP（硅转接中介堆叠 SIP）

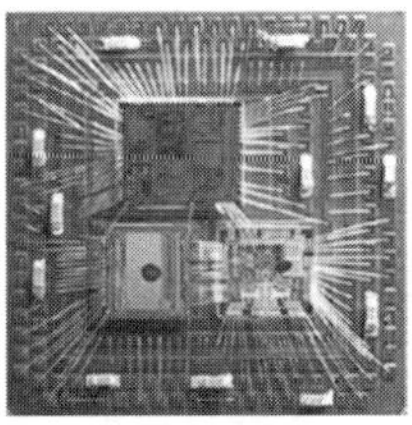

Side by side SIP（平放 SIP）

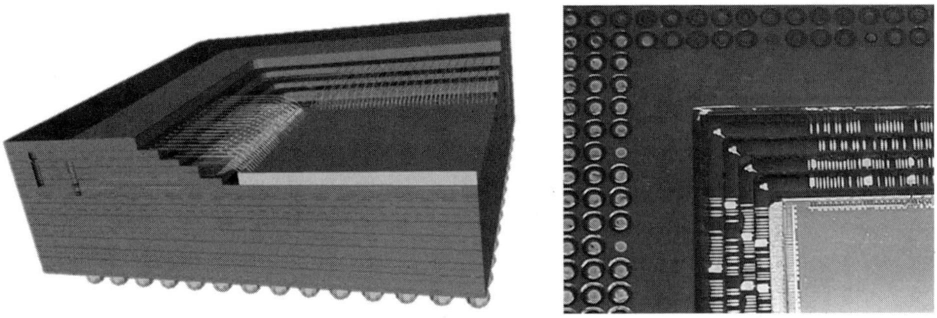

Cavity Package SIP（内埋 SIP）

图 6.1　复杂结构封装样例

6.1　启动 SIP 设计环境

SIP 设计对应的模块为 SiP ，在多 Die 组合的处理方面有对应的功能，基板布线方面的操作则与 Package Designer 类似。本节主要介绍常用的不同堆叠结构方式与操作步骤，而基板布线方面可以参考第 4、5 章的内容。

执行菜单 17.2 Cadence SiP Layout XL Product Choices→Cadence SiP Layout XL，启动界面如图 6.2 所示。启动 SIP 时可以根据 Licence 选用不同的模块。

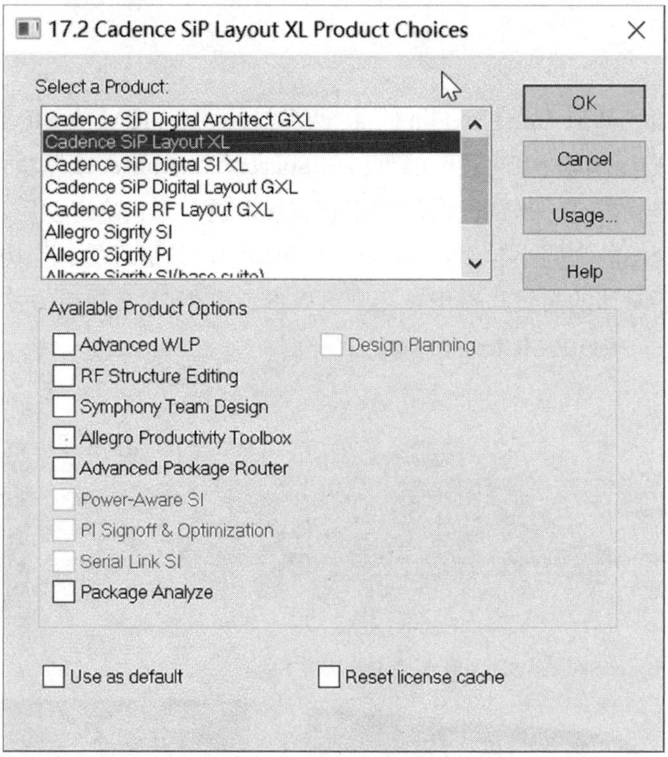

图 6.2 SIP 启动界面

6.2 基板内埋元件设计

基板内埋元件的设计具有较多的优点，包括可以使基板或模块小型化、缩短元件之间的连接路径、降低传输损失、提高电性能、实现便携式电子设备安装技术的多功能化和高性能化等。内埋元件设计的主要操作过程及步骤如下所示。

6.2.1 基板叠层编辑

调出层叠界面的方式有很多种，在 17.2 版本中可通过流程上的对应按钮进行操作。

（1）一种方法是通过设计流程对应菜单 Create 创建层叠结构，如图 6.3 所示。

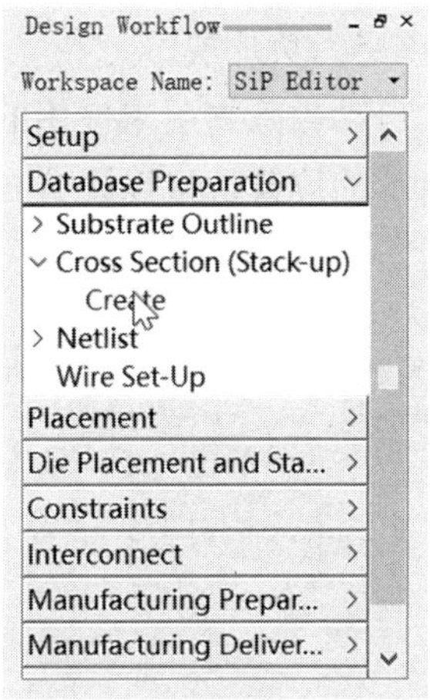

图 6.3 层叠创建

（2）另一种方法是执行菜单 Setup→Cross-section 命令调出，也可以通过工具栏上的  按钮调出。调出的叠层编辑器界面如图 6.4 所示。

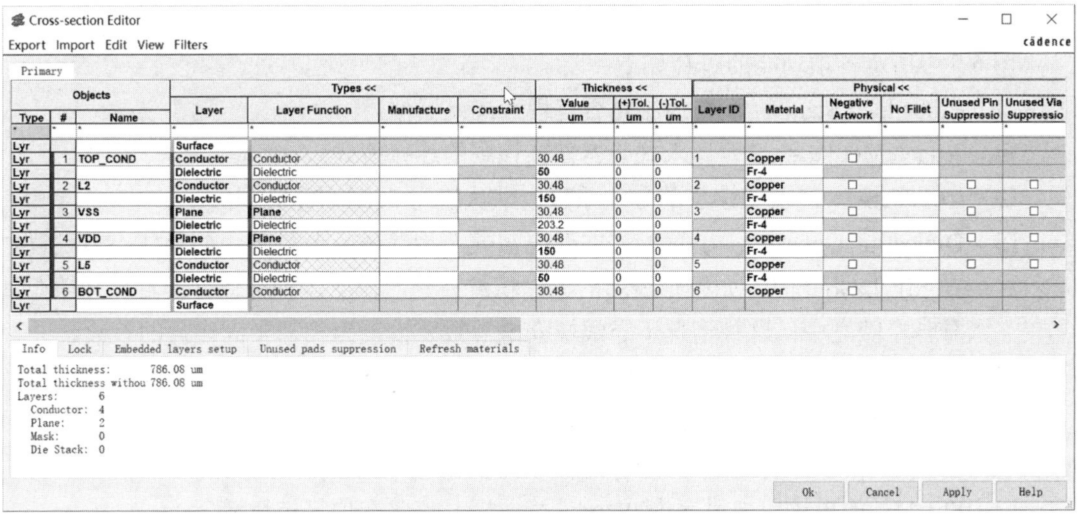

图 6.4 叠层编辑器 1

将滚动条拖到最左侧，其中各项的功能解释如下。

- Objects（Name）：表示该层的名称。
- Types（Layer）：设置该层为 Conductor（布线层）、Plane（平面层）或 Dielectric（绝缘层）。
- Types（Manufacture）：设置该层加工类型。
- Types（Constraint）：设置该层在约束规则管理器中的层类型。
- Thickness：指定该层的厚度。(+)Tol./(-)Tol.：厚度的偏差值。
- Layer ID：层编号，用于 Via Label 的显示。
- Material：指定该层使用的材料。

- ❑ Negative Artwork：定义该层为负片层。
- ❑ Unused Pin Suppression：自动去除内层未使用的 Pin Pad 或 Via Pad。

向右拖动滚动条到如图 6.5 所示的位置，可以设置与内埋及信号完整性相关的参数。

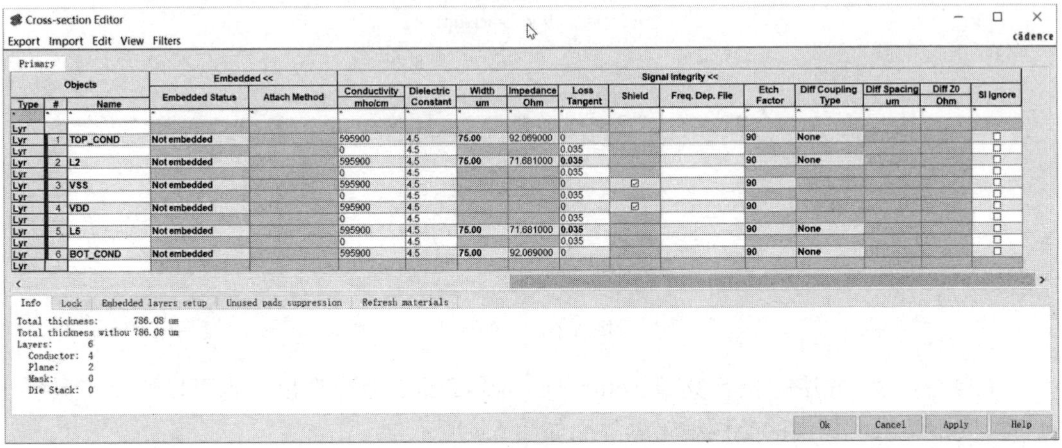

图 6.5 叠层编辑器 2

图 6.5 中所示各项功能的解释如下。

- ❑ Embedded Status：设置该层是否有埋入式元器件。
- ❑ Attach Method：设置埋入式元器件在该层的连接方式。
- ❑ Conductivity：设置该层的导电系数，默认值为 595 900mho/cm。
- ❑ Dielectric Constant：设置该层的介电常数。绝缘体需要设置，而导体不需设置。在 SIP Layout 中，如果布线层的大面积被蚀刻，在层压的时候介质融化并填充到导体空隙之中，这种情况下布线层介电常数要设置为相邻半固化片的参数。
- ❑ Width：设置线宽，可用于计算阻抗。
- ❑ Impedance：设置该层的阻抗值。
- ❑ Loss Tangent：设置该层的损耗角。
- ❑ Shield：如果该层被设置为 Plane（平面层），此选项将被激活。
- ❑ Freq.Dep.File：表示频变材料参数，进行 1GHz 以上高频设计的时候需要设置该参数，从材料厂商处获取频变材料参数后加到 SIP Layout 中。
- ❑ Etch Factor：蚀刻因子参数。设置蚀刻之后梯形的角度值，用于计算阻抗。
- ❑ Diff Coupling Type：差分耦合类型。选择 None，则不进行差分阻抗计算；选择 Edge，则计算同层边缘耦合的差分对的差分阻抗。
- ❑ Diff Spacing：差分对间距。如果同一层有多种间距需要控制阻抗，可以分别修改这个值，SIP Layout 会自动进行差分阻抗计算。
- ❑ Diff Z_0[①]：差分阻抗。设定了以上参数后，SIP Layout 可自动计算出布线的差分阻抗。

---

① Z_0 同图中 Z0，后文不再一一标注。

6.2.2　增加层叠

在 Objects 的 Name 列中，右击任意层，可以添加、删除、修改层，如图 6.6（a）所示。右键快捷菜单中的各项功能的解释如下。

- ❑ Add Layers：增加层命令。
- ❑ Add Layer Pair Above/Below：在所选层之上/之下同时添加导电层与介质层。
- ❑ Add Layer Above/Below：在所选层之上/之下添加新的一层。
- ❑ Rename：更改所选层名称。
- ❑ Remove Layer：删除所选层。
- ❑ Edit masks layer order：编辑阻焊层的次序。

执行 Add Layers 命令，弹出对话框如图 6.6（b）所示。

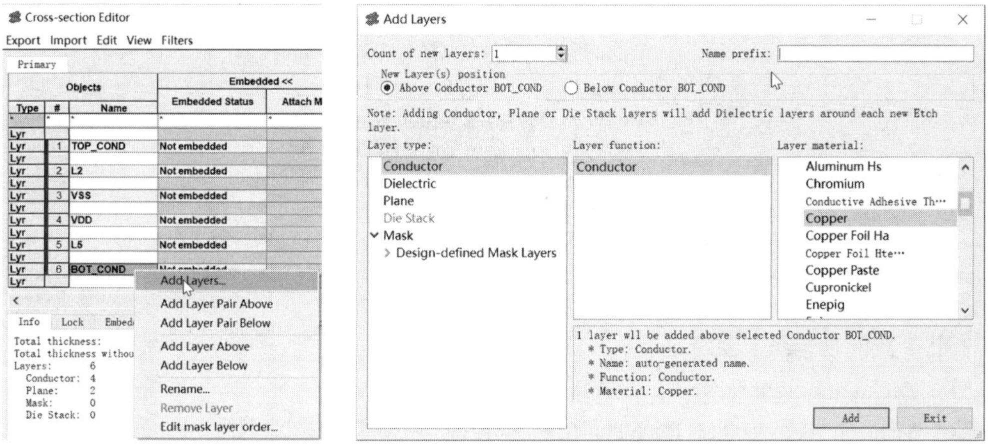

（a）　　　　（b）

图 6.6　添加层

Add Layers 对话框中各项功能解释如下。

- ❑ Count of new layers：指定需要增加的层数。
- ❑ Name prefix：为新增的层名添加前缀。
- ❑ New Layer(s) position：Above Conductor BOT_COND 是在所选的层之上添加新层；Below Conductor BOT_COND 是在所选层之下添加新层。
- ❑ Layer type：增加层的类型。如果选择增加 Conductor、Plane 或 Die Stack 层等，那么相邻的介质层也同时会被添加新层。
- ❑ Layer function：新增的作用。
- ❑ Layer material：表示新增层对应不同规格的材料。

叠层编辑器下方标签页如图 6.7 所示，功能说明如下。

- ❑ Info：显示当前叠层的总厚度，层数量的统计值。

- ❑ Lock：选中 Add Layers 后则不能在当前叠层中增加新层。选中 Values change 后则不能修改当前叠层中的参数值。

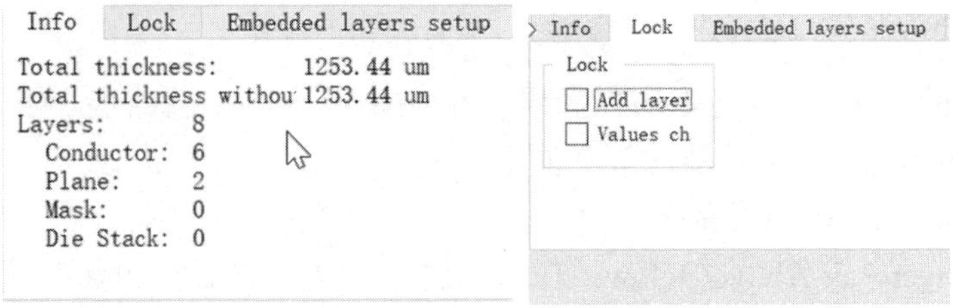

图 6.7 Info 及 Lock 标签页

6.2.3 内埋层设置

打开 Embedded layers setup 标签页，其中包含 7 个参数，如图 6.8 所示。

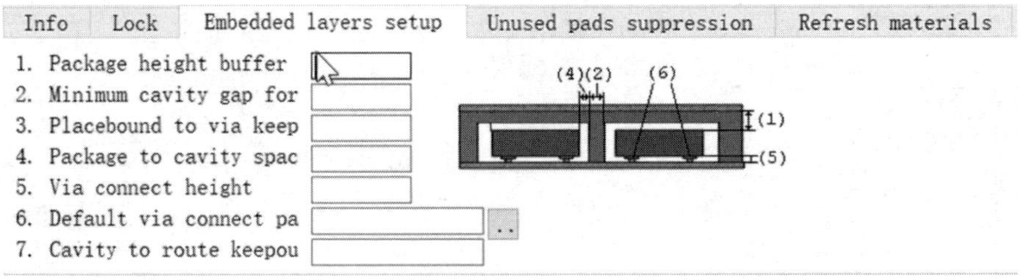

图 6.8 Embedded layers setup 标签页

7 个参数的功能解释如下。

- ❑ Package height buffer：元件高度的裕量。
- ❑ Minimum cavity gap for merging：压合时腔体间的最小间距。
- ❑ Placebound to via keepout expansion：Placebound 与 via keepout 的间距。
- ❑ Package to cavity spacing：元件与腔体的间距。
- ❑ Via connect height：连接孔的高度。
- ❑ Default via connect padstack：默认的连接孔的焊盘。
- ❑ Cavity to route keepout expansion：腔体与 route keepout 的间距。

打开 Unused pads suppression 标签页，如图 6.9 所示。此标签页中的两个复选框可以分别控制未使用的焊盘是否动态消除，以及是否显示无焊盘的孔。

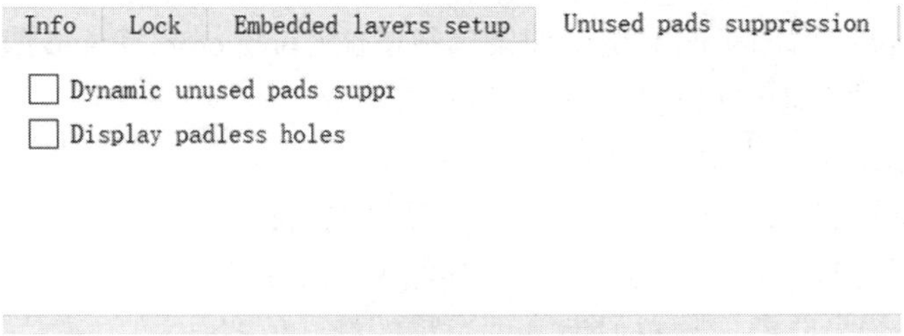

图 6.9 Unused pads suppression 标签页

打开 Refresh materials 标签页，如图 6.10 所示。此标签页中可以控制材料刷新的参数。

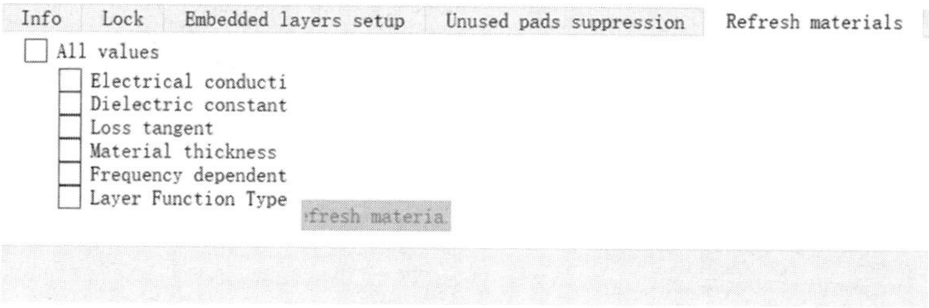

图 6.10　Refresh materials 设置

6.3　SIP 芯片堆叠设计

在多芯片堆叠设计中，出于加工构建等方面的需要，有时会使用到 Spacer（垫块）和 Interposer（互连中间层），SIP Layout 专门提供了添加 Spacer 和 Interposer 的功能及处理方法。在芯片堆叠管理器中可以修改芯片及芯片堆叠的各种参数。腔体的三维视图方便观察元器件及键合线的立体结构，在三维结构中设置约束规则自动检查，可以降低出错的概率并提高设计效率。

6.3.1　Spacer

Spacer 可以理解为一个专门为了增加各芯片间的距离而增加的一个绝缘的垫块，如图 6.11 所示，SP1 即为 D2 与 D3 间插入的垫块。

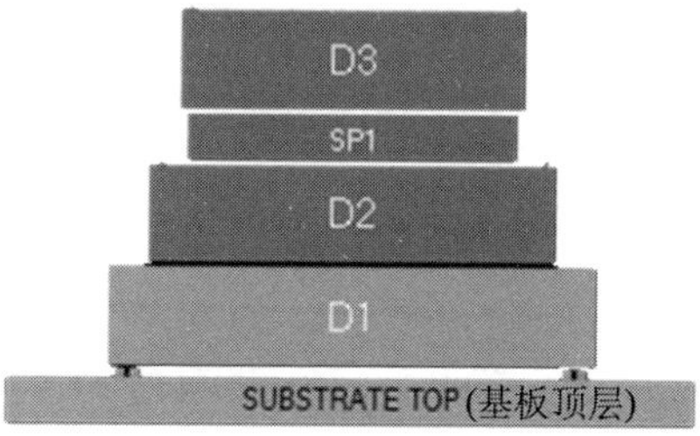

图 6.11　Spacer 示意图

增加 Spacer 的操作过程与步骤如下所示。

（1）执行菜单 Setup→Cross-section，在界面中增加类型为 Dielectric 的层，并将其放在想要放置 Spacer 的对应层（如：两个 Wire Bond 层间或 Wire Bond 与表层间）。

（2）执行菜单 Add→Spacer。

（3）在弹出的对话框中输入位号、符号名、材料、尺寸、放置的层及旋转角度等参数，系统会提示并自动创建 Spacer 图形符号。

（4）单击 Place，将 Spacer 放置在合适的位置。

下面讲解一个在 Flip chip 的 Die 上添加一个 Spacer 的案例，操作步骤如下所示。

（1）在 TOP_COND 层上面加一层 Dielectric，并将其命名为 SPACER_1，如图 6.12 所示，增加后的效果如图 6.13 所示。

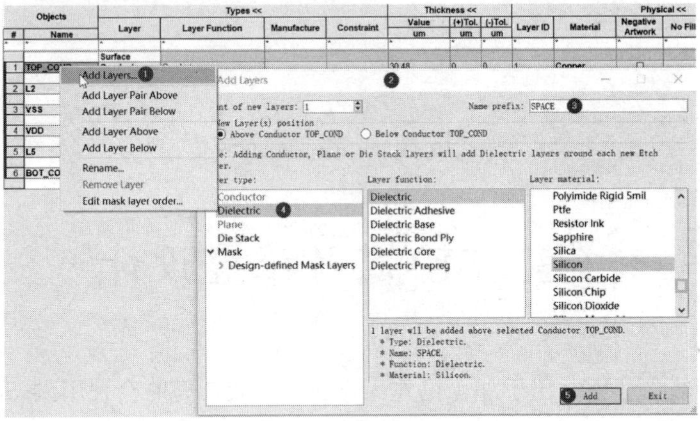

图 6.12　添加 Dielectric 层

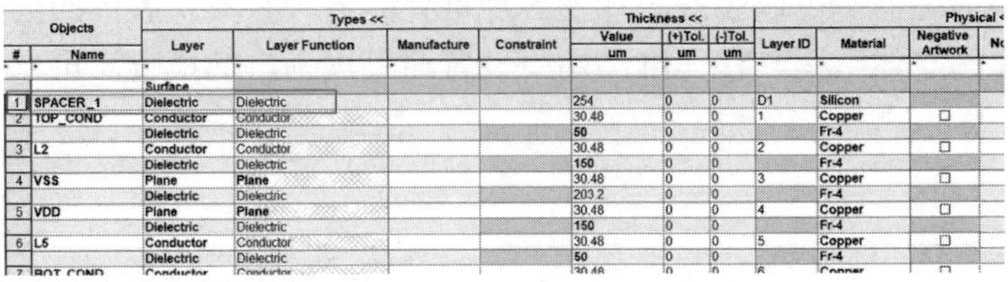
Objects
Types <<
Thickness <<
Physical <<
Layer
Layer Function
Manufacture
Constraint
Layer ID
Material
SPACER_1
TOP_COND
L2
VSS
VDD
L5
BOT_COND

图 6.13　增加 Dielectric 后效果图

（2）执行菜单 Add→Spacer 命令增加 Spacer，参数按图 6.14 所示填写，完成后单击 Place 放置 Spacer。

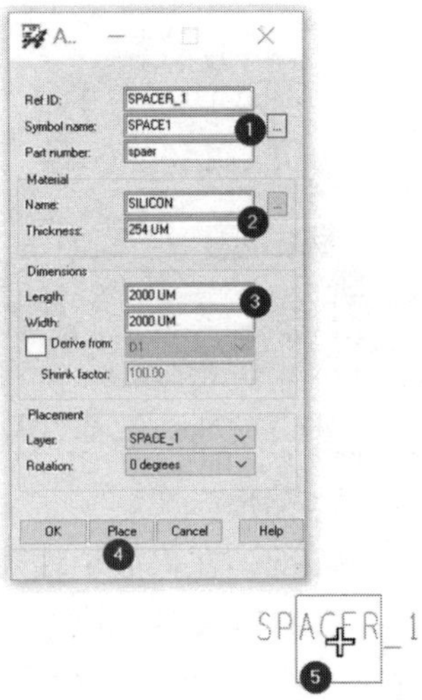

图 6.14　Spacer 参数填写与放置

（3）Spacer 放置完成后，可以执行菜单命令 Edit→Die-stack 查看堆叠后的侧视图，如图 6.15 所示。在图中还可以调整 SPACER_1 的顺序、位置、大小等。

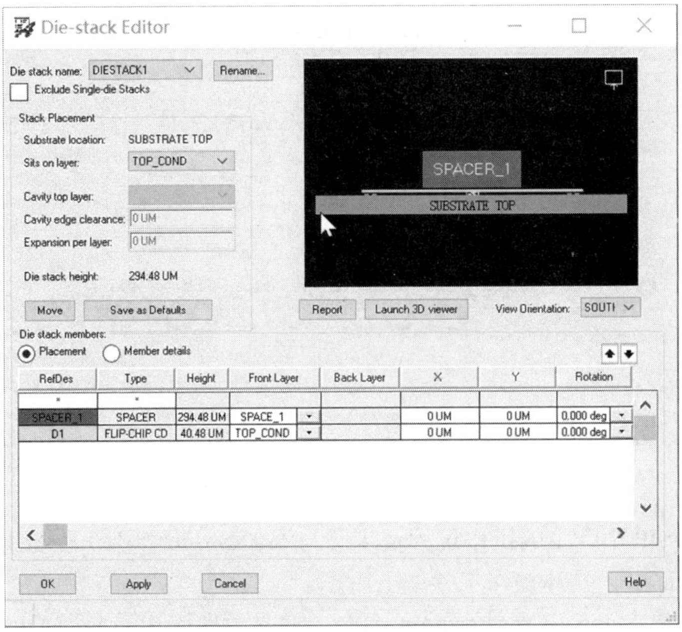

图 6.15　Die stack 侧面效果

（4）执行菜单 View→3D Model 或单击 Die-stack Editor 中的 Launch 3D viewer，看到实际的 3D 效果如图 6.16 所示。

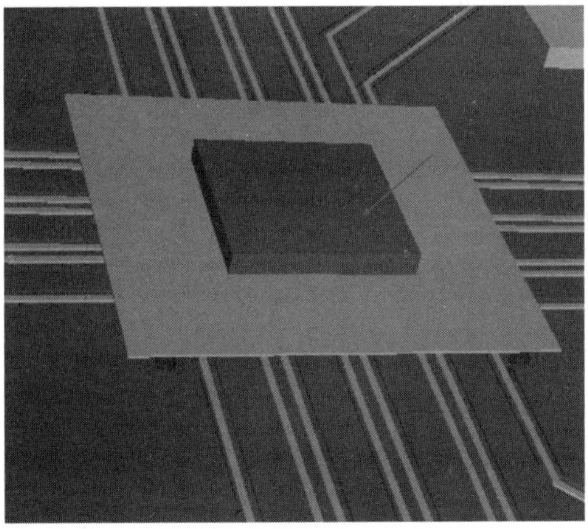

图 6.16　Spacer 的 3D 效果

6.3.2　Interposer

Interposer 相当于把一个 Die 的信号通过基板（如硅基板）把顶端的 Micro Bump 引到基板的底端形成 C4 Bump，这样既可以增大 Die 在应用时对应 Micro bump 的距离，还可以对一些连线进行优化，以便用于普通的基板上，起到互连的转接作用，使用 Interposer 封装示意如图 6.17 所示。

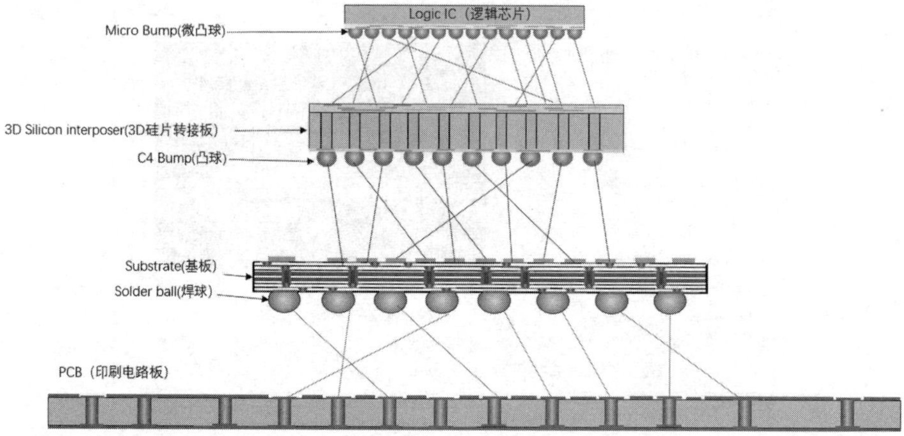

图 6.17　Die 与 Substrate 间的 Interposer

Interposer 在 SIP 平台中的操作过程及步骤与添加 Spacer 类似，但它增加的是 Diestack 层而不是 Dielectric 层，具体操作步骤如下所示。

（1）执行菜单 Setup→Cross-section 命令，在界面中增加类型为 Diestack 的层，用于放置 Interposer。

（2）执行菜单 Add→Interposer 命令。

（3）在弹出的对话框中输入识别号，符号名称，导电层及绝缘层的材料、厚度，放置的层及旋转角度等参数。

（4）单击 Place，将 Interposer 放置在合适的位置。

通过以上步骤即可完成 Interposer 的放置，如图 6.18 所示。

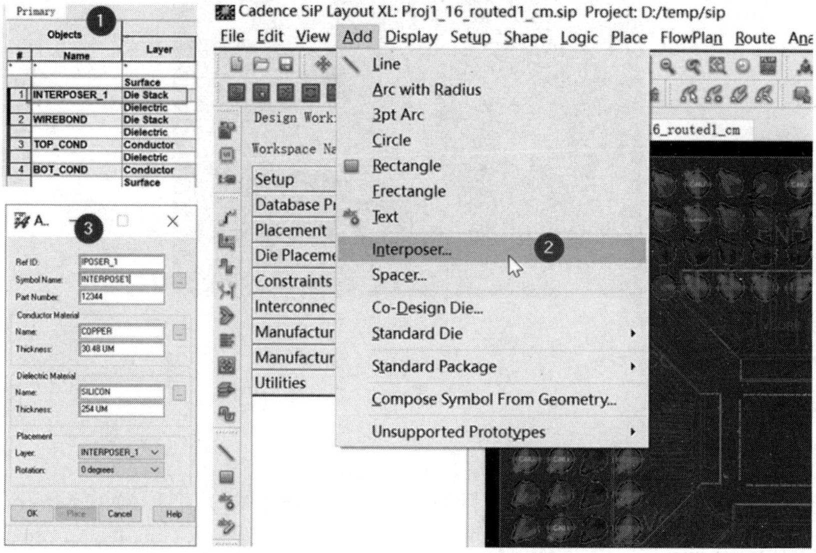

图 6.18　Interposer 添加步骤

6.3.3　芯片堆叠管理

芯片的各种平铺或堆叠是 SIP 设计中最常用到的方案，Cadence SIP Layout 包含有芯片堆叠管理器，可以用来设置芯片堆叠中包括 Spacer 及 Interposer 在内的各种参数的堆叠，界面的使用及参数描述如下所示。

（1）执行菜单 Edit→Die Stack 命令，打开芯片堆叠管理器，如图 6.19 所示。

芯片堆叠状态与 SIP Layout 中芯片层叠设置的放置情况相关。如果芯片在 SIP Layout 中为堆叠放置，那么在此处就会看到芯片是呈堆叠状态摆放；如果芯片在 SIP Layout 中是平铺放置，那么在此处看到的就是单颗芯片放置在基板上。

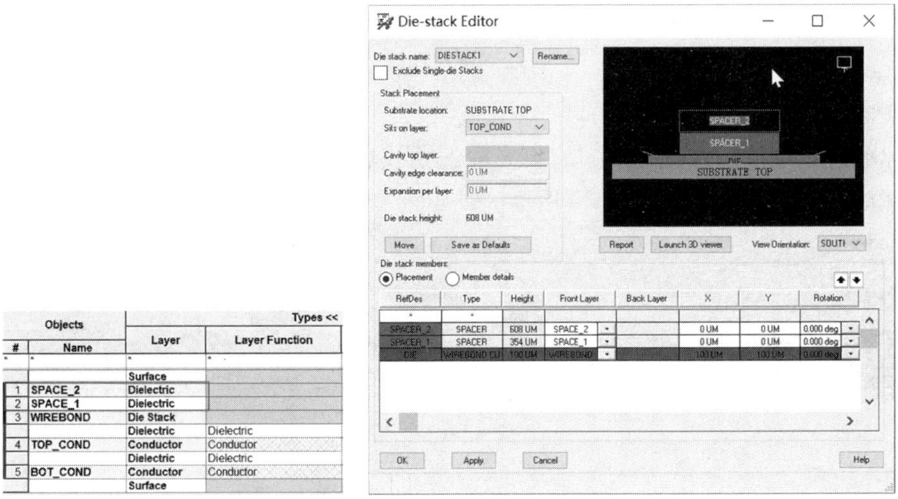

图 6.19　芯片堆叠管理器

（2）在 Die stack name 下拉列表框中可以选择不同的堆叠芯片组，单击 Rename 按钮可以更改当前选中堆叠芯片组的名称。

（3）通过对 Sits on Layer 的设置可以决定芯片是否为腔体（Cavity），设置后的效果如图 6.20 所示。

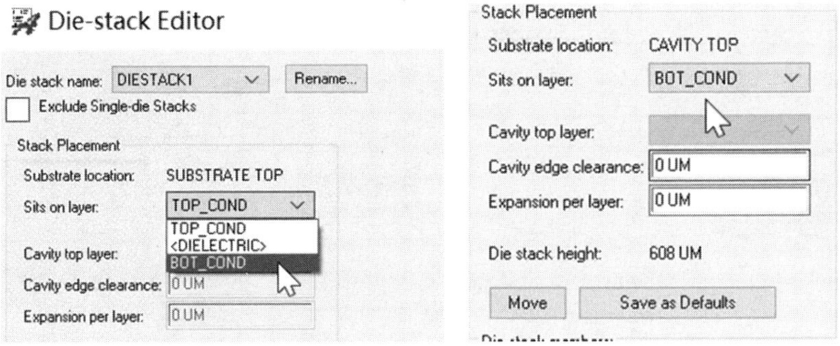

图 6.20　Sits on layer 设置

（4）Move 按钮则可以把整个堆叠结果移动到新的位置。

（5）图 6.19 中侧视图的下方各按钮功能如下。

- ❑ Report：生成整个结构的摆放报告。
- ❑ Launch 3D viewer：查看 3D 效果图。
- ❑ View Orientation：设置观察不同的角度。

（6）Die 位置、大小、材料等的编辑如图 6.21 所示，下面分别介绍图中部分设置内容。

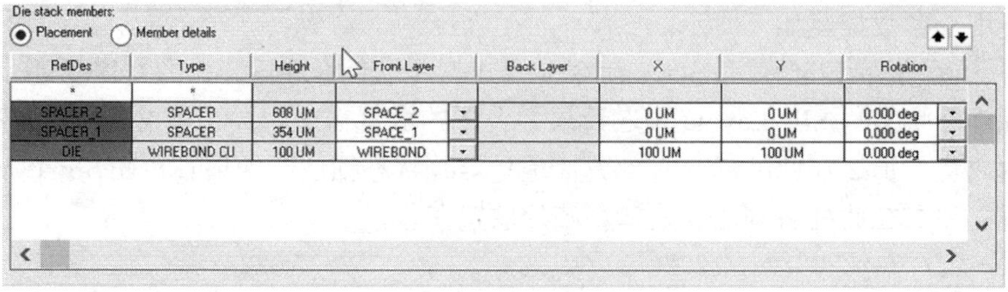

图 6.21　Die 堆叠成员设置

a．Placement

可以通过选项或输入数据设置它们之间的摆放顺序，平移位置的距离，旋转的角度，还可直接给 Spacer 换层，如图 6.22 所示。

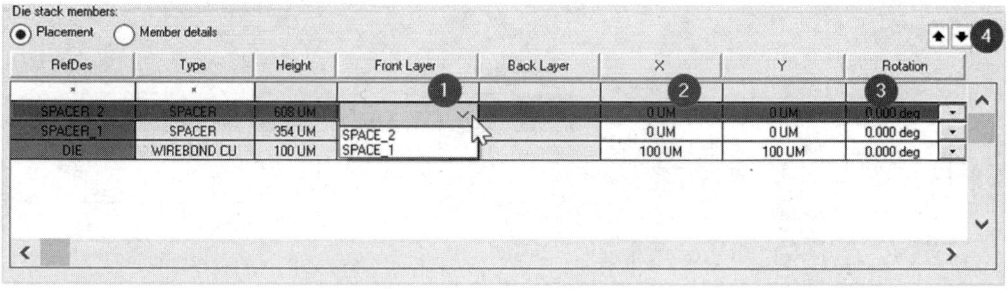

图 6.22　Placement 的设置

在如图 6.23（a）所示的 SPACER_2 上右击，快捷菜单中各选项的说明如下。

- ❑ Move：移动指定的 Spacer。
- ❑ Delete：删除指定的 Spacer。
- ❑ Swap：交换两个 Spacer（分别选择即可交换）。
- ❑ Resize Space：重新指定 Spacer 的尺寸，界面如图 6.23（b）所示。

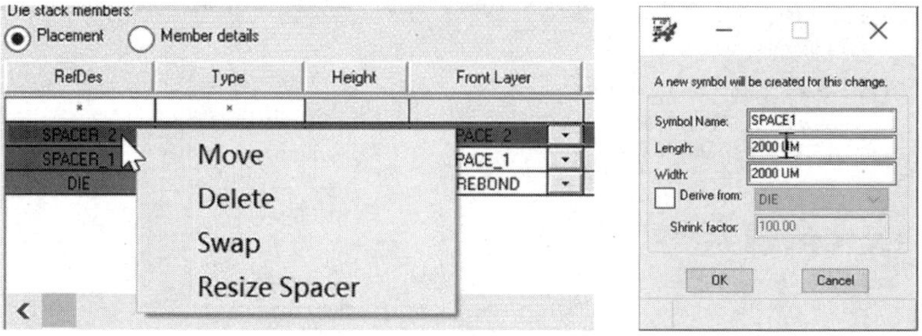

（a）　　（b）

图 6.23　Sapcer 的编辑界面

b．Member details

选中 Member details 单选按钮，可以进行修改 Part Number，更换 Spacer 的材料，修改 Spacer 的厚度等操作，如图 6.24 所示。

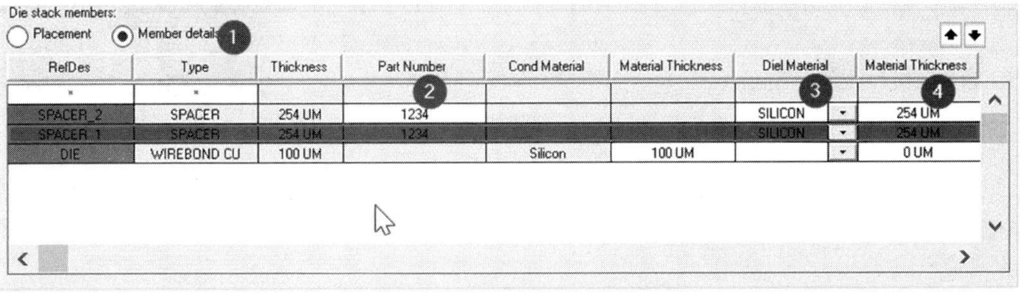

图 6.24　Member details 设置

c．编辑 Flip Chip 类 Bump

当 Die 为 Flip Chip 的形态时，可以编辑 Bump 的尺寸，如图 6.25 所示。

选定对应的 Die 后右击选择 Edit Bump Dimensions，出现如图 6.25（b）所示界面，填入相应的信息即可。

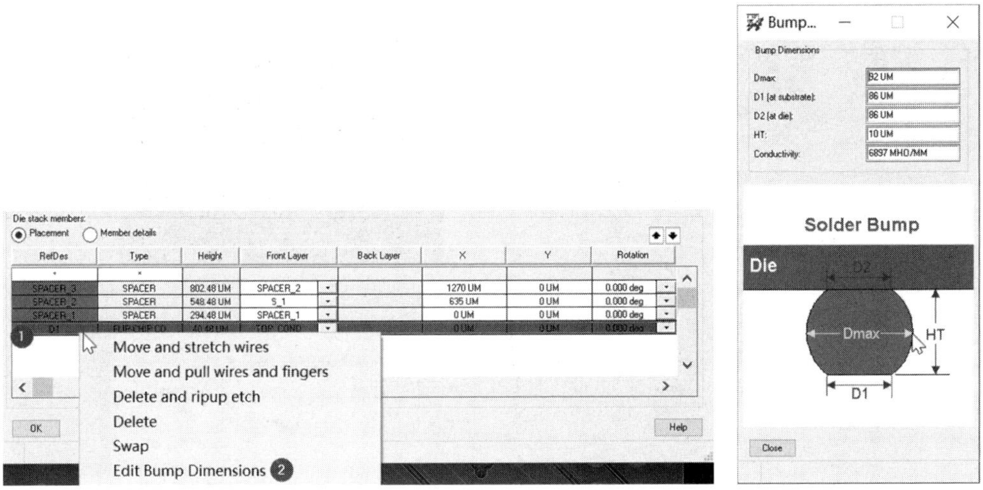

（a）　　（b）

图 6.25　编辑 Bump 尺寸

6.4　腔体封装设计

腔体（Cavity）结构的封装是指，在基板上开一个槽，再把芯片及元器件摆放在其中，腔体的设计在陶瓷封装中尤为常见。腔体分为闭合式腔体和开放式腔体，如图 6.26 所示，又可被分为单级腔体以及多级腔体（又称阶梯式腔体）。

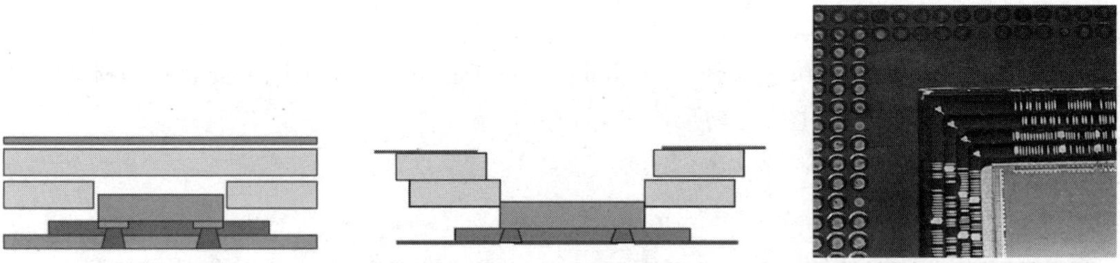

闭合式腔体　　　　开放式腔体　　　　开放式腔体实物

图 6.26　腔体封装结构

执行菜单命令 Edit→Die Stack，打开芯片堆叠管理器，如图 6.27 所示。界面中相关参数描述如下。

- ❑ Stack Placement：通过 Sits on layer 创建腔体的层，自动生成腔体。
- ❑ Cavity edge clearance：设置腔体边缘与芯片边缘的距离。
- ❑ Expansion per layer：腔体每层扩大的尺寸，用于多级腔体的设置。
- ❑ Move：移动堆叠的芯片，同时腔体也随之变动。
- ❑ Save as Defaults：将当前的设置保存为默认值。

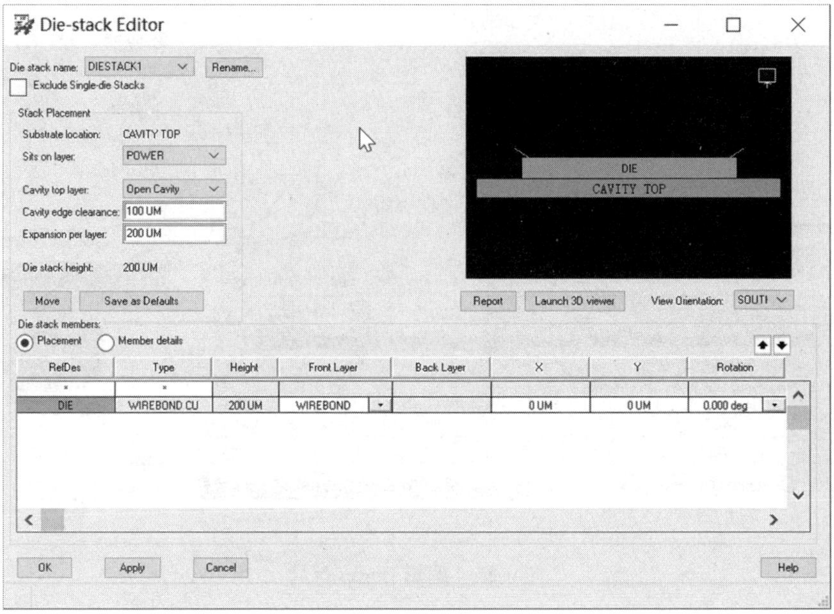

图 6.27　芯片堆叠管理器

1．腔体封装三维视图

设置好腔体封装参数后，实际的物理结构还是不够直观，因而创建好腔体后，通过三维视图更易检视。过程与具体操作步骤如下所示。

执行菜单 Display→Color/Visibility 命令，查看腔体的开窗状态，选中腔体所在的层，单击 Apply 之后可以在设计界面中看到腔体的开窗实际状态，如图 6.28 所示。

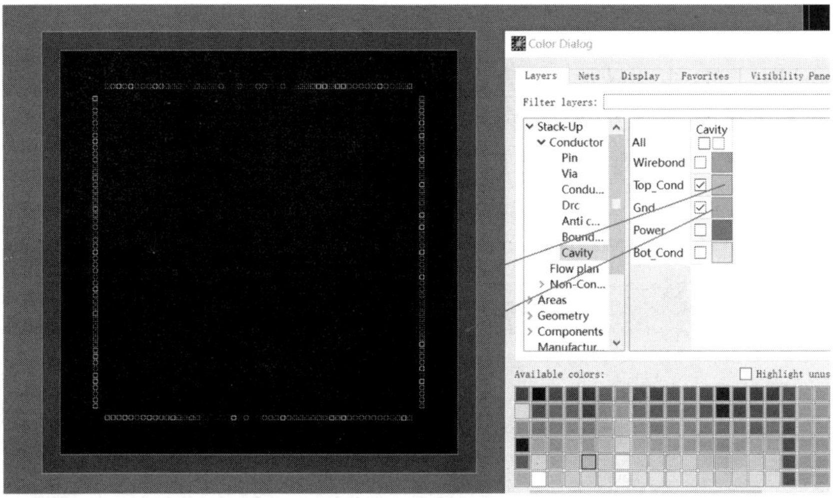

图 6.28　显示腔体的开窗状态

2. 腔体封装规则设置

给腔体设置规则，以方便设计并保证设计的准确性，设置规则的步骤如下所示。

（1）执行菜单 Setup→Constraints→Constraint Manager 命令，打开约束规则管理器。

（2）在约束规则管理器窗口内单击 Analyze→Analysis Modes→Design Options，如图 6.29 所示。

（3）根据实际项目设置图中的参数，窗口最右侧为选中项的注释栏。

（4）选中对应的 On 列使其生效。

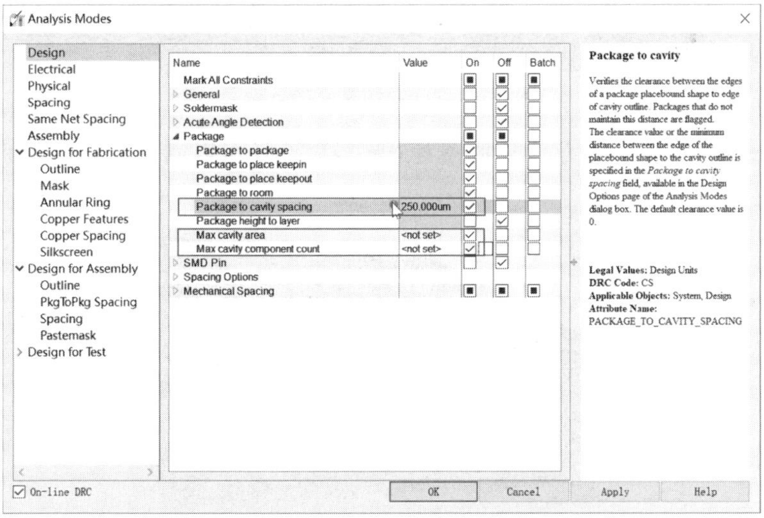

图 6.29　腔体封装约束规则设置界面

图 6.29 中相关选项的参数描述如下。

- ❑ Package to cavity spacing：设置封装与腔体边缘的距离。
- ❑ Max cavity area：设置允许的最大的开腔体面积。
- ❑ Max cavity component count：设置腔体内摆放元器件的最大数量。

3．腔体封装三维显示

腔体设计通过 3D 视图显示更为直观，具体执行步骤如下所示。

（1）执行菜单 View→3D Model 命令，会显示整个设计的 3D 图。

（2）需要局部显示，则可以通过下面的方式操作。

a．在 Options 标签页中选择 Trim to 为 Window。

b．截取部分设计，单击 View，如图 6.30 所示。

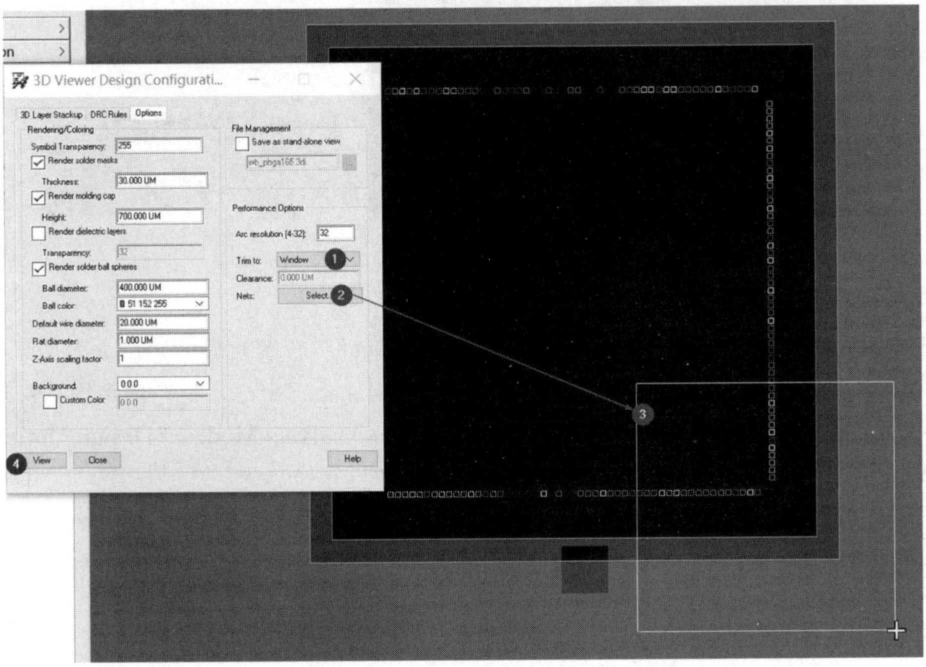

图 6.30　3D 视图显示参数设置

最后的效果如图 6.31 所示，从截图看效果较好，还可以通过 View→Scaling 命令增加比例方便检视。

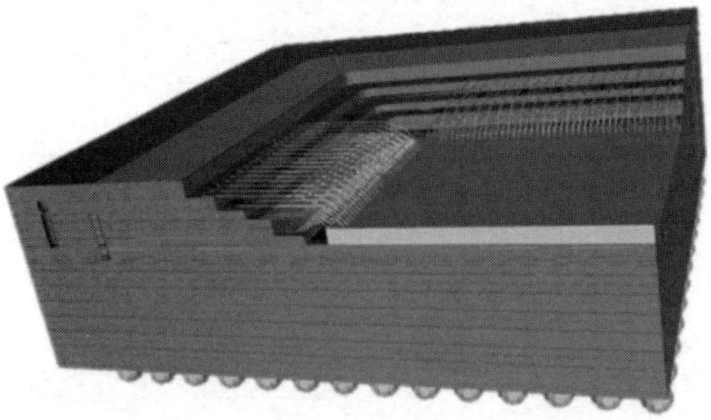

图 6.31　腔体封装局部三维显示

以上为不同种类的 3D SIP 封装内芯片摆放的方法，封装完成后余下的基板走线方式与第 4、5 章的内容类似，故不再赘述。

第 7 章　封装模型参数提取

本章讲述如何使用 Sigrity 的 XtractIM 模块提取一个 WB 的封装电参数，通过项目案例的形式详细展示封装提取 RLC 参数的完整过程，提取的 RLC 构成 IBIS 模型方式，并对这些参数结果以多种不同的方式进行显示及比较。这些方法同样适用于其他类型封装的参数提取。

提取对象为 WB-PBGA 封装结构，截面如图 7.1 所示。

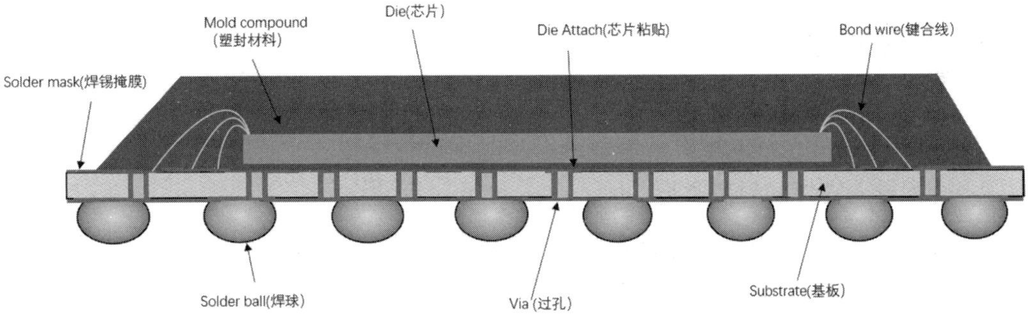

图 7.1　WB-PBGA 封装截面

7.1　WB 封装模型参数提取

下面对 WB-BGA 模型的电参数提取过程进行介绍，其主要操作步骤如下所示。

7.1.1　创建新项目

单击图标启动 XtractIM 软件，按软件界面中的推荐流程进行各种设置与操作。

按图 7.2 所示左侧导航栏中列出的流程，依照从上到下的顺序执行。

首先是创建新项目后再导入设计文件，详细过程与操作步骤如下所示。

（1）执行菜单 WorkSpace→New 命令。

（2）单击 Load a New/Different Layout 选项。

（3）选中 Load an existing spd/mcm/sip file 按钮，导入一个已存在的设计文件。

（4）单击 OK 后，选择要打开的设计文件。

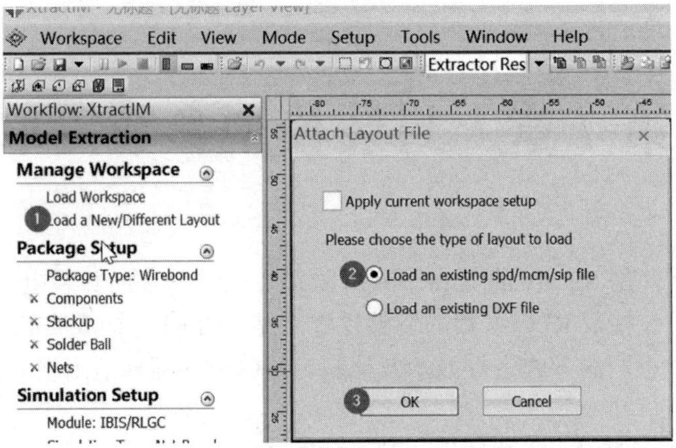

图 7.2　XtractIM 导入项目界面

7.1.2　封装设置

设计文件导入后，需要根据实际封装的形态做参数设置。

1．设置导入文件的封装类型

按图 7.3 所示 Package Setup 的流程进行封装类型设置。

选择 Package Type 为 Wire Bond①。

根据所导入的封装结构选择相应的类型，有可能是堆叠、单颗、Flip Chip②或组合等多种形式。本例的封装结构为单颗、Wire Bond、BGA 的结构，按图 7.4 所示的选项设置。

2．设置封装元件

根据下面的步骤设置封装的元件为芯片或封装。

（1）按流程选择 Components 项，如图 7.5 所示。

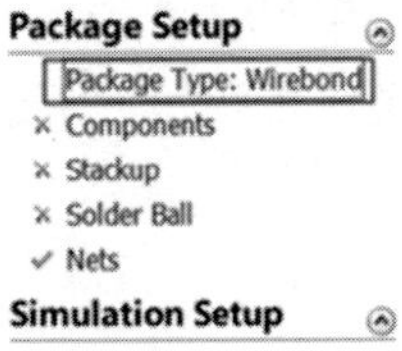

图 7.3　封装类型设置

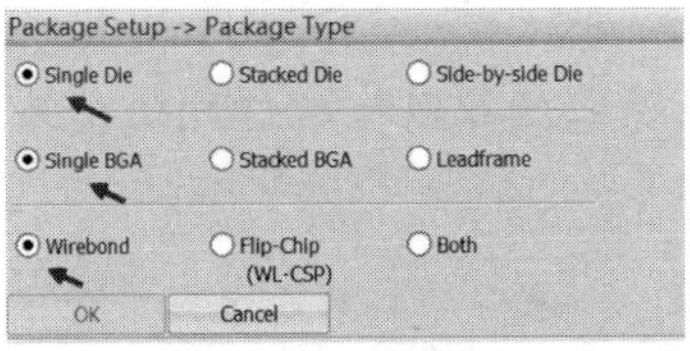

图 7.4　导入封装结构方式设置

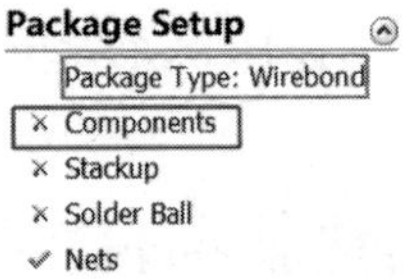

图 7.5　选择 Components 项

（2）设置 Components，在出现的图 7.6 界面中分别指定芯片及封装元件，选中 DIE 后在右键快捷菜单中选择 Select as Die，将选定的元件标为芯片。同理选中 BGA1 后右击选择 Select as Board。如封装中还包括电容等元件，也可以进行相应的设置。

3．封装层设置

对于 Wire Bond 类型的封装，XtractIM 流程设定的参数提取路径是，Die Pad→Wire

① 同图中 Wirebond，Solder Ball 同理，后文不再一一标注。

② 同图中 Flip-Chip，后文不再一一标注。

Bond→封装基板→Solder Ball→PCB Top 焊盘的模型，因而导入的文件中还需要添加 Solder Ball 和 PCB 参考平面的信息，从封装最下面的 BGA1 器件位置向下生成 Solder Ball，并以新增的 PCB 第 2 层作为参考平面，详细操作步骤如下所示。

（1）在 Package Setup 下选择 Stackup，如图 7.7 所示。

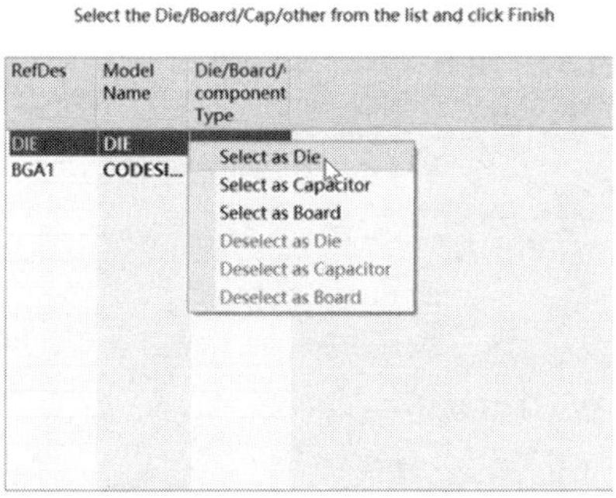

图 7.6　封装包含的元件指定设置

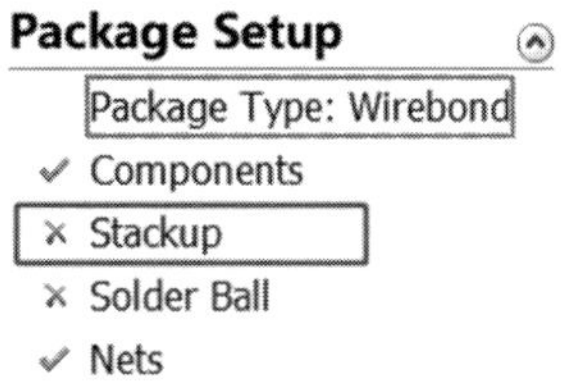

图 7.7　选择 Stackup 项

（2）在如图 7.8 所示的界面中选中最后一层，右击后选择 Insert Under→Solder Ball Medium Layer, Signal01 Layer, and Medium01 Layer→BGA1。

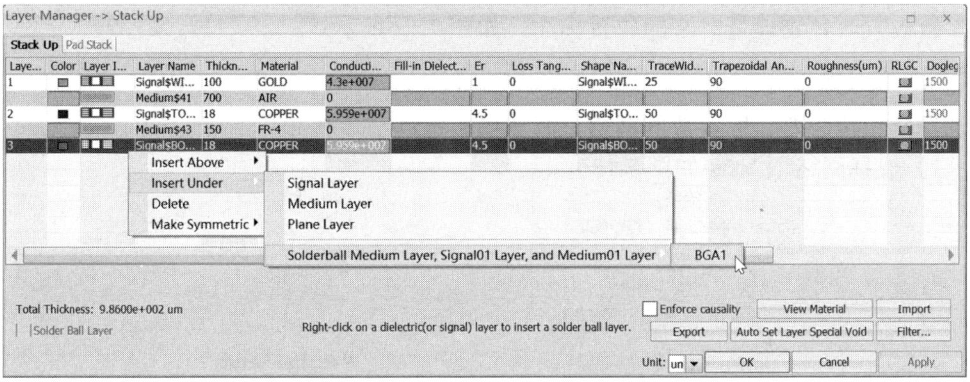

图 7.8　增加 BGA 焊球与参考平面

（3）增加 Solder Ball 及参考平面后，效果如图 7.9 所示。

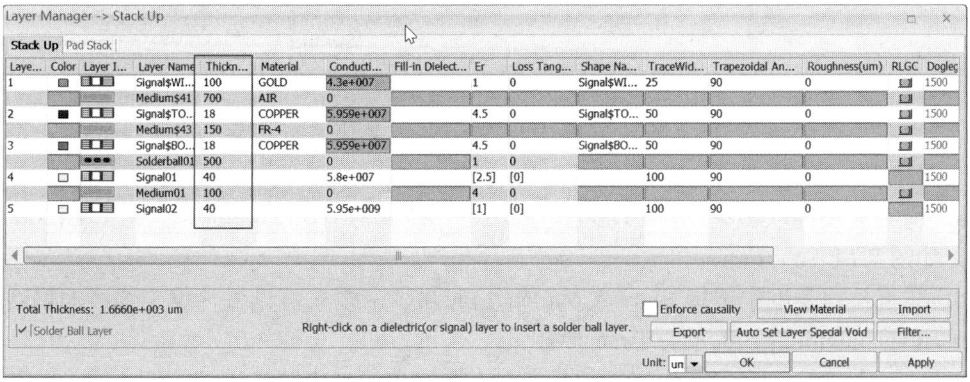

图 7.9　增加 Solder Ball 及参考平面效果

4．设置焊球

增加焊球后，需要对 BGA 焊球的材料、高度、直径等各种参数进行设置，详细操作步骤如下所示。

（1）选择 Solder Ball 项，如图 7.10 所示。

（2）在弹出的菜单中，根据实际工程数据设置 BGA 焊球的高度及直径等信息，如图 7.11 所示。

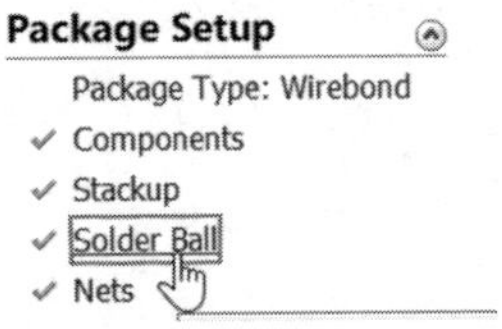

图 7.10　选择 Solder Ball 项

Package Setup -> Solder Ball

Layer Name	RefDes	Dmax (mm)	D1 (mm)	D2 (mm)	HT (mm)	Material	Conductivity (S/m)	Medium Thickness (mm)
Solderball	BGA	**0.4**	0.4	**0.4**	0.5		5.8e7	**0.1**

图 7.11　BGA Solder Ball 参数设置

参数设置时各物理量对应的位置标注，如图 7.12 所示。

5．网络设置

选择及设置需要提取参数的网络，具体操作过程与步骤如下所示。

（1）选择网络项 Nets 如图 7.13 所示。

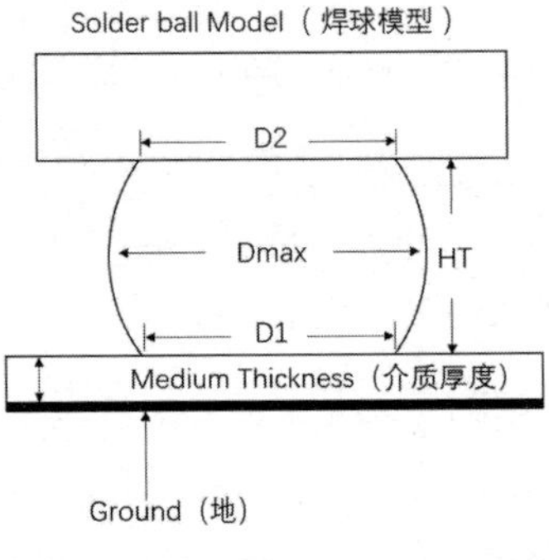

图 7.12　Solder Ball 参数中的物理表示

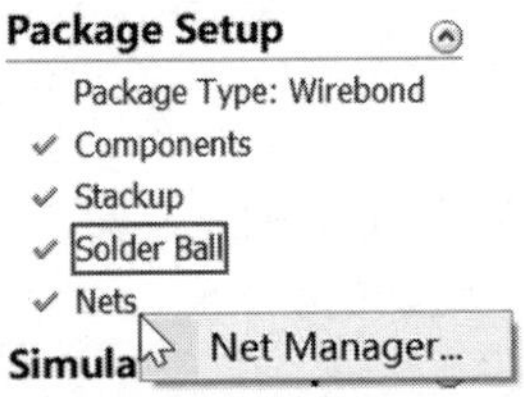

图 7.13　选择 Nets 项

（2）在出现的如图 7.14 所示界面中，对网络各参数进行设置。Net Manager 页面中可以设置电源/地、差分对、显示 Couple line、Rise Time、Couple 等，主要步骤如下。

a．选中需要提取模型的网络，把电源/地网络归类到 PowerNets ①组或 GroundNets ②组，如图 7.14（a）所示。

b．在下拉列表框中选择 Show Coupled Line③显示模式，设置计算走线线间耦合的阈值 Percentage Coupling 和 Rise Time 参数。

可以按 Ctrl+A 选择所有网络，然后选择右键快捷菜单中的 Edit Coupling Parameters ④进行参数设置，线间耦合计算的阈值设置为 2%和 100ps，如图 7.14（b）所示。

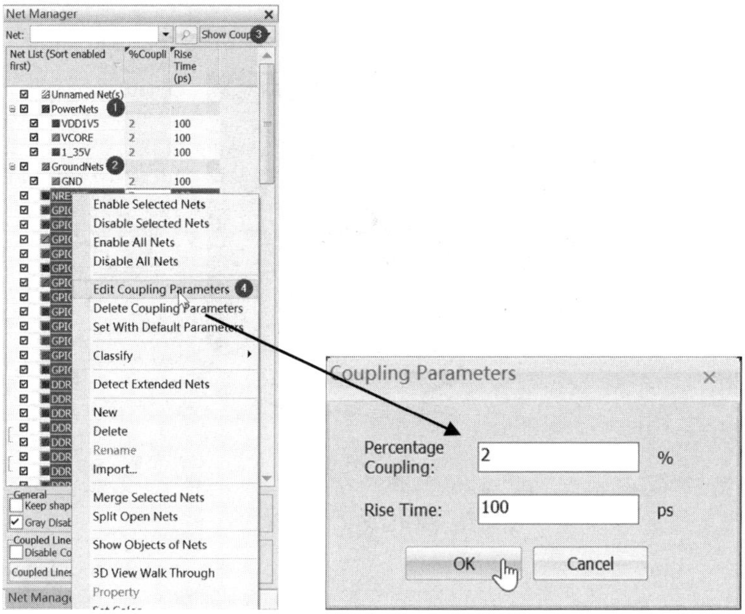

（a）　（b）

图 7.14　仿真网络的选择与设置

7.1.3　仿真设置

层与 Solder Ball 等参数设置完成后，下面进行仿真设置，具体过程与详细执行步骤如下所示。

1．模型类型选项

选择 Module：IBIS/RLGC 选项，如图 7.15 所示。

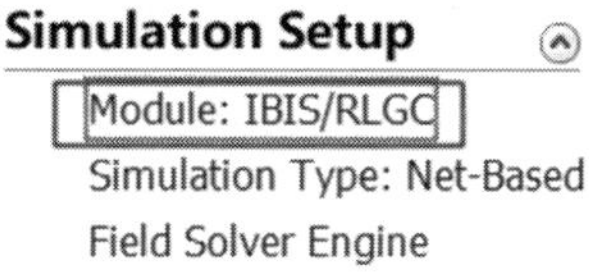

图 7.15　仿真设置-模型类型

在接下来的界面选择如图 7.16 所示的选项：Module：IBIS/RLGC。

图中可以选择按单频点求解 IBIS（标准封装寄生参数模型）/一阶 RLGC 模型或宽频带的多阶 RLGC 模型，这里选择 IBIS/RLGC 模式。

2．设置仿真类型

仿真类型提取方式可以设置为基于网络的方式，也可以使用基于 Pin 的方式。下面选择基于网络（Net-Based）的方式，与基于 Pin 的方式在操作上类似，如图 7.17 和图 7.18 所示。

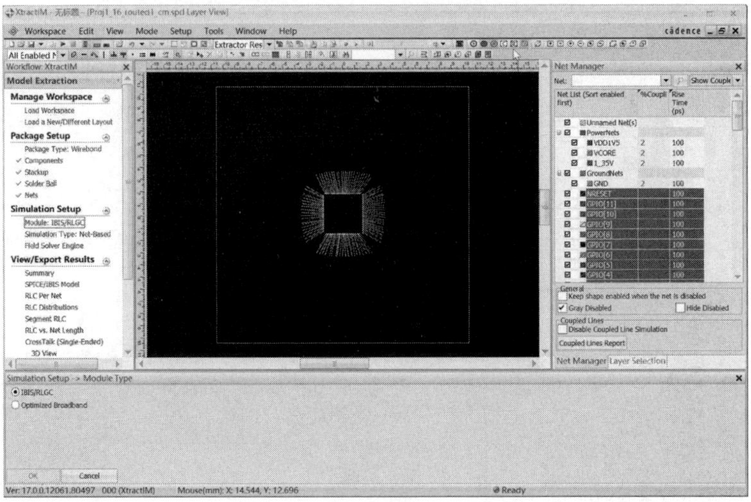

图 7.16　IBIS/RLGC 仿真选项

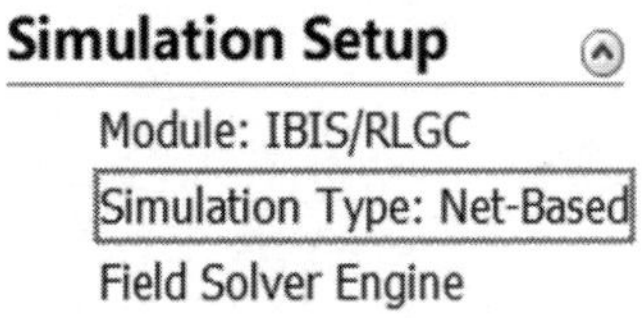

图 7.17　仿真设置-仿真类型

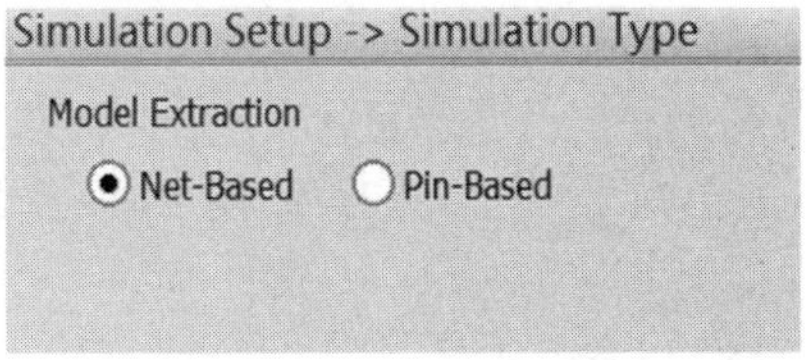

图 7.18　模型提取模式

3. 场求解引擎

对于仿真的算法，Sigrity 提供多种场求解引擎，通过单击如图 7.19 所示导航栏中的 Simulation Setup→Field Solver Engine 启动相应的界面。在弹出的 Options 设置窗口界面，选择使用 PowerSI，混合引擎 Hybrid Solver 或 3D-EM Solver 下包括全波求解引擎以及准静态求解引擎等不同算法进行模型提取。调用 3D-EM 引擎时，可以设置先用混合引擎算法快速分析整个封装 Layout 各区域的相互耦合情况，然后根据耦合大小自动将整个 Layout 划分成多个区域，分别用 3D-EM 引擎求解。

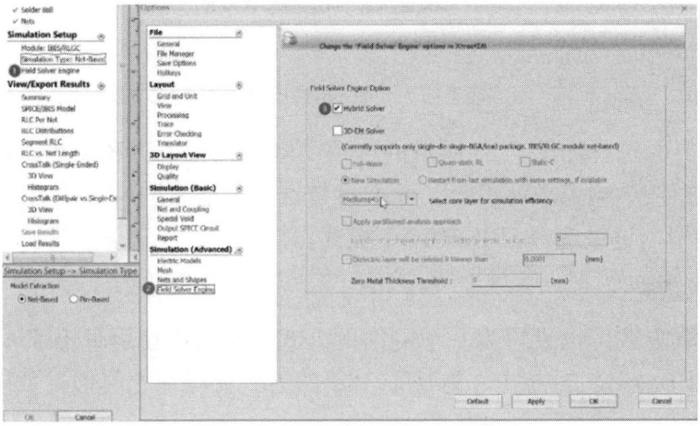

图 7.19　模型仿真引擎选择

4. 设置仿真频率

仿真引擎设置完成后，下面对仿真参数的频率点进行设置，详细步骤及方法如下所示。

（1）通过菜单单击 Setup→Extraction Frequency，如图 7.20 所示，进入仿真频率设置界面。

（2）在提取频率点对话框中输入需要提取的频率点，如图 7.21 所示，此处输入 100MHz。

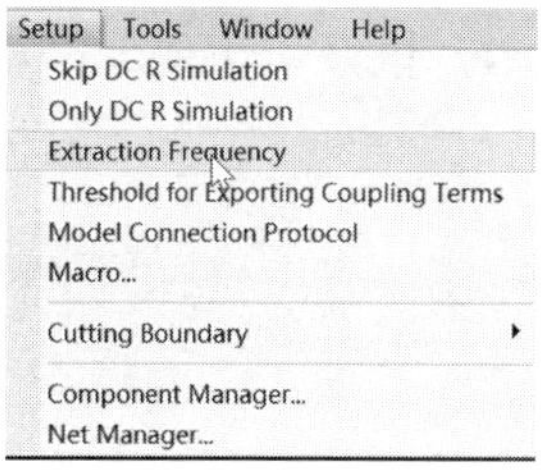

图 7.20　仿真频率设置

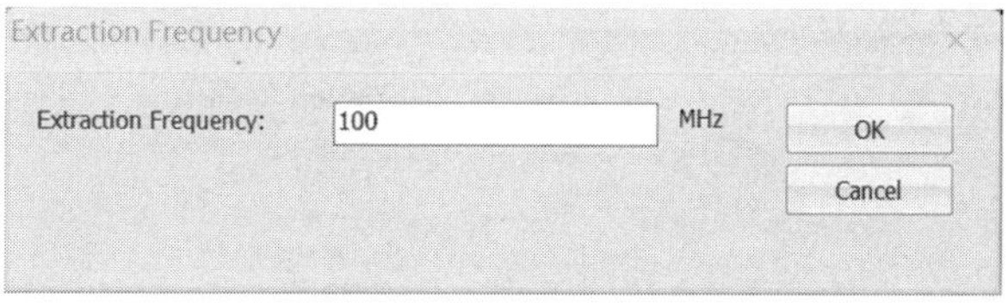

图 7.21　提取参数仿真频率点

以上仿真的设计步骤完成后，在工具栏选择 Save all，将项目保存为以.ximx 为后缀的文件，还需要保存修改后的.spd Layout 文件，在弹出的窗口中选择 Shape Processing，完成保存。

7.1.4　启动仿真

以上设置完成后如没有报错，即可运行仿真，详细操作步骤如下所示。

（1）选中需要提取参数的网络。根据实际情况选中需要提取参数的网络，如图 7.22 所示。

（2）运行仿真。单击 Start Simulation 按钮运行仿真，如图 7.23 所示。

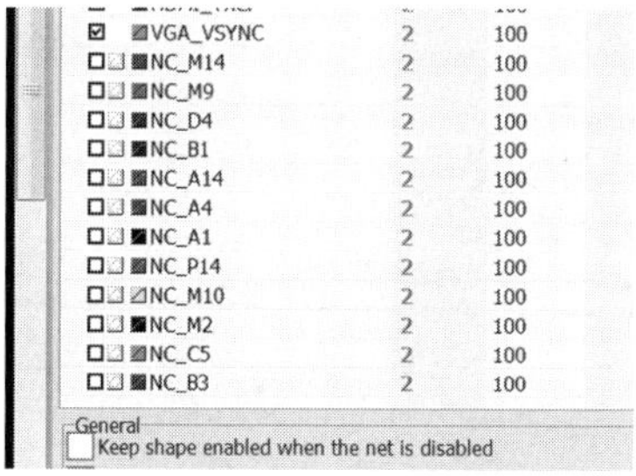

图 7.22　选择需要提取参数的网络

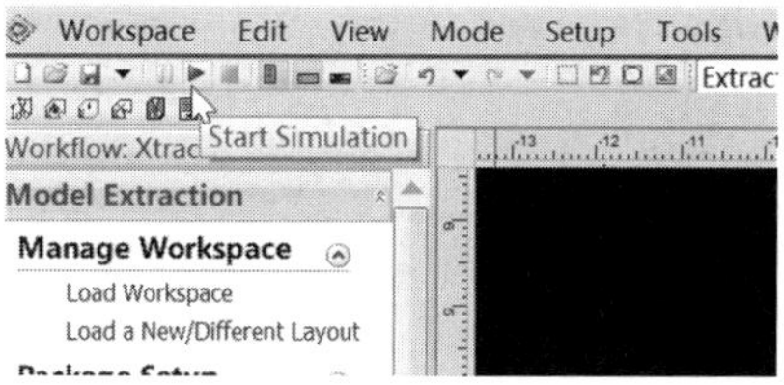

图 7.23　运行仿真

7.2　模型结果处理

仿真时间的长短与所使用的引擎、网络数、机器硬件配置、单板的复杂度等都有关系。

在仿真完成后，会生成不同格式的数据与文件，可以按不同的方式查看仿真结果，也可以根据不同的需求输出不同格式的仿真结果。

7.2.1 参数汇总表

选择 View/Export Results→Summary 选项，如图 7.24 所示。这里汇总了所选网络参数表，记录了仿真后所选的每个网络的自感、互感、自容、互容，以及最大值、最小值等数据，如图 7.25 所示。

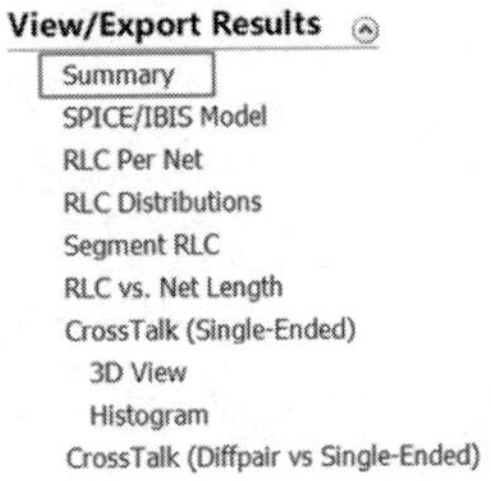

图 7.24 选择 Summary 项

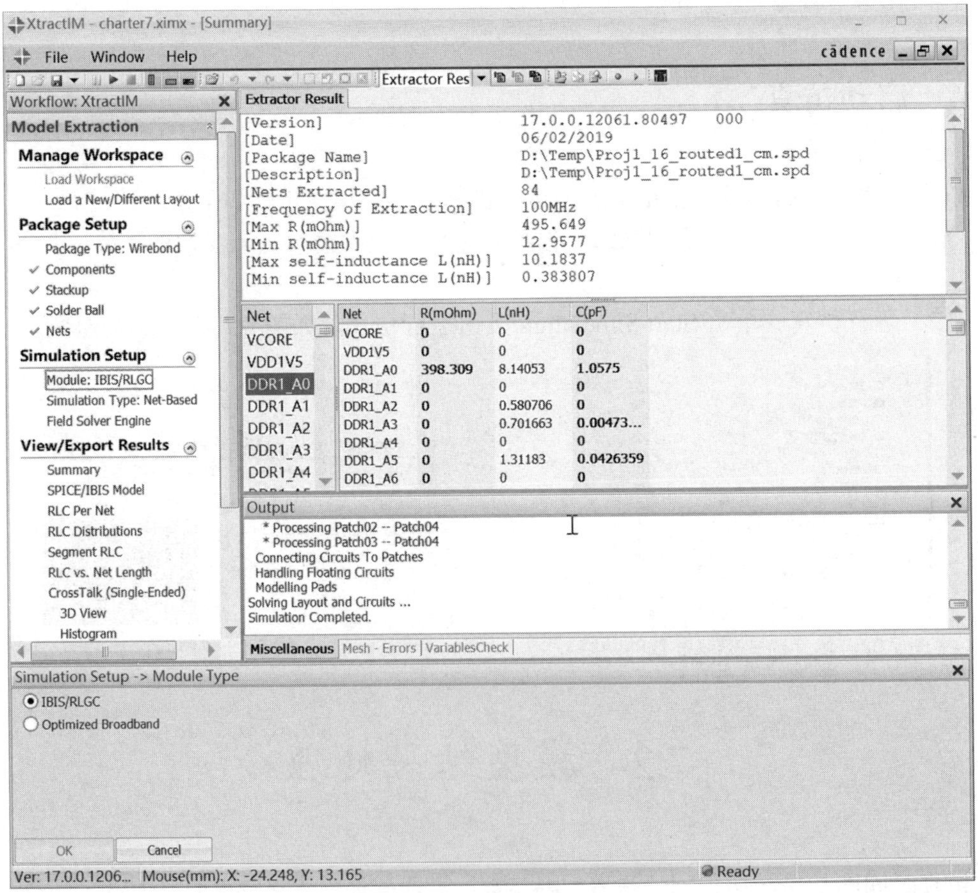

图 7.25 Summary 中网络 R/L/C 值汇总

7.2.2　SPICE/IBIS Model 形式结果

选择 View/Export Results→SPICE/IBIS Model 选项，可以输出不同类型网络接法的等效 SPICE 及 IBIS Model 的文件，如图 7.26 所示。

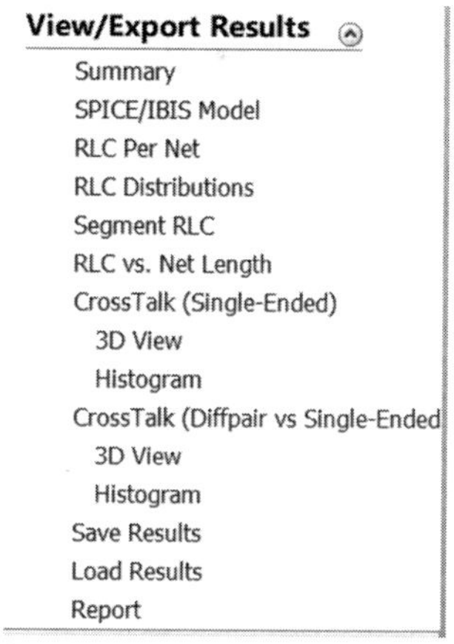

图 7.26　选择 SPICE/IBIS Model 项

1．SPICE 网表输出

提取的网络参数，可以分别按 T 型及 Pi 型等效电路的 SPICE 网表格式输出，如图 7.27 所示。

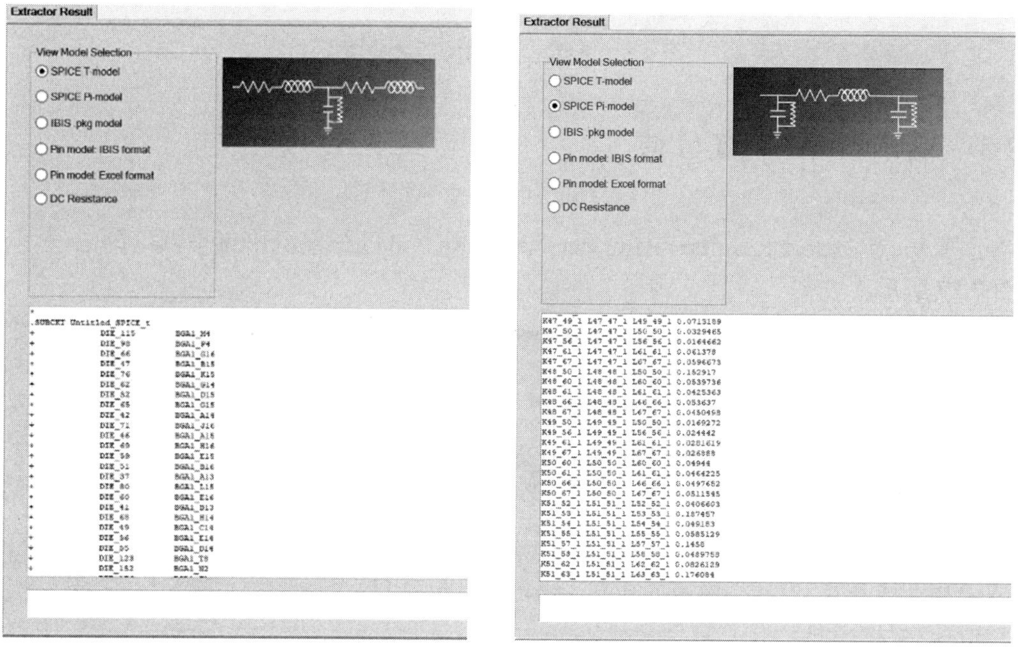

图 7.27　输出 T 及 Pi 格式的 Spice 格式结果

2. IBIS 模型格式输出

除了 SPICE 网也可以输出 IBIS 模型格式的封装参数文件，如图 7.28 所示。

- Pin model:IBIS format：IBIS 标准的每个 Pin 的封装 RLC 参数模型。
- IBIS pkg model：IBIS 标准的包含不同 Pin 之间互容互感的带耦合的封装 RLC 参数模型。

注：软件提取出的 IBIS 模型的 RLC 参数使用前面定义的 POWER 及 GND 网络作为参考。

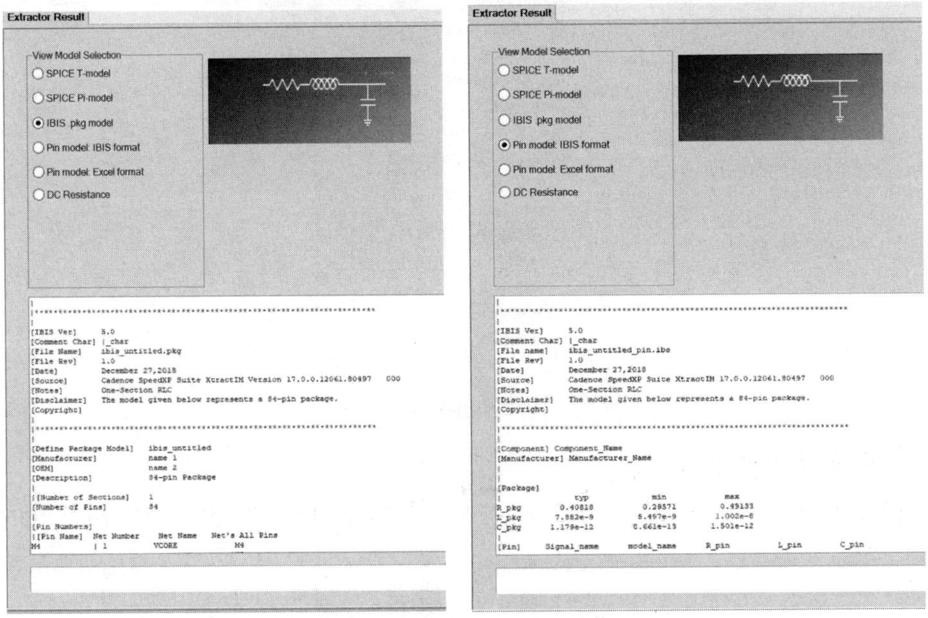

图 7.28　封装参数 IBIS 格式选项

7.2.3　输出网络的 RLC 值

选择 View/Export Results→RLC Per Net 选项，可以分别输出每个网络的 RLC 值，如图 7.29 所示。

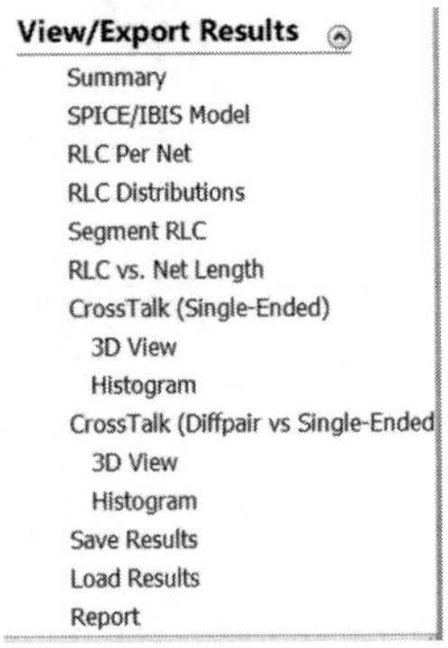

图 7.29　输出每个网络的 RLC 值

接下来图形化输出每个网络的自感和互感等部分。如图 7.30 所示，左侧下拉表框中有 All Terms（全部）、Self Terms（自感）和 Mutual Terms（互感）3 个选项。选择 Self Terms 后，再选择右侧下拉列表框中的 Inductance（电感）。

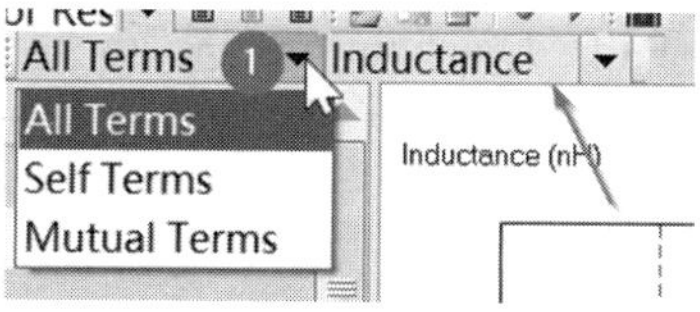

图 7.30　电感数据的选择

所有网络的值都可以在同一平面内显示，如图 7.31 所示。

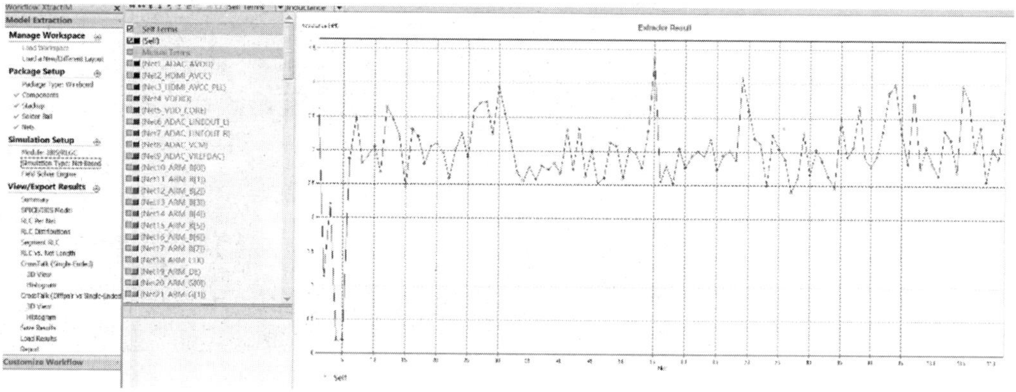

图 7.31　每个网络的自感数据图

选择互感时，可以根据图形直观地选出互感最强的网络，如图 7.32 所示。

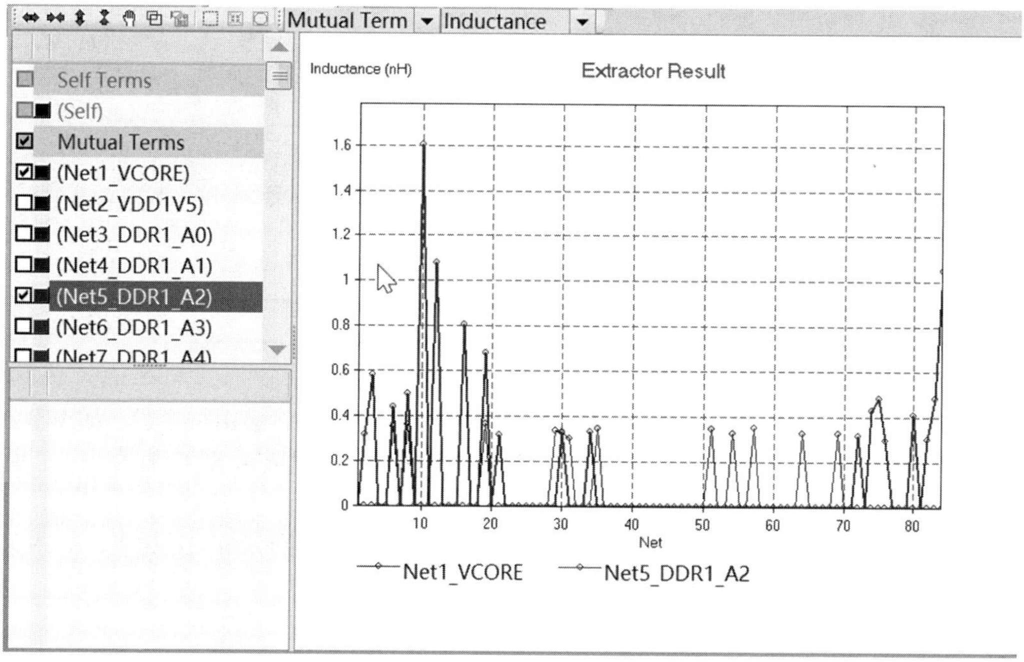

图 7.32　每个网络的互感数据图

7.2.4 RLC 立体分布图

选择 View/Export Results→RLC Distributions 选项，可以将整个 RLC 值通过立体分布图的方式显示出来，方便数据比较，如图 7.33 所示。单击对应的柱状条，可以得到互感及网络名等信息。

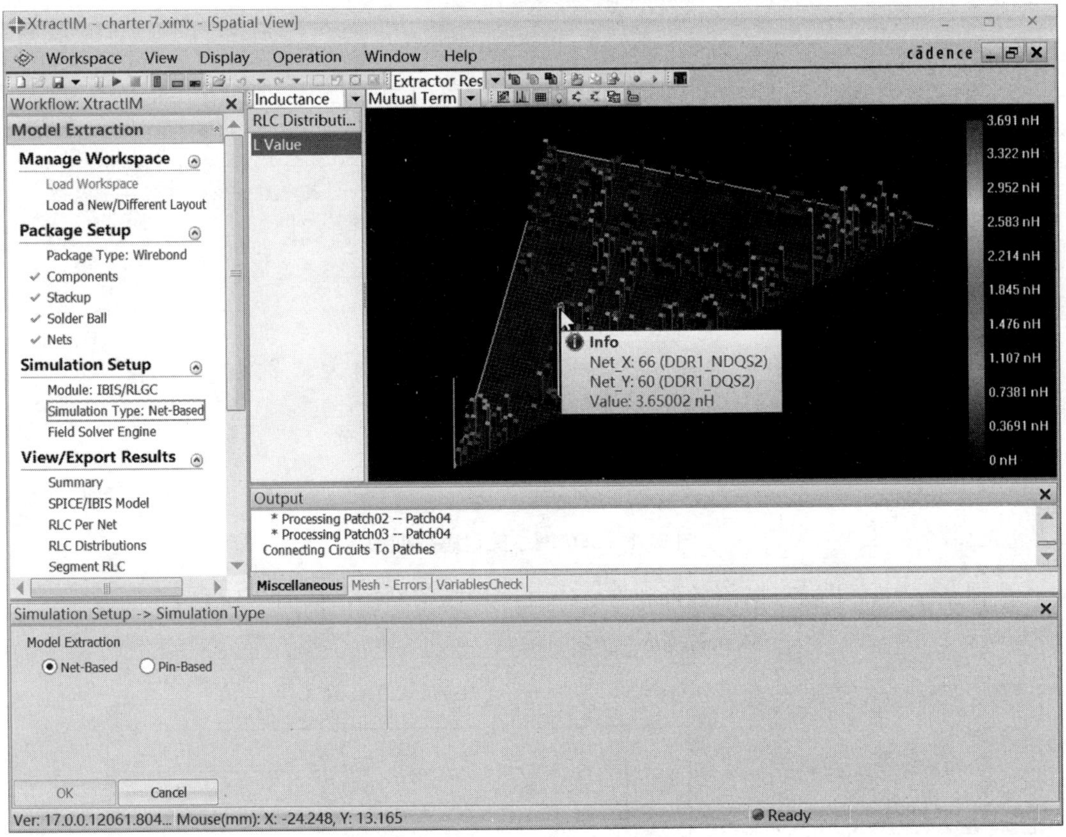

图 7.33 RLC 立体分布效果图

7.2.5 RLC 网络分段显示

前面的方法是显示一根网络总长度的 RLC 数据，但一根网络会由很多段（如 WB 线、表层、内层、底层走线）构成。根据这个情况，软件提供了分段显示 RLC 值的功能，更便于分析问题。

通过单击 View/Export Results→Segments RLC 选项，即可得到分段的数据表，如图 7.34 所示。

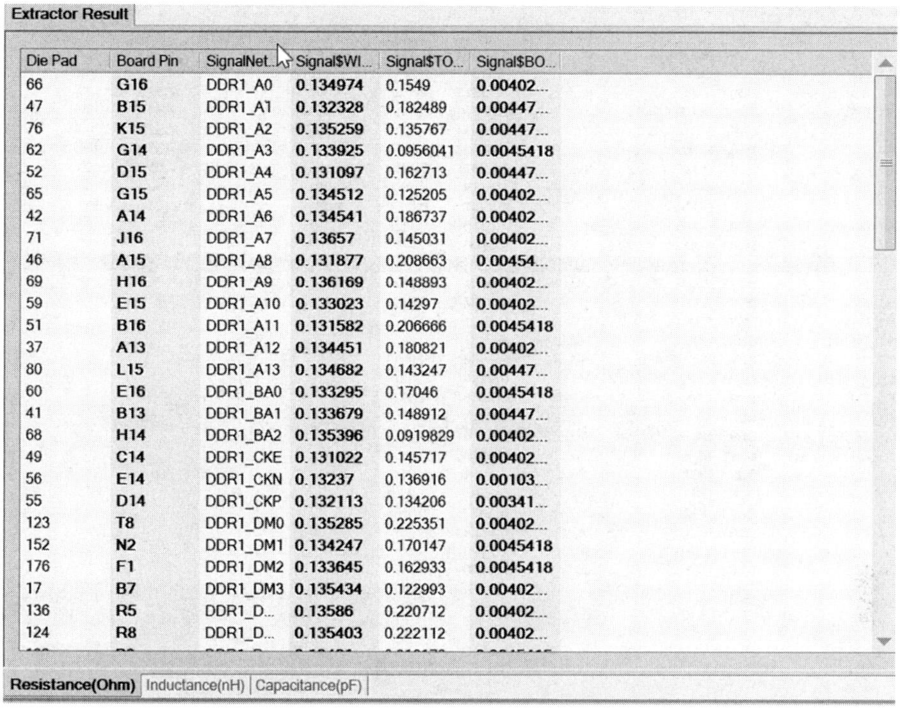

Extractor Result

Die Pad	Board Pin	SignalNet...	Signal$WI...	Signal$TO...	Signal$BO...
66	G16	DDR1_A0	0.134974	0.1549	0.00402...
47	B15	DDR1_A1	0.132328	0.182489	0.00447...
76	K15	DDR1_A2	0.135259	0.135767	0.00447...
62	G14	DDR1_A3	0.133925	0.0956041	0.0045418
52	D15	DDR1_A4	0.131097	0.162713	0.00447...
65	G15	DDR1_A5	0.134512	0.125205	0.00402...
42	A14	DDR1_A6	0.134541	0.186737	0.00402...
71	J16	DDR1_A7	0.13657	0.145031	0.00402...
46	A15	DDR1_A8	0.131877	0.208663	0.00454...
69	H16	DDR1_A9	0.136169	0.148893	0.00402...
59	E15	DDR1_A10	0.133023	0.14297	0.00402...
51	B16	DDR1_A11	0.131582	0.206666	0.0045418
37	A13	DDR1_A12	0.134451	0.180821	0.00402...
80	L15	DDR1_A13	0.134682	0.143247	0.00447...
60	E16	DDR1_BA0	0.133295	0.17046	0.0045418
41	B13	DDR1_BA1	0.133679	0.148912	0.00447...
68	H14	DDR1_BA2	0.135396	0.0919829	0.00402...
49	C14	DDR1_CKE	0.131022	0.145717	0.00402...
56	E14	DDR1_CKN	0.13237	0.136916	0.00103...
55	D14	DDR1_CKP	0.132113	0.134206	0.00341...
123	T8	DDR1_DM0	0.135285	0.225351	0.00402...
152	N2	DDR1_DM1	0.134247	0.170147	0.0045418
176	F1	DDR1_DM2	0.133645	0.162933	0.0045418
17	B7	DDR1_DM3	0.135434	0.122993	0.00402...
136	R5	DDR1_D...	0.13586	0.220712	0.00402...
124	R8	DDR1_D...	0.135403	0.222112	0.00402...

Resistance(Ohm) | Inductance(nH) | Capacitance(pF)

图 7.34　网络链路中分段的 RLC 数据表

7.2.6　对比 RLC 与网络长度

软件中还提供了网络长度与 RLC 值间的对比图。如单击 View/Export Results→L vs. Net Length 选项，即可调出对应的结果，如图 7.35 所示。

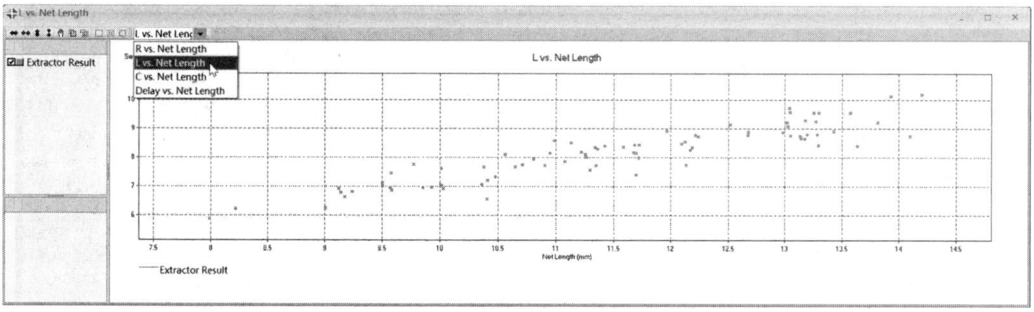

图 7.35　RLC 与网络长度对比图

7.2.7　单端串扰

单端串扰的结果如图 7.36 所示，从结果表格中可以看到每根网络的串扰及互容、互感的信息。

Net i	Net j	Rij (mOhm)	Lij (nH)	Cij (pF)	NEXT (%)	Total NEX...	FEXT (%)	Tr (pS)
DDR1_DQS2	DDR1_NDQS2	0	3.6500	0.3573	18.45		-7.21	100
DDR1_CKP	DDR1_CKN	0	3.0186	0.2871	18.15		-7.29	100
DDR1_A10	DDR1_NWE	0	1.4938	0.0424	5.85		-7.37	100
DDR1_DM3	DDR1_DQ28	0	1.6385	0.0360	6.56		-7.44	100
DDR1_BA1	DDR1_A6	0	2.1629	0.1009	8.68		-7.52	100
DDR1_NCS	DDR1_NCAS	0	1.2895	0.0000	4.41		-7.53	100
DDR1_DQ26	DDR1_DQ24	0	1.3931	0.0000	4.57		-7.65	100
DDR1_A6	DDR1_BA1	0	2.1629	0.1009	8.89		-7.92	100
DDR1_DQ24	DDR1_DQ26	0	1.3931	0.0000	4.97		-8.31	100
DDR1_DQ30	DDR1_DQ26	0	2.2316	0.1126	11.17		-8.60	100
DDR1_DQS3	DDR1_NDQS3	0	3.6906	0.2768	18.54		-8.70	100
DDR1_NDQS3	DDR1_DQS3	0	3.6906	0.2768	19.31		-10.07	100
DDR1_BA2	DDR1_BA2	303.763	5.8731	0.7827		65.70		
DDR1_A3	DDR1_A3	314.406	6.2177	0.8384		42.73		
DDR1_NRAS	DDR1_NRAS	339.876	6.2561	0.8135		21.55		
DDR1_DQ30	DDR1_DQ30	340.926	6.6287	0.8033		38.34		
GPIO[11]	GPIO[11]	343.319	6.8080	0.9017		34.82		
DDR1_CKP	DDR1_CKP	347.533	6.9156	1.0233		35.15		
DDR1_CKN	DDR1_CKN	348.464	6.7856	1.0539		35.79		
DDR1_A5	DDR1_A5	351.008	6.9418	0.9051		29.34		
DDR1_DQ19	DDR1_DQ19	352.456	7.0116	0.9587		21.80		
DDR1_DQ24	DDR1_DQ24	352.589	6.8518	0.8261		33.45		
DDR1_DM3	DDR1_DM3	353.175	7.1004	0.8143		24.97		
DDR1_CKE	DDR1_CKE	357.321	6.5587	1.0362		11.47		
DDR1_DQ08	DDR1_DQ08	360.18	6.9482	0.9583		27.59		
DDR1_NCS	DDR1_NCS	360.393	6.9658	0.8575		25.24		
DDR1_DQ10	DDR1_DQ10	362.691	7.0426	0.9668		27.18		
DDR1_DQ17	DDR1_DQ17	363.679	7.0160	0.9923		23.09		

Save

图 7.36 单端串扰结果

1. 单端串扰 3D 显示

对于 Cross Talk（Single-Ended），使用 3D 方式显示更为直观，通过在 3D 图中单击对应的柱状图即可得到相应的信息，如图 7.37 所示。

通过单击 View/Export Results→Cross Talk (Single-Ended)→3D View，即可调出相应的结果。

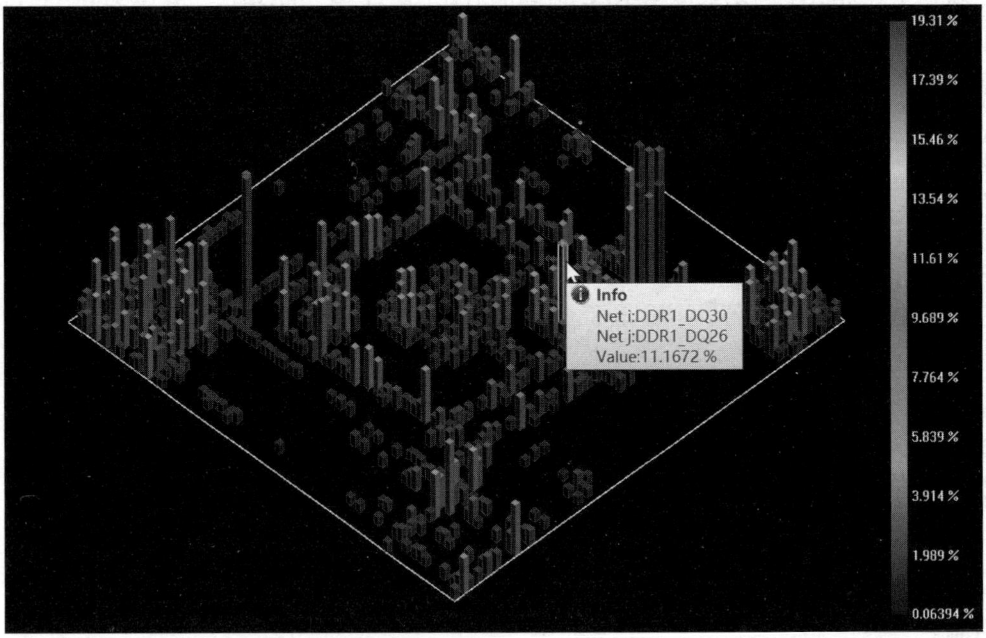

图 7.37 Cross Talk 3D 显示结果

2．单端串扰直方图显示

直方图也是显示结果的一种方式，在图中单击相应的柱状条，即可显示相应的信息。通过单击 View/Export Results→CrossTalk(Single-Ended)→Histogram 可调出相应的结果，如图 7.38 所示。

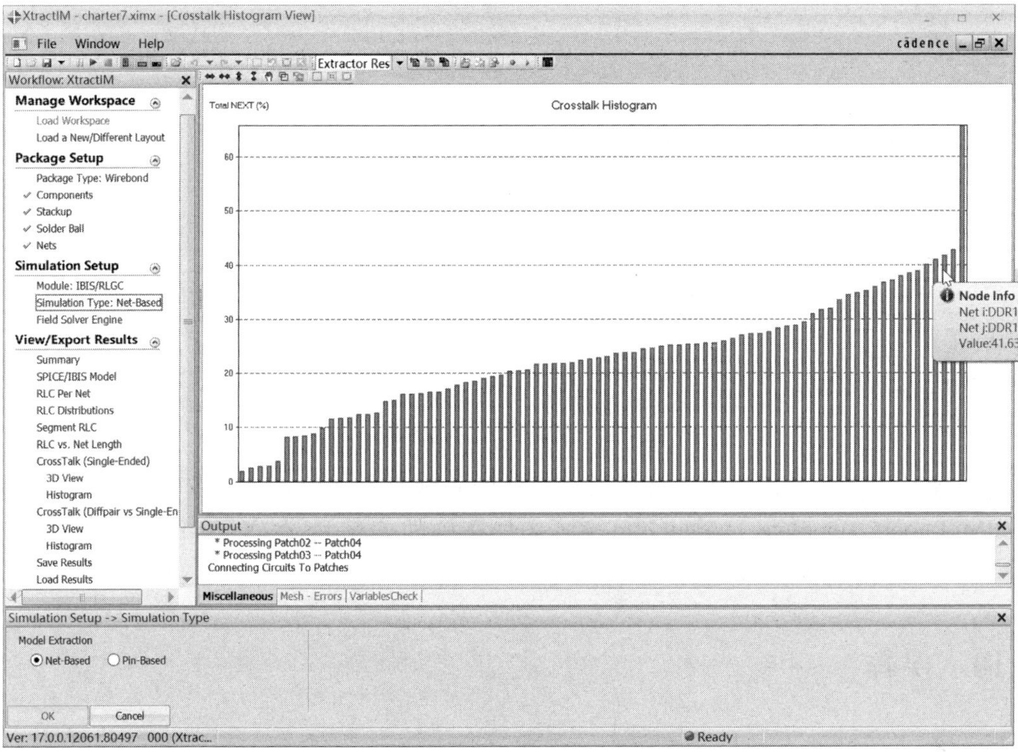

图 7.38　直方图显示结果

7.2.8　差分与单端间串扰

与单端串扰类似，在网络中定义了网络的差分对属性后，进行模型提取时可以把差分对间的串扰也提取出来。

通过单击 View/Export Results→CrossTalk(Diffpair vs Single-Ended)可调出相应的结果，如图 7.39 所示。使用 3D View 或 Histogram 显示差分时间串扰的方式与上面单端串扰的操作一样。

Net i	Net j	Rij (mOhm)	Lij (nH)	Cij (pF)	NEXT (%)	Total NEXT (%)	FEXT (%)	Tr (pS)
Diff_DDR1_DQS1-DDR1_NDQS1	**Diff_DDR1_DQS1-DDR1_NDQS1**	868.519	**9.7310**	0.8453		4.29		
Diff_DDR1_CKN-DDR1_CKP	**Diff_DDR1_CKN-DDR1_CKP**	694.975	**7.7488**	0.6772		4.20		
Diff_DDR1_DQS3-DDR1_NDQS3	**Diff_DDR1_DQS3-DDR1_NDQS3**	745.482	**7.8695**	0.6769		3.87		
Diff_DDR1_DQS2-DDR1_NDQS2	**Diff_DDR1_DQS2-DDR1_NDQS2**	853.306	**10.1847**	0.7748		1.65		
Diff_DDR1_DQS0-DDR1_NDQS0	**Diff_DDR1_DQS0-DDR1_NDQS0**	990.281	**12.2096**	0.9142		1.23		
DDR1_DQ06	**Diff_DDR1_DQS0-DDR1_NDQS0**	0	**0.0028**	0.0000	**0.00**		-0.03	100
DDR1_DQ13	**Diff_DDR1_DQS1-DDR1_NDQS1**	0	**0.0140**	0.0000	**0.00**		-0.02	100
DDR1_DQ16	**Diff_DDR1_DQS3-DDR1_NDQS3**	0	**0.0016**	0.0000	**0.00**		-0.03	100
Diff_DDR1_DQS0-DDR1_NDQS0	**DDR1_DQ06**	0	**0.0028**	0.0000	**0.00**		-0.02	100
Diff_DDR1_DQS1-DDR1_NDQS1	**DDR1_DQ09**	0	**0.0032**	0.0000	**0.00**		-0.02	100

图 7.39　差分与单端串扰显示结果

7.2.9 自动生成仿真报告

通过单击 View/Export Results→Report 可自动生成仿真报告，如图 7.40 所示。

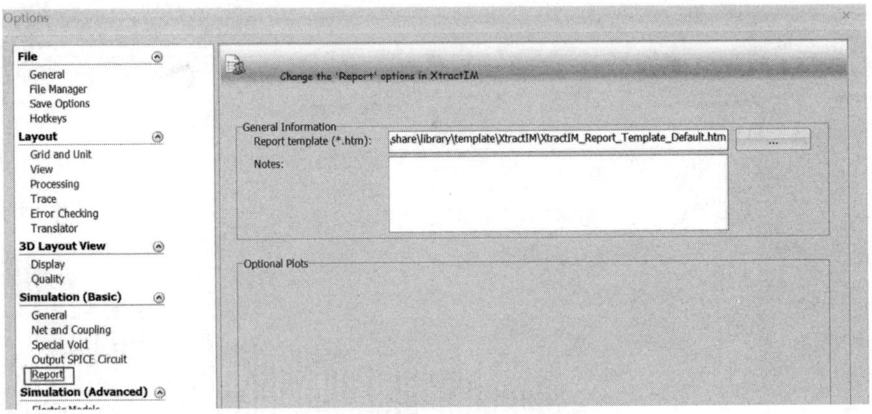

图 7.40 仿真报告生成界面

可以通过软件的默认模板文件修改成需要的专用报告文件格式，默认的模板文件为 XtractIM_Report_Template_Default.htm，此文件在软件安装目录 X:\Cadence\Sigrity2017\share\library\template\XtractIM 下。

7.2.10 保存

保存后，结果以各种文件的方式存在当前的目录下，不同的文件名及对应的内容描述可以参考表 7.1 所示。

表 7.1 结果文件描述表

描述	文件名
RLC full matrix; Maximum mutual L/C;Total mutual L/C	
Each net's Net-length. R. L, C. and Delay	wirebond_PinModel. csv
Each net's DC-resistance	wirebond_DCResistance.csv
Signal net's near- and far-end crosstalk	wirebond_signal_Xtalk. csv
Pi-topology SPICE circuit model	wirebond_SPICE_t.ckt
T-topology SPICE circuit model	wirebond_SPICE_t.ckt
Model with IBIS .pkg format	ibis_wirebond_pin.ibs
Model template with IBIS pin format	ibis_wirebondjpin.ibs
Signal net's Segment R	wirebond_SegmentR. csv
Signal net's Segment L	wirebond_SegmentL. csv
Signal net's Segment C	wirebond_SegmentC .csv
Result File, used for XIM re-loading results	result_wirebond_xxxx.ximresult result_wirebond_xxxx_RLC_Matrix.xim

第 8 章　封装设计高效辅助工具

8.1　BGA 引脚自动上色工具

8.1.1　程序及功能介绍

1．程序名称

BGA_PINMAP_COLORED_V1.exe

2．功能介绍

封装引脚较多时，通常会把 BGA 的每个引脚对应的信号映射到 Excel 表格中进行检视。本程序是把在 Excel 表格中映射的 BGA 信号引脚，根据电源、地、信号等类型自动赋上不同的颜色，以方便后续检视，效果如图 8.1 所示。

图 8.1 所示为原始没有上色的 BGA 信号引脚映射图（PINMAP），图 8.2 所示则为经程序配上颜色后的 BGA 引脚信号映射图，可扫码查看。

如某总线的区载中混入其他的总线信号时，可以从颜色上一眼识别出来。

	A	B	C	D	E	F	G	H	I	J	K	L	M	N	O	P	Q
1		1	2	3	4	5	6	7	8	9	10	11	12	13	14	15	16
2	A	GND	DDR1_DQ18	GND	DDR1_DQ25	DDR1_DQ31	GND	DDR1_DQ28	DDR1_DQS3	GND	DDR1_DQ26	DDR1_NCAS	DDR1_ODT	DDR1_A12	DDR1_A6	DDR1_A8	GND
3	B	DDR1_DQ22	DDR1_DQ16	DDR1_DQ29	GND	DDR1_DQ27	GND	DDR1_DM3	DDR1_NDQS3	DDR1_DQ30	DDR1_DQ24	DDR1_NCS	GND	DDR1_BA1	GND	DDR1_A1	DDR1_A11
4	C	DDR1_DQ20	GND	GND	VDD1V5	VDD1V5	VDD1V5	VDD1V5	VDD1V5	VDD1V5	VDD1V5	VDD1V5	DDR1_NRAS	VDD1V5	DDR1_CKE	GND	GND
5	D	GND	GND	VDD1V5	VDD1V5	VCORE	VCORE	VCORE	VCORE	VCORE	VCORE	VCORE	VCORE	VDD1V5	DDR1_CKP	DDR1_A4	DDR1_NWE
6	E	DDR1_NDQS2	DDR1_DQS2	VDD1V5	VCORE									VCORE	DDR1_CKN	DDR1_A10	DDR1_BA0
7	F	DDR1_DM2	DDR1_DQ17	VDD1V5	VCORE									VCORE	VDD1V5	GND	GND
8	G	DDR1_DQ23	GND	VDD1V5	VCORE									VCORE	DDR1_A3	DDR1_A5	DDR1_A0
9	H	DDR1_DQ21	DDR1_DQ19	VDD1V5	VCORE									VCORE	DDR1_BA2	GND	DDR1_A9
10	J	GND	GND	VDD1V5	VCORE									VCORE	GND	GND	DDR1_A7
11	K	DDR1_DQ14	DDR1_DQ10	VDD1V5	VCORE									VCORE	VDD1V5	DDR1_A2	GND
12	L	DDR1_DQ12	GND	VDD1V5	VCORE									VCORE	VDD1V5	DDR1_A13	NRESET
13	M	DDR1_DQS1	DDR1_NDQS1	DDR1_DQ08	VCORE									VCORE	GPIO[11]	GND	GND
14	N	GND	DDR1_DM1	GND	VDD1V5	VCORE	VCORE	VCORE	VCORE	VCORE	VCORE	VCORE	VCORE	VDD1V5	GPIO[8]	GND	GPIO[3]
15	P	DDR1_DQ15	GND	GND	VDD1V5	VDD1V5	DDR1_DQ02	VDD1V5	VDD1V5	VDD1V5	GND	VDD1V5	VDD1V5	VDD1V5	GND	GPIO[4]	GPIO[2]
16	R	DDR1_DQ13	DDR1_DQ09	GND	GND	DDR1_DQ00	DDR1_NDQS0	GND	DDR1_DQ01	DDR1_DQ03	DDR1_DQ05	GND	GND	GPIO[10]	GPIO[7]	GND	GPIO[1]
17	T	GND	DDR1_DQ11	DDR1_DQ06	GND	DDR1_DQ04	DDR1_DQS0	GND	DDR1_DM0	DDR1_DQ07	GND	GND	GPIO[9]	GPIO[0]	GPIO[6]	GPIO[5]	GND

图 8.1　上色前的 PINMAP

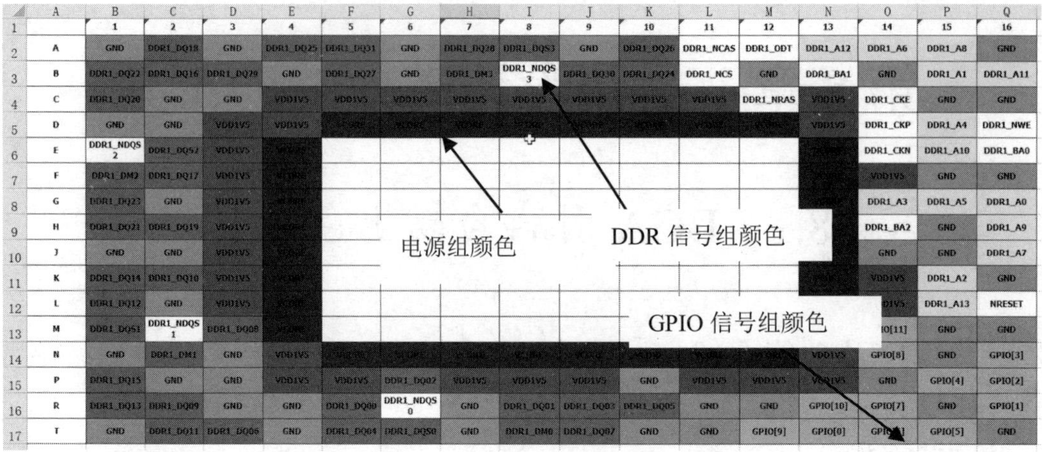

图 8.2　上色后的 PINMAP

8.1.2　程序操作

双击程序 BGA_PINMAP_COLORED_V1.exe，出现如图 8.3 所示的程序界面图。

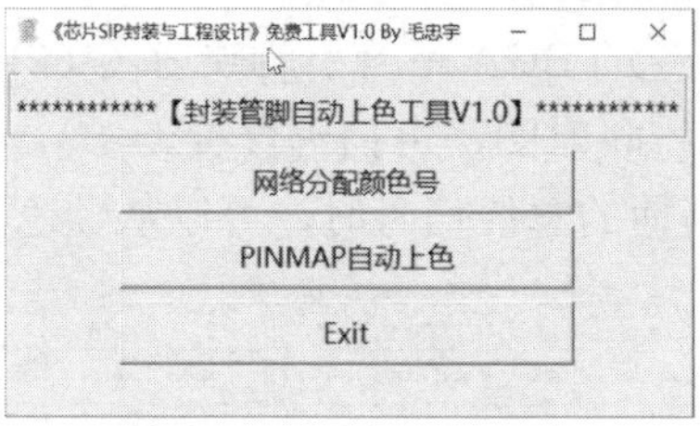

图 8.3　上色程序主界面

接下来分两步执行：第一步是为要上色的网络分配一个对应的颜色号，这一步如不用全自动而是指定某网络的颜色也可以手动介入；第二步就是根据第一步的设置给 BGA PINMAP 上颜色。

（1）单击网络分配颜色号按钮，出现如图 8.4 所示界面。

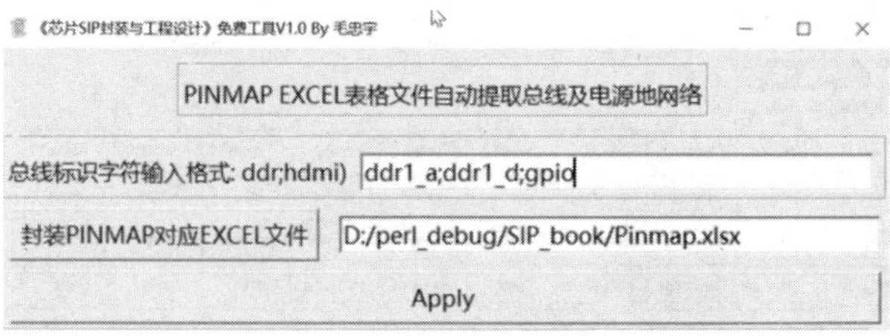

图 8.4　网络分配颜色号界面

在图 8.4 所示界面选择要上色的 Excel 表。单击 Apply 运行后会生成一个 net_coloredID_assignment.xls 文件，这个文件会增加如图 8.5 所示的 COLORED_ASSIGN 页及 PIN_NET_LIST 工作表。

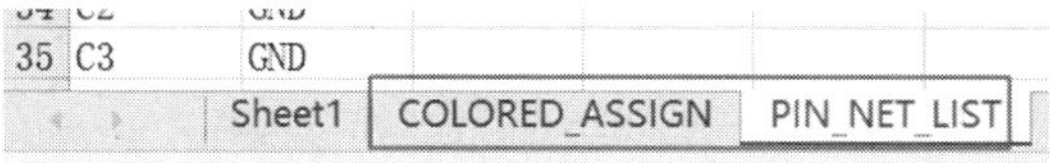

图 8.5　新添加的页

程序默认会给信号的数量大于 2 的信号数自动分配颜色，如想自动分配其他单个及多个信号颜色，只需在如图 8.6 所示界面的第一行输入总线包含的字母，如 Ddr1_a 表示给以 Ddr1_a 这组字母开头的所有网络都赋同一种颜色。

其中 COLORED_ASSIGN 页如图 8.6 所示，第一列是程序根据上面的界面输入情况列出的需要上色的网络，第二列的数字表示上什么颜色，第三列是对应第一列网络数的自动统计，第五列是每个数字对应 Excel 表自带的颜色，这些都由程序自动生成。

如要手动修改不同的网络使用颜色，只要手动修改第一、二列即可，将不想上色的网络在第一列中删除即可，要增加网络也可手动在第一列增加。第五列 COLOR_ID_LIST 只是列出作为一个颜色的参考。

第一、二列的网络与对应的颜色 ID 也可以复制到其他地方保存起来，下次想上色时再 Copy 回来用即可。

	A	B	C	D	E	F	G
1	NET NAME	COLOR_ID	NET COUNT		COLOR ID LIST		
2	VDD1V5	3	32				
3	GND	4	46		2		
4	VCORE		32		3		
5	******ddr1_a******				4		
6	DDR1_A0	6	1				
7	DDR1_A1	6	1		6		
8	DDR1_A2	6	1		7		
9	DDR1_A3	6	1		8		
10	DDR1_A4	6	1		9		
11	DDR1_A5	6	1		10		
12	DDR1_A6	6	1				
13	DDR1_A7	6	1		12		
14	DDR1_A8	6	1		13		
15	DDR1_A9	6	1		14		
16	DDR1_A10	6	1		15		
17	DDR1_A11	6	1		16		
18	DDR1_A12	6	1		17		
19	DDR1_A13	6	1		18		
20	******ddr1_d******				19		
21	DDR1_DQ00	7	1		20		
22	DDR1_DQS0	7	1		21		
23	DDR1_DM0	7	1		22		
24	DDR1_DQS1	7	1		23		
25	DDR1_DM1	7	1		24		

图 8.6　网络分配颜色页内容

（2）单击 PINMAP 自动上色按钮，出现如图 8.7 所示界面。

在出现的界面中选上刚才的 net_coloredID_assignment.xls 文件，单击 Apply。生成上色文件 PINMAP_COLORED.xls 文件，最终的上色效果如图 8.8 所示，可扫码查看。

图 8.7　PINMAP 自动上色界面

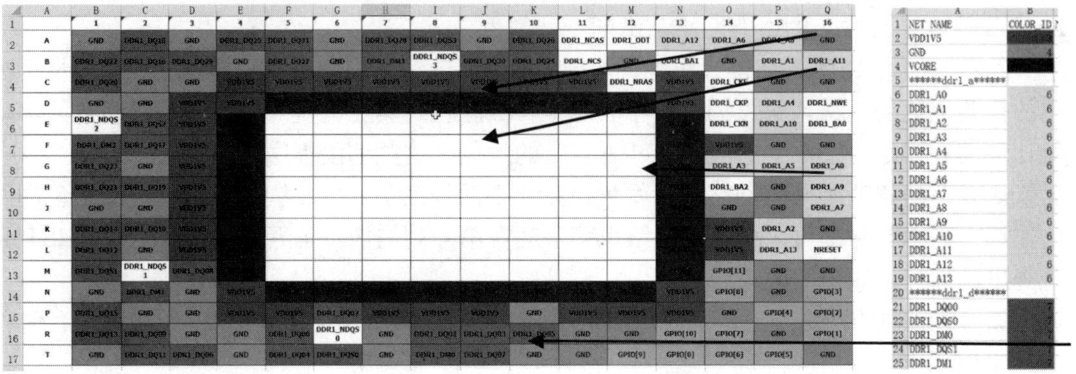

图 8.8　最终 PINMAP 上色效果图

8.1.3　使用注意事项

使用程序时需要注意以下事项：

- ❑ 计算机已安装 Microsoft 的 Excel 程序。
- ❑ 待上色 Excel 的 PINMAP 数据表格式如图 8.9 所示，BGA 的数据必须要放在 Sheet1 中，如图 8.9 中❶所示，代表 BGA 位置的编码必须放在最左列（如图 8.9 中❷所示）或最顶行（如图 8.9 中❸所示）。

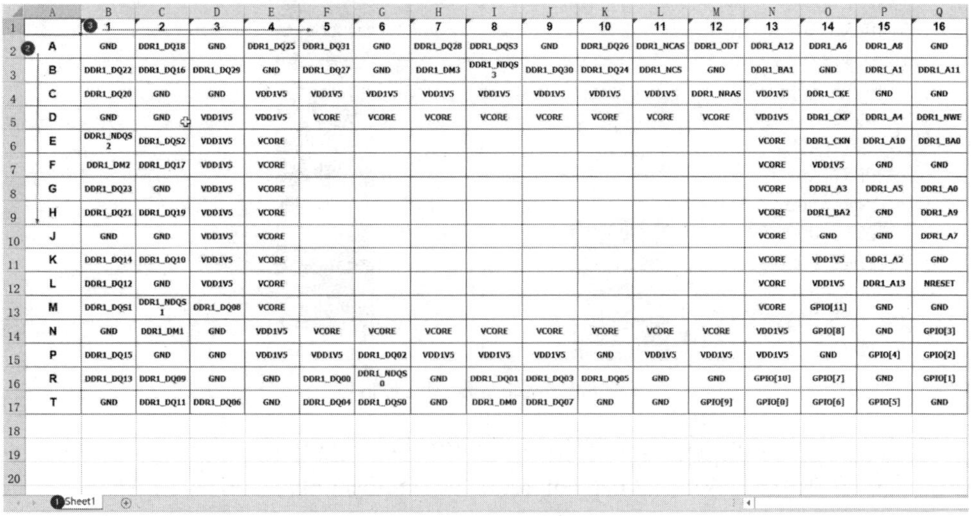

	1	2	3	4	5	6	7	8	9	10	11	12	13	14	15	16
A	GND	DDR1_DQ18	GND	DDR1_DQ25	DDR1_DQ31	GND	DDR1_DQ28	DDR1_DQS3	GND	DDR1_DQ26	DDR1_NCAS	DDR1_ODT	DDR1_A12	DDR1_A6	DDR1_A8	GND
B	DDR1_DQ22	DDR1_DQ16	DDR1_DQ29	GND	DDR1_DQ27	GND	DDR1_DM3	DDR1_NDQS3	DDR1_DQ30	DDR1_DQ24	DDR1_NCS	GND	DDR1_BA1	GND	DDR1_A1	DDR1_A11
C	DDR1_DQ20	GND	GND	VDD1V5	VDD1V5	VDD1V5	VDD1V5	VDD1V5	VDD1V5	VDD1V5	VDD1V5	DDR1_NRAS	VDD1V5	DDR1_CKE	GND	GND
D	GND	GND	VDD1V5	VDD1V5	VCORE	VCORE	VCORE	VCORE	VCORE	VCORE	VCORE	VCORE	VDD1V5	DDR1_CKP	DDR1_A4	DDR1_NWE
E	DDR1_NDQS2	DDR1_DQS2	VDD1V5	VCORE									VCORE	DDR1_CKN	DDR1_A10	DDR1_BA0
F	DDR1_DM2	DDR1_DQ17	VDD1V5	VCORE									VCORE	VDD1V5	GND	GND
G	DDR1_DQ23	GND	VDD1V5	VCORE									VCORE	DDR1_A3	DDR1_A5	DDR1_A0
H	DDR1_DQ21	DDR1_DQ19	VDD1V5	VCORE									VCORE	DDR1_BA2	GND	DDR1_A9
J	GND	GND	VDD1V5	VCORE									VCORE	GND	GND	DDR1_A7
K	DDR1_DQ14	DDR1_DQ10	VDD1V5	VCORE									VCORE	VDD1V5	DDR1_A2	GND
L	DDR1_DQ12	GND	VDD1V5	VCORE									VCORE	VDD1V5	DDR1_A13	NRESET
M	DDR1_DQS1	DDR1_NDQS1	DDR1_DQ08	VCORE									VCORE	GPIO[11]	GND	GND
N	GND	DDR1_DM1	GND	VDD1V5	VCORE	VCORE	VCORE	VCORE	VCORE	VCORE	VCORE	VCORE	VDD1V5	GPIO[8]	GND	GPIO[3]
P	DDR1_DQ15	GND	GND	VDD1V5	VDD1V5	DDR1_DQ02	VDD1V5	VDD1V5	VDD1V5	GND	VDD1V5	VDD1V5	VDD1V5	GND	GPIO[4]	GPIO[2]
R	DDR1_DQ13	DDR1_DQ09	GND	GND	DDR1_DQ00	DDR1_NDQS0	GND	DDR1_DQ01	DDR1_DQ03	DDR1_DQ05	GND	GND	GPIO[10]	GPIO[7]	GND	GPIO[1]
T	GND	DDR1_DQ11	DDR1_DQ06	GND	DDR1_DQ04	DDR1_DQS0	GND	DDR1_DM0	DDR1_DQ07	GND	GND	GPIO[9]	GPIO[0]	GPIO[6]	GPIO[5]	GND

Sheet1

图 8.9　PINMAP 原始文件格式要求

8.2　网表混合比较

8.2.1　程序功能介绍

1．程序名称

Pin_Net_Mix_Comparison_V1.exe

2．功能介绍

在完成封装后需要比较网络是否一致，也可以比较封装的引脚与对应的网络是否一致，本程序提供了多种比较方式。

封装的网络有可能是只含有网络名的形式（如图 8.10 左❶所示），或包含 PIN 与对应的网络的形式（如图 8.10 右❷❸所示）。

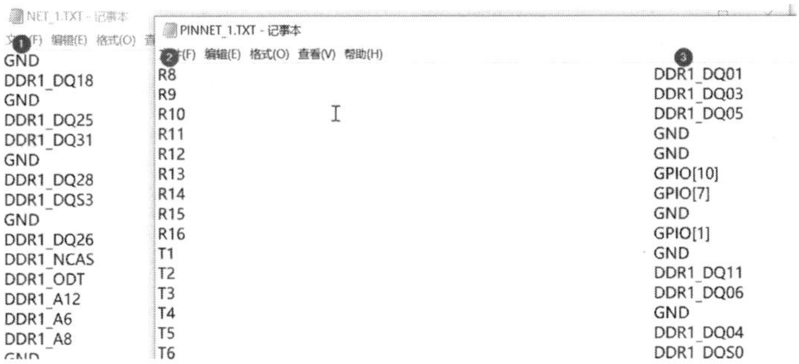

图 8.10　NET 网表与 PIN_NET 网表的格式

因此程序提供了上面两种类型文件的任意混合比较选项，如图 8.11 所示。

图 8.11　混合网表比较选项

比较过程完成后，程序还会在当前目录下生成比较结果及网络的数量统计，如只有 Net 一列的文件与含有 PIN 和 NET 两列的文件比较时的结果如图 8.12 所示，结果中统计了不同的情况。

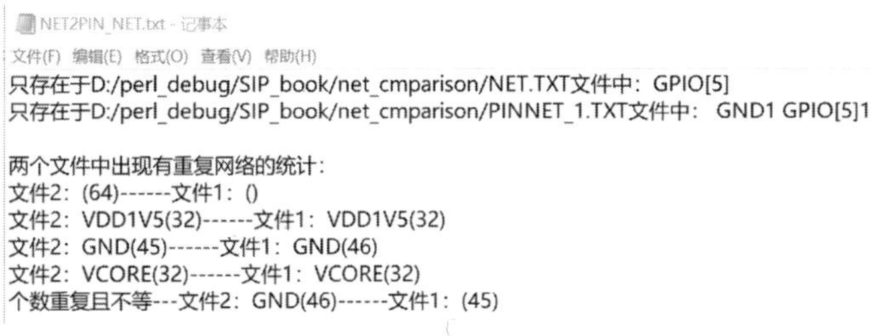

图 8.12　NET 格式网络与 PIN_NET 格式网表比较结果

8.2.2 程序操作

双击程序 BGA_PINMAP_COLORED_V1.exe，出现如图 8.13 所示界面。

在图 8.13 中按步骤❶～❹执行，即可得到比较的结果，如使用图 8.13 中的选项，其比较结果则保存在与第一个网表文件相同的目录下，名为 NETS2PIN_NETS.TXT。

第❶步，决定要比较的网络文件的格式。

第❷、❸步，分别选择要比较的两个文件。

第❹步，是执行比较任务。

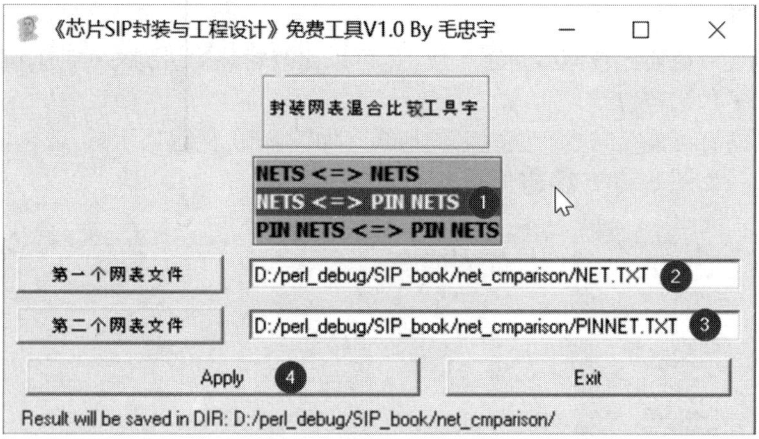

图 8.13　混合网表比较界面